(Conserver la Couverture)

MINISTÈRE DES TRAVAUX PUBLICS

6 30

ÉTUDES

DES

GÎTES MINÉRAUX DE LA FRANCE

PUBLIÉES SOUS LES AUSPICES DE M. LE MINISTRE DES TRAVAUX PUBLICS
PAR LE SERVICE DES TOPOGRAPHIES SOUTERRAINES

———◦◦◦———

TOPOGRAPHIE SOUTERRAINE

DU

BASSIN HOUILLER DU BOULONNAIS

OU

BASSIN D'HARDINGHEN

PAR

A. OLRY

INGÉNIEUR EN CHEF DES MINES

PARIS

IMPRIMERIE NATIONALE

—

1904

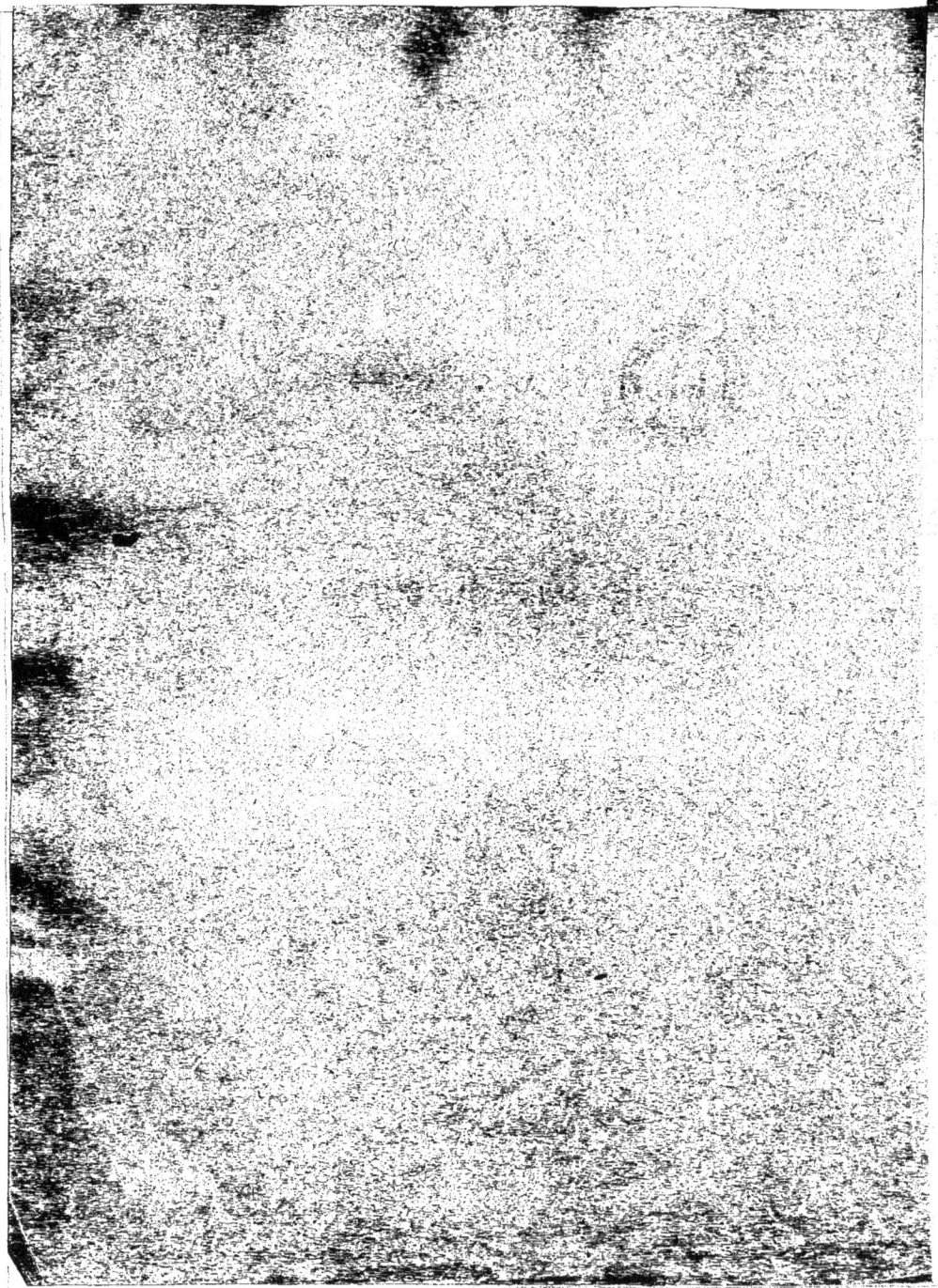

TOPOGRAPHIE SOUTERRAINE

DU

BASSIN HOUILLER DU BOULONNAIS

OU

BASSIN D'HARDINGHEN

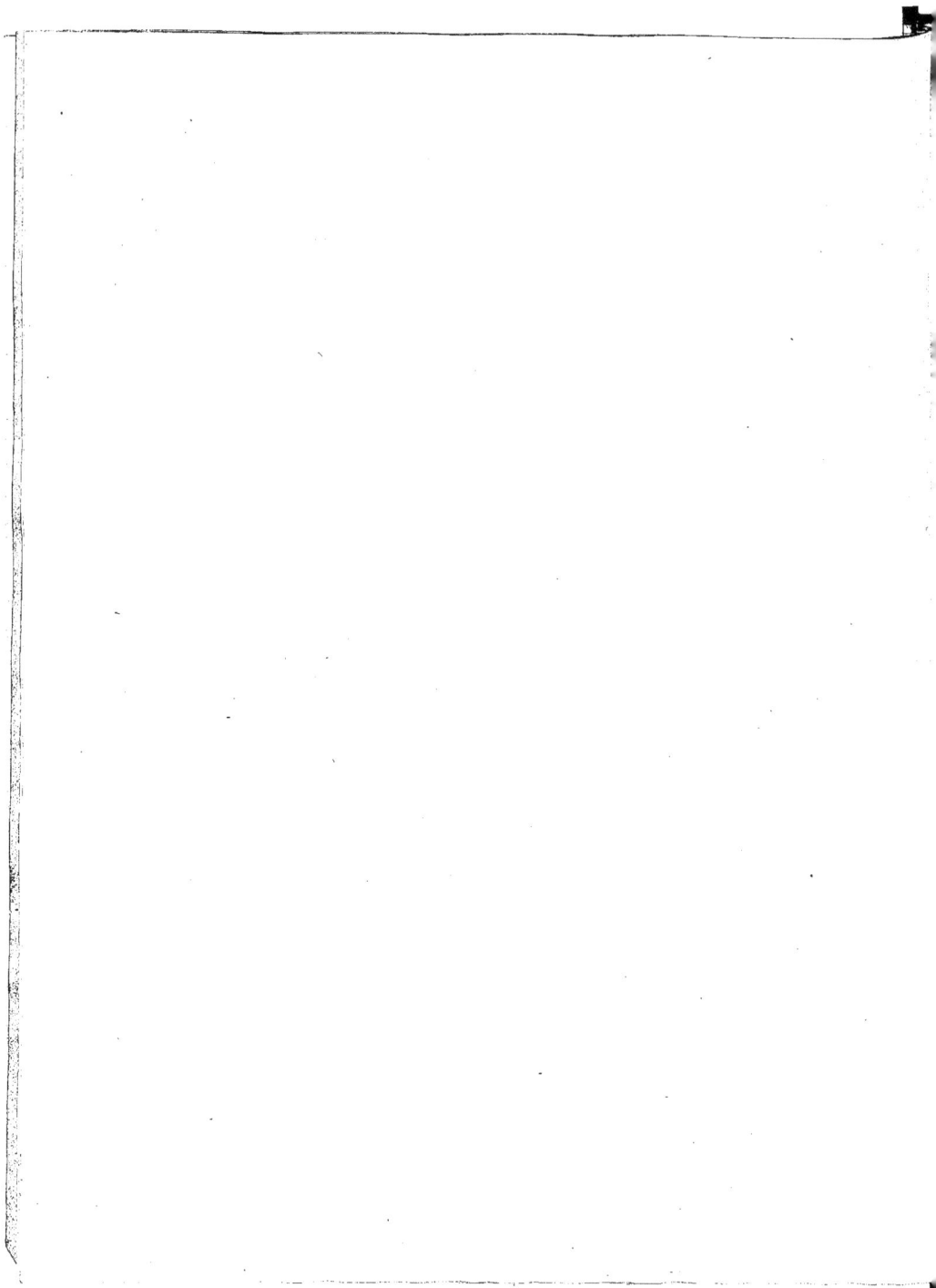

MINISTÈRE DES TRAVAUX PUBLICS

ÉTUDES

DES

GÎTES MINÉRAUX
DE LA FRANCE

PUBLIÉES SOUS LES AUSPICES DE M. LE MINISTRE DES TRAVAUX PUBLICS
PAR LE SERVICE DES TOPOGRAPHIES SOUTERRAINES

TOPOGRAPHIE SOUTERRAINE

DU

BASSIN HOUILLER DU BOULONNAIS

OU

BASSIN D'HARDINGHEN

PAR

A. OLRY

INGÉNIEUR EN CHEF DES MINES

PARIS

IMPRIMERIE NATIONALE

1904

AVANT-PROPOS.

Petit par l'étendue de ses travaux, extrêmement compliqué dans sa structure générale, recouvert ou environné par des terrains sédimentaires très variés, placé, dans le prolongement du riche bassin du Pas-de-Calais, comme une sorte d'îlot ou de pointement dirigé vers les formations houillères anglaises, le bassin houiller du Bas-Boulonnais, connu aussi sous le nom de bassin d'Hardinghen, a attiré à toute époque l'attention des ingénieurs et des géologues. Depuis sa découverte et sa mise en exploitation qui remontent à plus de deux siècles, il a été une sorte d'énigme à laquelle chacun s'est efforcé de répondre pour donner l'explication des phénomènes naturels, si multiples et si intenses, dont il a été le théâtre. Convenait-il de le considérer comme un dépôt local? Fallait-il plutôt le regarder comme se rattachant aux bassins anglais ou français, et même comme leur servant de trait d'union? Pouvait-on envisager les exploitations assez limitées auxquelles il a donné lieu comme le fil conducteur de nouvelles découvertes? Il y avait là autant de problèmes dont la solution était bien de nature à exciter le zèle des savants et la hardiesse des prospecteurs. L'administration des Mines devait naturellement s'y intéresser, et exercer son rôle habituel en soumettant à une étude approfondie cet embryon de bassin. C'est pour cela qu'en proposant, en 1898, la suppression du service de topographie souterraine du bassin de Valenciennes et du Pas-de-Calais, motivée par l'achèvement de récentes publications, M. l'inspecteur général Michel-Lévy, directeur du service de la carte géologique détaillée de la France, a proposé d'en disjoindre le bassin d'Hardinghen, et obtenu de M. le Ministre des travaux publics l'institution d'un service spécial chargé de procéder

B.

à son étude. Cette mission nous a été confiée, et nous l'avons acceptée avec empressement, parce qu'elle devait nous permettre de coordonner les nombreux renseignements que nous avions recueillis sur cette région depuis une trentaine d'années, pendant et après notre long séjour dans le Nord comme ingénieur des Mines à Valenciennes et à Lille, d'en tirer les déductions qu'ils comportent, de faire connaître enfin notre opinion personnelle sur les dislocations et bouleversements que le Bas-Boulonnais a subis, et sur leurs conséquences au regard de la richesse et de l'avenir de son bassin houiller.

Dans l'élaboration de cette topographie, les considérations géologiques devaient naturellement jouer un rôle plus important que dans d'autres études du même genre. A ce point de vue, nous avons eu à notre disposition une bibliographie particulièrement abondante et touffue, due surtout aux nombreux savants, français et anglais pour la plupart, qui ont apporté leur contingent d'observations et d'interprétations à l'examen de la stratigraphie, de la lithologie et de la paléontologie des terrains des environs de Boulogne. Par contre, nous avons éprouvé de réelles difficultés à obtenir des indications suffisamment complètes, précises et dignes de confiance, au sujet des travaux souterrains des mines de Ferques, de Fiennes et d'Hardinghen, et des recherches nombreuses et souvent anciennes qui ont été exécutées, par puits et sondages, depuis la pointe du bassin houiller du Pas-de-Calais, vers Fléchinelle, jusqu'à la mer. Les compagnies qui ont exploité originairement les concessions d'Hardinghen, de Fiennes et de Ferques, ont disparu successivement à la suite de mauvaises affaires, et leurs archives techniques ont été dispersées; un assez grand nombre de puits et la plupart des sondages n'ont laissé que des traces, souvent incertaines, relativement à leurs emplacements et à la nature des terrains traversés, leurs résultats n'ayant pas été portés à la connaissance de l'administration des Mines; nous sommes néanmoins parvenu, croyons-nous, à mettre un peu d'ordre dans ce chaos, en contrôlant les unes par les autres les sources auxquelles nous avons pu puiser.

Dans cet ordre d'idées, nous avons été secondé avec une très grande efficacité par M. Ludovic Breton, actuellement propriétaire de la concession d'Hardinghen, qui, depuis nombre d'années, s'est efforcé de mettre en ordre les anciens documents concernant cette concession et celle de Fiennes qui lui a été longtemps unie, et a bien voulu, non seulement mettre à notre disposition les dossiers qu'il avait constitués, mais encore nous faire profiter de ses travaux personnels et de sa profonde connaissance de la géologie du pays.

Aux remerciements que nous sommes tenu de lui adresser, nous devons joindre ceux dont nous sommes redevable à M. l'ingénieur en chef des Mines Soubeiran, qui nous a confié les notes inédites réunies par lui lorsqu'il s'est occupé de la topographie du bassin du Pas-de-Calais.

Nous ne saurions non plus passer sous silence le très utile concours que nous avons obtenu de M. Gosselet, que l'on peut appeler le père de la géologie du Boulonnais, et dont les belles études sur ce sujet sont et resteront classiques; de M. Ch. Barrois, son éminent élève et successeur, et de beaucoup d'autres, parmi lesquels nous citerons, au premier rang, M. l'ingénieur en chef des Mines Fèvre, si compétent en matière d'exploitation de mines, et M. É. Chavatte, de qui nous avons reçu de nombreux documents relatifs à la concession de Ferques, dont il a dirigé autrefois les travaux pour le compte du syndicat Descat-Deblon.

Il nous a semblé que le cadre de ce travail gagnerait à être élargi en lui faisant embrasser, outre la région assez limitée du Bas-Boulonnais, toute la contrée qui s'étend au delà du bassin du Pas-de-Calais vers l'Ouest, à l'effet de rendre compte des recherches par puits et sondages, non citées par M. Soubeiran, qui ont été exécutées dans cette direction, depuis les temps les plus reculés, dans l'étendue correspondant aux feuilles de la carte géologique au 1/80.000ᵉ de Calais, Boulogne, Dunkerque et Saint-Omer. Nous avons ainsi raccordé la topographie du bassin du Boulonnais à celle du bassin du Pas-de-Calais, dont elle est devenue la suite naturelle.

Les puits et sondages dont les emplacements ont pu être déterminés ont été portés sur les planches, au nombre de trois, jointes au présent ouvrage.

Sur la planche I, à l'échelle de 1/10.000ᵉ, figurent tous ceux qui ont été exécutés dans l'étendue des concessions d'Hardinghen et de Fiennes; leur grand nombre nous a obligé à adopter cette échelle; elle nous a permis aussi d'indiquer les tracés des voies de fond des veines, qui en sont pour ainsi dire des courbes de niveau.

La planche II est une carte géologique des terrains primaires du Boulonnais, à l'échelle de 1/40.000ᵉ. Les morts-terrains ont été supposés enlevés, et, en nous aidant soit de l'étude des affleurements visibles des formations paléozoïques, soit des renseignements fournis par les travaux d'exploitation et de recherche, nous sommes arrivé à y représenter d'une façon approximative, mais sûrement très voisine de la vérité, sur une superficie s'étendant à assez grande distance desdits affleurements, les limites des assises siluriennes, dévoniennes et carbonifères. En même temps, nous nous sommes attaché à représenter les divers accidents qui sillonnent cette région, au premier rang desquels on doit citer la faille de Ferques et les failles de charriage ondulées qui ont disloqué, du côté du Midi, les terrains s'étendant jusqu'à elle. Ainsi ont été mises en évidence la structure très irrégulière de ces terrains et les superpositions qu'on y observe de sédiments d'âges différents, se succédant dans un ordre tout autre que celui de leurs stratifications successives. Les caractères particuliers de la géologie du Boulonnais apparaissent, de cette manière, avec une clarté que nous avons cherché à rendre encore plus complète en donnant, dans le texte de l'ouvrage, un assez grand nombre de coupes verticales du bassin.

Enfin, dans la planche III, à l'échelle de 1/200.000ᵉ, nous avons reporté presque tous les puits et sondages d'exploration compris entre le bassin houiller du Pas-de-Calais et la mer. Nous avons, notamment, indiqué sur cette planche le prolongement probable, vers l'Ouest, de l'affleurement du grand accident contre lequel le bassin du Pas-de-Calais vient buter au Sud, et qui est connu sous le nom de grande faille du Midi.

Bien entendu, pour éviter une complication inutile, qui aurait pu dégénérer en une véritable impossibilité, nous n'avons pas reporté sur les planches II et III, à échelles réduites, tous les puits et sondages figurant à la planche I. Leur nombre trop grand ne l'aurait pas permis sans inconvénient. En réalité, on peut considérer les deux premières planches comme des agrandissements des parties de la troisième les plus chargées de travaux. Lorsque nous arriverons à l'énumération des puits et sondages, nous ferons connaître, pour chacun de ceux dont l'emplacement est connu, les planches où nous l'aurons fait figurer.

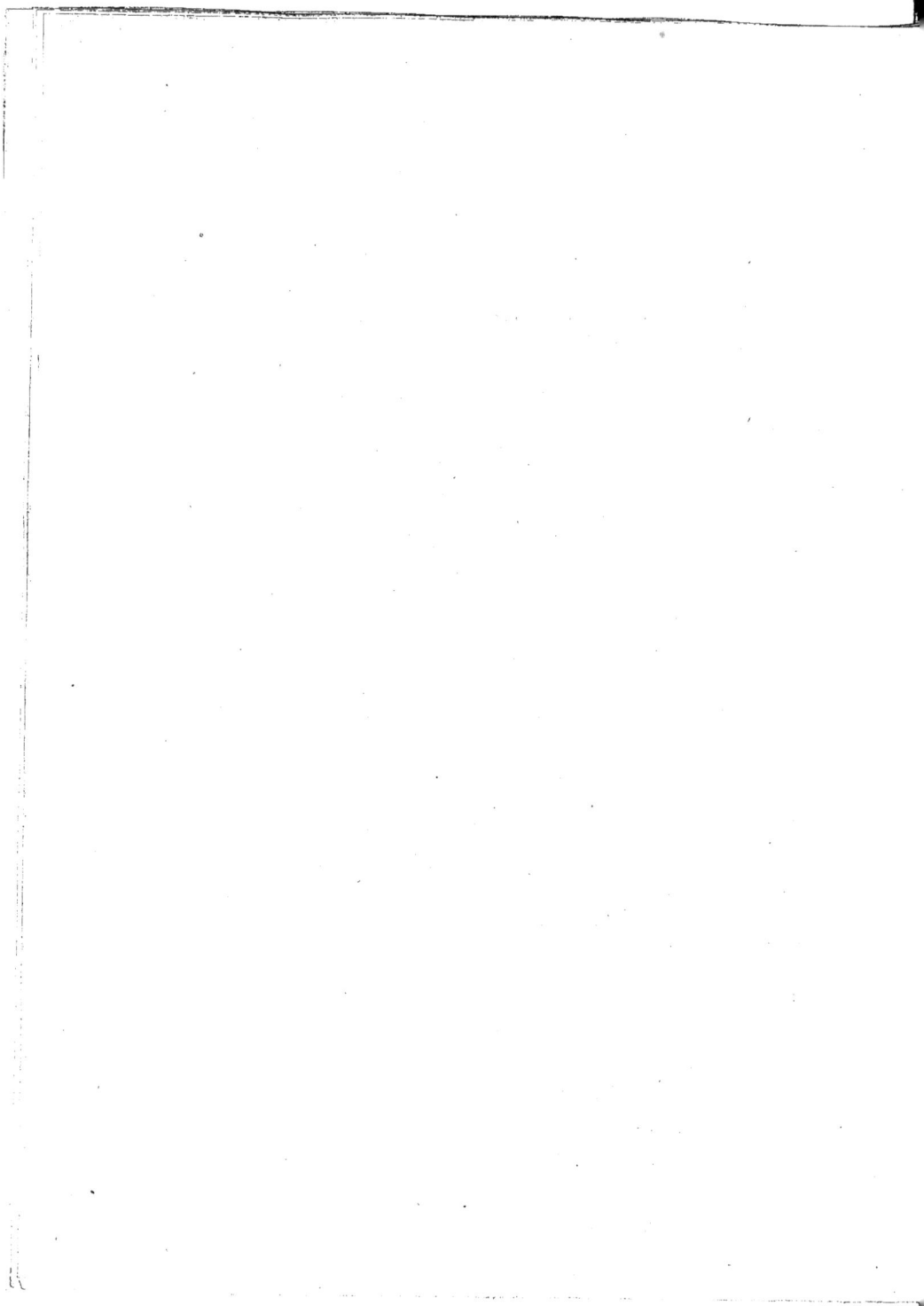

TOPOGRAPHIE SOUTERRAINE

DU

BASSIN HOUILLER DU BOULONNAIS

OU

BASSIN D'HARDINGHEN.

—————————— ◇◈◇ ——————————

CHAPITRE PREMIER.

CONSTITUTION GÉOLOGIQUE DE LA RÉGION DU BAS-BOULONNAIS.

Limites
de la région
du
Bas-Boulonnais.

Le Bas-Boulonnais est une contrée relativement basse, comprise entre le détroit du Pas-de-Calais et une ceinture de collines crayeuses qui part de la mer, au Nord près de Wissant, pour la rejoindre au Sud vers Neufchâtel, en passant par ou à proximité d'Audembert, Leubringhen, Landrethun-le-Nord, Caffiers, Fiennes, Hermelinghen, Boursin, Nabringhen, Brunembert, Quesques, Lottinghem, Vieil-Moutier, Desvres, Longfossé, Tingry et Verlincthun.

Collines crayeuses
qui l'entourent.

Ces collines forment, du côté de la région considérée, des escarpements de plus de 100 mètres de hauteur, dont l'altitude croît progressivement à mesure qu'on s'éloigne du littoral, et atteint son maximum de 222 mètres à Lottinghem. Du côté opposé, au contraire, elles descendent en pente douce, en se raccordant avec la plaine de l'Artois et de la Picardie. Toutefois, dans la direction de l'Est, la régularité de leur descente est interrompue par une dépression correspondant à une petite région connue sous le nom de pays de Licques, baignée par le ruisseau de la Hem et ses affluents, et qui, au point de vue géologique, présente des caractères analogues à ceux du Bas-Boulonnais.

Constitution
de ces collines.

Au pied de cette ceinture crayeuse affleure la formation du Gault et des sables verts (Albien), bien connue par ses exploitations de nodules phosphatés; les collines elles-mêmes qui, aux alentours de Boulogne, forment la région dite du Haut-Boulonnais, sont constituées par les diverses assises du Crétacé supérieur, à commencer par le Cénomanien; en général, elles sont couronnées par la craie à silex avec *Micraster breviporus*, située au sommet du

IMPRIMERIE NATIONALE.

Turonien; mais, sur quelques points, comme vers le cap Blanc-Nez, on y voit aussi la craie dure sableuse ou la craie blanche de l'étage sénonien.

Nature
des affleurements
du
Bas-Boulonnais.

Par contre, à l'intérieur de l'enveloppe montagneuse, la formation crétacée n'est représentée que par les dépôts fluvio-marins de sables, graviers, argiles et minerais de fer, correspondant à l'Aachenien de Dumont, que l'on rattache maintenant à la partie inférieure du Wealdien du Sud de l'Angleterre, et qui, dans tous les cas, doivent être classés dans l'Infracrétacé. Ces dépôts forment des îlots plus ou moins étendus, qui s'étalent sur les couches jurassiques sous-jacentes.

A cette exception près, on ne trouve dans le Bas-Boulonnais, pour peu que l'on s'éloigne de sa périphérie, que des affleurements de terrain jurassique ou de terrains primaires. Le lias y est inconnu à la surface; mais tous les autres niveaux jurassiques y figurent jusqu'au Portlandien supérieur, à partir des sables et argiles bariolés sans fossiles, avec lignites pyriteux et minerais de fer, qui sont parfois en contact avec les terrains anciens et appartiennent soit au Bathonien inférieur, soit plutôt au Bajocien.

Terrains
primaires;
leur structure
générale;
faille de Ferques.

Quant aux terrains primaires, on ne les voit en affleurement que dans la région de Ferques, Leulinghen et Hardinghen, où ils s'étendent de part et d'autre d'une faille importante appelée faille de Ferques, dirigée dans son ensemble de l'O. N.-O. à l'E. S.-E., avec plongement au S. S.-O. Ils sont en place au Nord de cet accident, déplacés par charriage et plus ou moins disloqués au Sud.

Prolongement
de la région
boulonnaise
en Angleterre.

Si, maintenant, nous franchissons le détroit du Pas-de-Calais, nous voyons, en Angleterre, une région beaucoup plus étendue, le Weald, qui, aboutissant au rivage de la mer entre Douvres et Brighton, et s'étendant du côté de l'Ouest jusqu'à Petersfield, près de Winchester, paraît n'être qu'un prolongement du Boulonnais, dont elle aurait été séparée par l'ouverture du détroit. A la vérité, les terrains primaires n'y affleurent pas, et l'on n'y voit que des îlots jurassiques très peu étendus; mais l'on n'y rencontre que les sédiments les plus inférieurs du terrain crétacé; le surplus de cette formation ne se voit que dans un escarpement crayeux formant autour de cette région une enveloppe analogue à celle du Bas-Boulonnais. Les deux régions dont il s'agit semblent donc, à vrai dire, n'en former qu'une seule, de forme à peu près elliptique, et dont le grand axe s'étendrait depuis Petersfield jusqu'à Lottinghem, suivant une direction sensiblement O. E. Le détroit serait venu diviser cette région unique en deux parties de superficies très inégales, sur la rive française entre Wissant et Neufchâtel, et sur la rive anglaise entre Douvres et Brighton.

Quoi qu'il en soit, il est maintenant acquis que le terrain silurien constitue le soubassement général des couches sédimentaires du Boulonnais. Son existence a, en effet, été reconnue, récemment surtout, dans un grand nombre de sondages.

Les premières assises dévoniennes qui se sont déposées au-dessus de lui sont celles du Dévonien moyen, âge du calcaire de Givet. A Caffiers, on les a trouvées en discordance complète de stratification avec les schistes siluriens. Là, parallèles à la faille de Ferques et plongeant vers elle, elles forment, recouvertes par le Dévonien supérieur et le terrain carbonifère, le versant septentrional très régulier d'un synclinal qui est bientôt interrompu par cet accident, mais dont le versant méridional, situé au Midi de la faille, est dissimulé partout, excepté au voisinage immédiat d'Hardinghen, par des recouvrements de terrains anciens. Une poussée venant du Sud a, en effet, transporté vers le Nord, par un immense mouvement de charriage et sans renversement, des lames de ces terrains détachées du bord méridional du bassin plus ou moins déformé ; ces lames ont cheminé les unes sur les autres, grâce à la formation de failles peu inclinées, et actuellement plus ou moins ondulées.

Régularité
des terrains
dévonien
et carbonifère
au Nord de la faille
de Ferques.

On conçoit que, dans ces conditions, les couches dévoniennes et carbonifères superficielles se présentent, à l'Ouest d'Hardinghen, sous un aspect très différent, comme allure, de part et d'autre de la faille de Ferques. Régulières au Nord, elles sont tourmentées et disloquées au Sud de cette faille ; elles ne sont pas non plus, à beaucoup près, identiques comme puissance, composition et nature, à cause de la grande distance de leurs points d'origine ; mais les dissemblances que l'on observe entre elles, à ces divers points de vue, n'excèdent pas les limites normales que l'on peut raisonnablement admettre, pour la même raison.

Irrégularité
et dislocation
des
terrains primaires
affleurant au Sud
de cette faille.

L'existence de ces terrains primaires de recouvrement, qui s'étendent en affleurement depuis la faille de Ferques jusqu'à la grande faille du Midi du bassin du Pas-de-Calais prolongée vers l'Ouest, a entraîné, longtemps, une ignorance complète sur l'étendue du bassin primaire du Boulonnais vers le Sud. On n'a été fixé que très récemment à cet égard par les résultats de divers sondages. Celui de Samer (Chantraine ou Carly) a pénétré dans des schistes bariolés, rouges et verts, appartenant incontestablement au Dévonien inférieur. Cet étage faisant absolument défaut dans le bassin du Boulonnais,

Étendue
du
bassin primaire
du Boulonnais
vers le Sud ;
tracé
du prolongement
de
la grande faille
du Midi
du bassin
du Pas-de-Calais

1.

on est fondé à conclure que la limite méridionale de ce bassin, constituée par le prolongement de la grande faille du Midi de celui du Pas-de-Calais, passe au Nord de Samer ; il faut même, comme nous le verrons plus loin, la chercher probablement au Nord d'autres sondages qui, à Wirwignes, Desvres, Menneville, Bournonville, le Wast et Pas-de-Gay, sont tombés sur le terrain silurien.

Incertitude sur l'interprétation des résultats des travaux de recherche.

D'autre part, les glissements de terrains qui se sont produits du Sud au Nord ayant eu pour conséquence de ramener très souvent des formations relativement anciennes sur d'autres plus récentes, comme, par exemple, le calcaire carbonifère sur le terrain houiller d'Hardinghen, compris ainsi entre deux calcaires, il en résulte que la rencontre, par un forage, d'une couche d'un certain âge, n'exclut pas la possibilité de la présence, au-dessous d'elle, de terrains qui, dans l'ordre normal des stratifications, lui seraient supérieurs. Il n'y a donc, à vrai dire, au Sud de la faille de Ferques, aucun sondage que l'on puisse déclarer absolument négatif, au regard de la découverte du terrain houiller. La constatation même de l'existence du terrain silurien ne pourrait être considérée que comme un indice défavorable, car, au Wast par exemple, on a trouvé le Dévonien supérieur sous une épaisseur de 112 mètres de Silurien, et l'on sait aussi, d'après les récents travaux de M. Ch. Barrois[1], que le Silurien supérieur, sous forme de calcaires et de schistes calcareux, constitue une bande continue recouvrant le bassin houiller du Pas-de-Calais, dans sa partie méridionale, du côté de l'Est, à l'intérieur des concessions de Liévin, Drocourt et Courcelles-lès-Lens. Il est aisé de comprendre les conséquences d'une pareille situation pour les recherches de houille : dans l'incertitude et le doute, leurs auteurs peuvent soit les abandonner à la veille du succès, soit les continuer à grands frais sans jamais atteindre le but poursuivi.

Période continentale post-primaire.

Après le dépôt des assises du calcaire carbonifère et du terrain houiller, suivi des dislocations et plissements indiqués plus haut, concomitants au grand ridement postérieur à l'époque houillère connu sous le nom de ridement du Hainaut ou de ridement hercynien, s'est écoulée, dans le Boulonnais, une longue période continentale. C'est seulement après l'époque liasique que la mer l'a envahi de nouveau, car le Trias même n'y est connu qu'en de rares points, comme à Framzelle, près du cap Gris-Nez, et peut-être au Pas-de-Gay, territoire de Wimille.

[1] Ch. BARROIS, L'extension du Silurien supérieur dans le Pas-de-Calais. (*Ann. de la Société géologique du Nord*, t. XXVII, 1898.)

On y voit donc les terrains primaires recouverts directement par les sables et argiles du Bajocien ou du Bathonien inférieur, qui sont probablement d'origine fluviatile ou estuarienne, ou par toutes autres assises marines du terrain jurassique, depuis le Bathonien jusqu'au Portlandien supérieur. Il va sans dire toutefois que la série peut n'être pas complète là où on l'observe, et que, notamment, les sables bajociens peuvent faire défaut. On connaît plusieurs régions, comme aux environs d'Hardinghen, à proximité de Calais et au voisinage de Licques, où la formation jurassique manque complètement, et où le terrain crétacé est immédiatement en contact avec les sédiments primaires. Mais ces cas sont relativement rares. En général, c'est la formation jurassique qui recouvre les terrains paléozoïques du Boulonnais, et elle est elle-même, sur le pourtour de cette région, surmontée par les divers étages de la craie, qui se sont déposés sur elle après une période d'émersion plus ou moins prolongée.

Dépôts jurassiques.

Le terrain crétacé présente lui-même des lacunes. A sa base, se trouvent, très développés en étendue, les dépôts de sables, graviers, argiles, lignites et minerais de fer contemporains du Wealdien du Sud de l'Angleterre, qui ne paraissent pas franchement marins, et dont certains caractères dénotent plutôt l'origine fluviatile; ils s'étendent sur toutes les assises du terrain jurassique, accusant ainsi une stratification nettement transgressive avec lui. Au-dessus d'eux, le Néocomien et l'Urgonien ne se voient nulle part; l'Aptien n'existe qu'à l'état d'exception, et seul, au-dessous de l'étage crétacé supérieur, l'Albien (Gault et sables verts) est véritablement répandu. Il faut remarquer, en outre, que la partie inférieure du Cénomanien, constituée par la zone à *Ammonites inflatus*, est inconnue, et que la zone qui lui est immédiatement supérieure, celle à *Pecten asper*, n'est représentée que sur quelques points, le plus souvent par un banc de poudingue à ciment marneux analogue au Tourtia qui recouvre le terrain houiller du Nord et du Pas-de-Calais. Le Crétacé supérieur ne commence donc, d'une façon générale, que par la zone à *Ammonites laticlavius*, formant la partie moyenne du Cénomanien, pour se continuer par les assises supérieures de cet étage et par celles du Turonien, ces dernières recouvertes elles-mêmes, mais seulement dans les points hauts, par les assises inférieures du Sénonien.

Période continentale post-jurassique; dépôts crétacés.

Vers la fin de l'époque crétacée a commencé, pour le Boulonnais, une nouvelle et longue période d'émersion, pendant laquelle l'influence de la désagrégation atmosphérique a donné lieu à la formation du dépôt continental

Période continentale post-crétacée; dépôts tertiaires.

de l'argile à silex; elle n'a pris fin qu'à l'époque du Landénien supérieur,
dont les sables marins sont connus en plusieurs points, au Blanc-Nez, près
de Samer, etc., reposant indifféremment sur les diverses couches crayeuses.
Le terrain tertiaire a, d'ailleurs, disparu ultérieurement presque partout, et
l'on ne connaît, au-dessus du Landénien supérieur, comme en faisant partie,
que des dépôts rares et peu étendus de sables diestiens.

Mais, au Nord et au N.-E. du Boulonnais, les assises tertiaires se retrouvent
continues, et ordinairement d'autant plus puissantes qu'on s'éloigne davantage
dans ces deux directions. Les sondages de Calais, Pont-d'Ardres, Marck,
Offekerque, Petite-Synthe, Noordpeene, etc., en ont traversé des épaisseurs
plus ou moins considérables.

Nous décrirons dans un chapitre spécial les divers terrains dont nous venons
de donner une courte énonciation; pour le moment, nous nous bornerons à
appeler l'attention sur quelques points qui nous paraissent essentiels.

Concordance
entre
les synclinaux
et les anticlinaux
tertiaires
et secondaires.

En premier lieu, la disposition des sables landéniens sur les différentes
assises crétacées, et celle des sables et argiles wealdiens sur les sédiments
jurassiques de tous âges, montrent bien qu'il n'y a pas stratification rigoureu-
sement concordante entre le terrain tertiaire et le terrain crétacé, ni entre le
Crétacé et le Jurassique du Boulonnais; mais cette stratification ne présente
pas de grands écarts d'un étage à un autre. Quand on se place en dehors
de la région boulonnaise, au delà de la ceinture crayeuse qui la délimite, on
remarque que les trois formations, tertiaire, crétacée et jurassique, forment
une série de synclinaux et d'anticlinaux, faiblement accusés il est vrai, assez
aisément discernables cependant, dont les axes sont à peu près dirigés du S.-E.
au N.-O. Les travaux de plusieurs géologues ne laissent plus guère de doute
sur les relations des plis de ces terrains; ils paraissent superposés les uns aux
autres, et dénotent une conformité presque complète; les synclinaux et les
anticlinaux tertiaires, crétacés et jurassiques, sont en quelque sorte emboîtés
les uns dans les autres, de sorte que, pour les suivre dans un étage inférieur,
il peut suffire d'observer leur allure dans les assises superposées.

Extension
aux
terrains primaires;
théorie
de Godwin-Austen.

Cette relation a paru assez frappante et assez sûrement établie à Godwin-
Austen [1] pour qu'il se soit cru fondé à la généraliser, et il l'a étendue aux
plis du terrain jurassique et à ceux des terrains primaires. Il est ainsi arrivé à
créer une théorie sur laquelle nous aurons à revenir, et dont il a tiré parfois

[1] Godwin-Austen, On the possible extension of the coal measures benath the S.-E. part of
England. (Quat. Journ. geol. Soc., t. XII, 1856.)

des déductions que l'expérience est venue confirmer de la façon la plus heureuse.

Nous la discuterons plus tard ; mais, dès à présent, nous signalerons qu'elle ne s'applique pas au Bas-Boulonnais.

Cette théorie ne s'applique pas au Bas-Boulonnais.

En effet, le bassin dévonien et carbonifère qui s'y est formé constitue, ainsi que nous l'avons expliqué, un vaste synclinal qui semble s'étendre jusqu'à une assez grande distance au Sud, sous les failles de charriage dont nous avons parlé, et dont le bord septentrional, plongeant vers le S. S.-O., se développe parallèlement à la faille de Ferques. Or, dans leur ensemble, le terrain jurassique du Bas-Boulonnais et le terrain crétacé constitutifs de la falaise qui borne cette région à l'Est forment un large dôme anticlinal situé au-dessus des terrains primaires. Il y a donc, ici, superposition d'un anticlinal moderne, comprenant les formations secondaire et tertiaire, à un synclinal ancien.

Superposition d'un anticlinal moderne à un synclinal ancien.

Cela tient, d'une part, à ce que le terrain jurassique, au lieu de recouvrir les terrains paléozoïques du Boulonnais en stratification simplement transgressive, comme le Crétacé par rapport au Jurassique, ou le Tertiaire par rapport au Crétacé, est avec eux en discordance complète de stratification, et, d'autre part, à ce que les plissements contemporains ou postérieurs au retour de la mer sur les terrains primaires ont été peu accentués, et ne se sont pas nécessairement produits aux mêmes places que les plissements anciens.

Postérieurement aux mouvements provoqués par le ridement hercynien, qui ont donné au sol primaire un relief très accidenté, si l'on en juge par les exhaussements et les affaissements provenant des failles actuellement connues, l'action destructive produite par les phénomènes naturels a modifié profondément ce relief, en en faisant disparaître les parties les plus saillantes. Cette action générale d'aplanissement n'a cependant pas donné à la superficie du sol ancien l'apparence d'une plaine ayant partout, à peu de chose près, la même altitude ; elle a conservé au massif primaire de nombreuses saillies à déclivités généralement assez douces, et c'est à l'une d'elles que correspond le pointement dévonien et carbonifère de Ferques et Hardinghen, dans lequel les terrains anciens, tout en ayant dans leur constitution intime l'allure d'un synclinal, ont pris l'aspect extérieur d'un dôme au sommet duquel ces terrains atteignent une altitude dépassant 100 mètres, alors qu'aux alentours, et dans toutes les directions, ils ne tardent pas à descendre au-dessous du niveau de la mer.

Phénomènes postérieurs à l'époque houillère.

Plus tard, lors de l'envahissement de la mer, pendant la période jurassique, les sédiments alors formés sont venus se mouler en quelque sorte sur ce dôme, en prenant l'allure d'un anticlinal superposé au synclinal ancien dont le relief ne révélait en rien la structure intérieure, et les déformations subséquentes n'ont pas altéré cette disposition.

Discordance
des plis siluriens
et dévoniens.

Il ne faudrait, de même, chercher aucune relation entre les plis des terrains dévonien et carbonifère, et ceux du terrain silurien sous-jacent. Ces plis sont complètement indépendants et dissemblables; les synclinaux et anticlinaux siluriens ne coïncident pas avec ceux des terrains primaires supérieurs. A la suite du ridement de l'Ardenne qui a précédé l'immersion du sol silurien, et avant cette immersion, ce sol a subi des altérations considérables, en raison desquelles les vallées qui y ont été creusées ne coïncidaient plus avec les synclinaux originaires. Dès lors, le dévonien moyen s'est déposé sur le silurien du Boulonnais en stratification tout à fait discordante avec la sienne. Au puits de Caffiers, par exemple, près duquel les premières assises dévoniennes plongent vers le S. S.-O., les bancs siluriens sur lesquels elles sont appuyées sont inclinés de 35° à 45° vers le N. N.-E.

Enlèvement
du
manteau crayeux
du
Bas-Boulonnais.

Les dépôts nombreux et étendus de sables et argiles wealdiens que l'on rencontre dans le Bas-Boulonnais semblent indiquer qu'autrefois le terrain crétacé recouvrait entièrement toute cette région; l'examen des escarpements crayeux qui la circonscrivent conduit à la même conclusion. Il faut donc que des phénomènes plus récents aient produit l'enlèvement de ce manteau crayeux, non seulement dans le Bas-Boulonnais, mais encore dans le Weald qui, d'après sa constitution propre et l'extrême ressemblance des falaises françaises et anglaises des deux côtés du détroit du Pas-de-Calais, en est incontestablement le prolongement.

Théorie
de l'abrasion
marine;
objections
qu'elle soulève.

Ramsay[1] a expliqué cette dénudation de la craie par l'action du retour de la mer après la période d'émersion qui a suivi l'époque crétacée. L'anticlinal Wealdo-Boulonnais constituait alors une saillie assez sensible, une sorte de chaîne montagneuse s'étendant de l'Est à l'Ouest, qui, au moment de ce retour, aurait été soumise à l'effet destructif des flots. S'avançant progressivement, la mer aurait rongé peu à peu le pied des falaises crétacées qui se trouvaient devant elle; elle aurait en quelque sorte démoli, par suite de leur écroulement incessant, tout le massif solide qui se trouvait au-dessus de son

[1] A. C. Ramsay, *The physical geology and geography of Great-Britain*. Londres, 1874.

niveau, et aurait ainsi donné naissance à une plaine d'abrasion marine à peu
près lisse et horizontale, mais sujette, bien entendu, à être déformée par des
mouvements ultérieurs.

Il est clair que si l'on admet que la transgression marine a pu entraîner de
pareilles conséquences à l'époque tertiaire, on peut, on doit même aussi bien
l'invoquer pour expliquer les dénudations qui ont eu lieu antérieurement,
par exemple après l'époque primaire, lorsque la mer a envahi le pays pour y
former les dépôts jurassiques, et après l'époque jurassique, lorsqu'elle est
venue le recouvrir de nouveau pour y déposer les sédiments crétacés.
M. Marcel Bertrand [1], en envisageant la manière de voir de Ramsay, lui
a attribué ce caractère de généralité. Cette hypothèse viendrait d'ailleurs à
l'encontre de celle de Godwin-Austen, car si, à chaque nouvelle invasion de
la mer, la surface des anciens continents avait été entièrement aplanie, la
concordance des synclinaux et des anticlinaux des divers âges deviendrait plus
difficilement explicable; on ne pourrait plus l'attribuer qu'à la formation de
plis nouveaux en concordance avec les plis anciens, par le fait que ceux-ci
correspondraient à des sortes de lignes de moindre résistance.

En tout cas, la théorie de Ramsay paraît contestable, car elle ne tend à
rien moins qu'à poser en principe qu'à chaque nouvel envahissement de la
mer, celle-ci aurait, en nivelant tout devant elle, aplani presque complètement
les terrains sédimentaires précédemment formés. Or, non seulement on ne
retrouve aucun indice d'une pareille action dans les mers actuelles, mais
encore, d'après M. Marcel Bertrand [1], la surface de recouvrement du terrain
jurassique par le terrain crétacé du Boulonnais, sans être très accidentée, est
du moins assez ondulée; ses ondulations, en admettant l'existence d'une plaine
d'abrasion marine lors de l'invasion de la mer crétacée, ne pourraient provenir
que de mouvements postérieurs; on peut aussi bien les considérer comme
étant antérieures au retour de la mer.

D'un autre côté, fait observer M. Gosselet [2], les premiers dépôts jurassiques, crétacés et tertiaires, n'ont pas une apparence franchement marine;
ce sont des formations lagunaires, peut-être même fluviatiles ou lacustres.
L'argile à silex, notamment, que l'on trouve à la base du tertiaire, n'a rien

[1] Marcel BERTRAND, Sur le raccordement des bassins houillers du Nord de la France et du Sud de l'Angleterre. (*Ann. des Mines*, 9ᵉ série, t. III, 1893.)

[2] GOSSELET, Aperçu général sur la géologie du Boulonnais. (*Intr. au XXVIIIᵉ congrès Ass. fr. pour l'avanc. sc.*, 1899.)

de marin; elle aurait dû être enlevée la première lors de l'abrasion marine post-crétacée; sa présence vient contredire l'hypothèse de Ramsay.

Enfin, n'est-il pas excessif de vouloir expliquer de cette manière la disparition des saillies considérables produites dans le sol primaire par le ridement hercynien? Nous verrons plus loin que la faille de Ferques a produit, vers Hardinghen, un affaissement de 500 mètres environ des terrains du Sud; de même, le cran de retour d'Anzin a affaissé les terrains du Midi de plus de 2.000 mètres[1]. Comment admettre que l'abrasion marine ait pu, à elle seule ou presque à elle seule, niveler un sol présentant des montagnes d'une pareille hauteur?

Aussi, sans nier que le retour de la mer, plusieurs fois renouvelé, ait pu produire certains effets, croyons-nous que ceux-ci ont été assez restreints, et qu'il ne faut pas leur attribuer des conséquences prépondérantes sur l'orographie des diverses formations géologiques.

Effet des agents atmosphériques; érosions. Il nous paraît plus simple, et en même temps plus rationnel, d'attribuer surtout le relief superficiel de ces formations aux agents atmosphériques qui ont agi sur elles pendant les périodes continentales antérieures à leur immersion. En d'autres termes, nous pensons que, pour avoir la clef des faits observés, il convient de faire intervenir beaucoup plus l'effet des érosions atmosphériques que celui de l'abrasion marine.

Après chacune des grandes époques géologiques, les terrains du Boulonnais ont été, pendant l'ère continentale qui a suivi, l'objet de phénomènes de dénudation plus ou moins intenses, dus surtout aux agents atmosphériques. Cette dénudation a été particulièrement considérable après l'époque houillère, car elle a fait disparaître presque complètement les saillies nombreuses et élevées produites par le ridement hercynien, et donné au sol primaire une superficie à pentes continues qui n'avait plus rien de commun avec les synclinaux et les anticlinaux entrant dans la constitution intime des terrains paléozoïques, ni avec les plis et les failles qui les avaient affectés.

Le terrain jurassique est venu, après l'immersion du sol primaire, s'étendre à sa surface en stratification absolument discordante, en se moulant en quelque sorte sur lui. Plus tard encore, après l'émersion de la formation jurassique, celle-ci a subi des ravinements qui, à quelques endroits, l'ont fait entièrement disparaître et ont peut-être entamé, au-dessous d'elle, les terrains primaires.

[1] A. Olry, *Étude des gîtes minéraux de la France. Bassin houiller de Valenciennes, partie comprise dans le département du Nord.* Paris, 1886.

Ainsi peut s'expliquer le contact immédiat du terrain crétacé et du terrain houiller, aux environs d'Hardinghen et sur d'autres points.

A son tour, le terrain jurassique a disparu sous les eaux pour permettre la sédimentation des assises crétacées; puis celles-ci ont été exondées et ravinées par les phénomènes atmosphériques et hydrologiques, après quoi elles ont été envahies par la mer tertiaire.

Cette succession de périodes d'immersion et d'ères continentales est accusée par des différences de stratification que l'on constate presque partout. De même que le terrain jurassique repose indifféremment sur toutes les assises primaires, le Crétacé s'étend sur les affleurements des divers étages jurassiques, et l'Éocène est superposé aux différents niveaux crétacés.

Ces mouvements ne se sont pas opérés sans avoir occasionné consécutivement des plissements dans les terrains qui avaient à les subir. Mais ces plissements n'ont rien eu de comparable, comme intensité, à ceux qui ont été déterminés par le ridement hercynien, et, d'autre part, les érosions jurassiques et crétacées, quoique ces dernières aient pu faire disparaître toutes les assises crayeuses du Bas-Boulonnais, ont été bien moins fortes que les érosions primaires. C'est pour cela que la stratification du Crétacé sur le Jurassique, et celle du Tertiaire sur le Crétacé, au lieu d'être entièrement discordantes, comme celle du Jurassique sur les terrains primaires, sont simplement transgressives, et que, tandis que l'on ne saurait établir aucune relation générale entre les ondulations jurassiques, crétacées ou tertiaires, et les synclinaux ou anticlinaux primaires, on peut au contraire admettre que les ondulations secondaires et tertiaires concordent sensiblement entre elles, et que les synclinaux et anticlinaux de ces derniers terrains sont presque exactement superposés.

Plissements successifs de l'écorce terrestre.

Évidemment, les mouvements qui ont eu lieu aux époques secondaire et tertiaire ont affecté aussi les terrains paléozoïques, mais les déformations qu'ils leur ont causées peuvent être considérées comme très faibles par rapport à celles qui ont été provoquées dans ces terrains par le ridement hercynien; elles se sont en outre vraisemblablement produites sans relations nettes avec celles qui étaient résultées de ce ridement.

Nous avons expliqué qu'après l'émersion des terrains anciens, altérés ensuite, désagrégés et entraînés par les agents atmosphériques, le sol primaire a pris, dans le Bas-Boulonnais, la forme d'un dôme saillant dont le sommet correspondait au pointement primaire actuel de Ferques et d'Hardinghen. Les

Circonstances favorables à la disparition du Crétacé du Bas-Boulonnais.

2 .

mouvements ultérieurs de l'écorce terrestre ont pu exagérer légèrement le bombement de ce dôme, ce qui était de nature à entraîner une triple conséquence : rendre plus minces qu'ailleurs, au-dessus de lui, les sédiments formés pendant les périodes d'immersion; briser et désagréger ces sédiments par l'effet de ploiements plusieurs fois renouvelés; augmenter enfin, consécutivement, l'intensité des érosions pendant les ères continentales. Ces trois effets permettent d'expliquer la disparition de la masse crayeuse de la région du Bas-Boulonnais.

Caractères
distincts de l'allure
des
terrains paléozoïques
du Boulonnais
et de celle
des
terrains supérieurs.
De même que dans le bassin houiller du Nord et du Pas-de-Calais, la croûte terrestre superficielle s'y divise en deux parties ayant des caractères très distincts. La première comprend l'ensemble des terrains paléozoïques, dont les lits de stratification ont les inclinaisons les plus variées, presque toujours assez différentes et parfois très éloignées de l'horizontale ; la seconde, l'ensemble des terrains supérieurs, jurassique, crétacé, tertiaire et quaternaire, qui s'étendent en nappes superposées faiblement inclinées, avec sédimentation presque horizontale, de manière à ne dessiner que des ondulations peu accusées, et sensibles seulement lorsqu'on envisage de grandes étendues superficielles. La surface de séparation de ces deux parties participe à cette dernière allure ; elle ne présente, elle aussi, que des déclivités assez douces, en rapport avec le relief actuel du dôme primaire, dont les flancs, dans les parties les plus raides, ne plongent que de quelques degrés sous le terrain jurassique.

CHAPITRE II.

HISTORIQUE GÉOLOGIQUE.

La géologie des terrains paléozoïques de la région du Bas-Boulonnais est restée longtemps assez confuse, parce que l'on n'y discernait pas l'action des plis et des failles de charriage de faible inclinaison qui lui ont donné sa structure si compliquée, et souvent si anormale. La tendance était toujours de considérer les diverses couches traversées suivant une même verticale comme ayant été superposées les unes aux autres dans l'ordre naturel des stratifications.

Complication de la structure du bassin primaire du Bas-Boulonnais.

Cela étant, on s'expliquait difficilement l'intercalation du terrain houiller d'Hardinghen entre deux calcaires; c'est, à vrai dire, la discussion de ce problème qui a été le pivot des controverses nombreuses dont l'étude de cette contrée a été l'objet, et sa solution qui a mis en lumière les principaux traits de sa constitution générale.

Intercalation du terrain houiller d'Hardinghen entre deux calcaires.

C'est en 1838 que, pour la première fois, les calcaires ou marbres du Boulonnais ont été répartis nettement en deux groupes. Guidé par des considérations d'ordre paléontologique et stratigraphique, de Verneuil[1] a alors classé dans le calcaire carbonifère les marbres Napoléon, tandis qu'il rattachait les calcaires de Ferques, noirs et fétides (Stinkalk), au système calcareux intermédiaire de l'étage que l'on confondait alors avec le Silurien, et qui a été plus tard désigné sous le nom de Dévonien. En même temps, il signalait, comme s'étendant au milieu du calcaire carbonifère, le niveau de grès, schistes et houille, exploité aux puits Frémicourt, de la première compagnie de Ferques.

Opinion exprimée par de Verneuil, du Souich, Murchison, Dufrénoy et Élie de Beaumont, Delanoue.

L'année suivante, du Souich[2], alors ingénieur des Mines à Arras, démontrait que les gisements houillers exploités à Ferques et à Hardinghen sont recouverts, en stratification discordante, par un calcaire sur l'âge duquel il ne

---

[1] De Verneuil, Note sur les terrains anciens du Bas-Boulonnais. (*Bull. Société géologique de France*; 1re série, t. IX, 1838.)

[2] Du Souich, Note sur les terrains anciens du Bas-Boulonnais. (*Bull. Société géologique de France*, 1re série, t. X, 1839.)

crut pas devoir se prononcer définitivement. Il s'exprimait à son sujet de la manière suivante :

« Il est possible qu'il appartienne encore au *Mountain limestone* (Calcaire « carbonifère), et que le terrain houiller du Boulonnais soit simplement sub- « ordonné en dépôt plus ou moins continu à ce système, comme on en a des « exemples frappants en Angleterre.

« Les fossiles qui y ont été observés pourraient faire pencher vers cette opi- « nion. »

Mais, ailleurs, du Souich disait encore à la même époque [1] :

« On pourrait encore faire rentrer dans la classe des morts-terrains certains « calcaires compactes (marbres) du Boulonnais qui recouvrent le terrain houiller « de cette localité, soit que ces calcaires doivent être considérés comme appar- « tenant encore au groupe carbonifère, soit qu'on se trouve autorisé par cer- « taines considérations géologiques à les séparer des formations primordiales, « et à les rapporter au terrain secondaire. »

Dans tous les cas, il admettait que les dépôts houillers du Boulonnais sont compris entre deux calcaires, l'un inférieur à ces dépôts et plus ancien qu'eux, l'autre supérieur et plus récent.

Dufrénoy et Élie de Beaumont, dans le tome I de l'*Explication de la carte géologique de France*, publié en 1841, ont adopté l'opinion exprimée dès 1838 par de Verneuil.

« Il existe dans le Bas-Boulonnais, disent-ils, deux systèmes calcaires bien « distincts : l'inférieur, le calcaire de Fiennes et de Ferques, appartient au « système du calcaire de Givet; le supérieur, *dans l'épaisseur duquel sont inter- « calées des couches houillères,* dépend du système carbonifère. Le calcaire « exploité dans les carrières de la Vallée-Heureuse, à l'Est de Marquise, dans « les carrières du Haut-Banc et dans celles de Lunel, appartient à la partie « inférieure de cet étage, et représente proprement le calcaire de Visé. »

Puis ils ajoutent :

« M. Murchison, qui regarde comme prouvé que les calcaires que l'on perce « pour atteindre la houille à Ferques et à Hardinghen dépendent de la série « carbonifère, et qui admet par conséquent que ces couches de houille sont « comprises entre deux séries de bancs de calcaire carbonifère, croit recon- « naître dans cet ensemble de couches la partie inférieure du système carboni-

[1] Du Souich, *Essai sur les recherches de houille dans le Nord de la France.* Paris, 1839.

« fère, et compare le calcaire carbonifère du Bas-Boulonnais à celui qui alterne
« avec des couches de houille dans le Nord de l'Angleterre. »

Cette interprétation concordait avec celle de du Souich; elle la complé-
tait, en outre, en assignant un âge précis au calcaire recouvrant le terrain
houiller.

Elle a longtemps prévalu, et Delanoue[1], en 1852, continuait à dire que
les couches de houille du Boulonnais, distinctes de celles du bassin de Valenciennes et plus anciennes, étaient intercalées dans le calcaire carbonifère,
comme celles de Newcastle.

L'année suivante, une autre théorie fut émise par Godwin-Austen[2]. Pour
lui, le terrain houiller d'Hardinghen, assimilable au *Coal measures* d'Angleterre et au terrain houiller du bassin franco-belge, était intermédiaire entre
deux groupes calcaires bien distincts, le groupe supérieur devant être rapproché
du *Magnesian limestone*, c'est-à-dire de l'étage permien.

Opinion
de Godwin-Austen
combattue
par Sharpe.

Cette manière de voir, conforme sur ce dernier point à l'une des hypothèses
de du Souich, était évidemment rationnelle, du moment que l'on admettait la
concordance de l'ordre de superposition des assises géologiques avec leurs
âges respectifs. Elle ne semble cependant pas avoir eu grand succès, malgré
l'autorité de son partisan, car, en 1853 également, Sharpe[3], après avoir pris
connaissance du mémoire de Godwin-Austen, se rangeait à l'avis de Murchison
et de Delanoue, en considérant le terrain houiller du Boulonnais, compris
entre deux assises de calcaire marin, comme ayant une disposition analogue à
celle constatée dans le Yorkshire.

Nous devons faire remarquer qu'après avoir été longtemps abandonnée, à
la suite d'études plus modernes de la constitution géologique du sous-sol du
Bas-Boulonnais, l'idée de Godwin-Austen paraît maintenant éprouver une
sorte de réveil. M. L. Breton s'en déclare partisan; mais elle n'existe encore
qu'à l'état latent, et elle n'a été l'objet, à notre connaissance, d'aucune publication récente. Nous nous sommes cependant aperçu d'un courant sérieux
tendant à classer le calcaire Napoléon qui recouvre le terrain houiller d'Har-

Réveil
de cette opinion.

---

[1] DELANOUE, Des terrains paléozoïques du Boulonnais et de leurs rapports avec ceux de la
Belgique. (*Bull. Société géologique de France*, 2ᵉ série, t. XI, 1852.)

[2] GODWIN-AUSTEN, On the series of upper palœozoic groups in the Boulonnais. (*Quat. Journ.
geol. Soc.*, t. IX, 1853.)

[3] D. SHARPE, Note and list of fossils of upper palœozoic groups in the Boulonnais. (*Quat. Journ.
geol. Soc.*, t. IX, 1853.)

dinghen dans l'étage permien. Nous n'insisterons pas à ce sujet, car ce revirement avortera peut-être avant d'avoir définitivement pris corps. Quant à nous, nous estimons qu'il n'est pas justifié, et qu'il ne saurait prévaloir contre la notion des failles de refoulement, maintenant bien connues, qui ont ramené sur le bassin houiller d'Hardinghen des couches d'âge plus ancien.

Opinion
de M. Gosselet,
combattue
par Prestwich.

C'est en 1860 que, pour la première fois, dans un mémoire magistral sur les terrains primaires de la Belgique, de l'arrondissement d'Avesnes et du Boulonnais, la démonstration a été donnée par M. Gosselet[1], appuyée d'arguments qui devaient paraître décisifs, que le bassin houiller du Boulonnais est du même âge que celui du Nord et du Pas-de-Calais, qu'il en est le prolongement naturel, et qu'en outre le calcaire supérieur d'Hardinghen est identique au calcaire inférieur, sa superposition au terrain houiller ayant été la conséquence d'un accident stratigraphique.

On conçoit l'impression que dut produire une théorie aussi hardie, aussi peu conforme aux idées alors en cours; aussi ne fut-elle pas acceptée sans résistance. Prestwich[2], notamment, continua à prétendre que les veines de houille d'Hardinghen sont interstratifiées dans le calcaire carbonifère, et par conséquent plus anciennes que celles du bassin du Nord de la France et de la Belgique.

Mais la vérité ne tarda plus à se faire jour et à s'imposer, et, si l'on fait exception pour les veines des fosses des Plaines, qui paraissent bien interstratifiées dans le calcaire carbonifère, à peu de distance du fond du bassin houiller qui lui est normalement superposé, il est à peu près universellement admis maintenant que le bassin d'Hardinghen appartient à l'étage houiller proprement dit, qu'il repose en stratification normale ou transgressive sur le calcaire carbonifère des Plaines, renfermant à son sommet des veines de houille, et qu'il est recouvert par un autre calcaire qui, venant du Midi, a été ramené sur lui par un mouvement de charriage ayant produit son effet du Sud au Nord, et dont il est séparé par une faille plate et ondulée.

Mise au point
de
la théorie
de M. Gosselet.

Cependant, les conceptions de M. Gosselet avaient besoin d'être mises au point. Impressionné par l'analogie des phénomènes observés dans le Boulonnais et en Belgique, il avait cru, en 1860, à un renversement du calcaire supé-

---

[1] Gosselet, *Mémoire sur les terrains primaires de la Belgique, de l'arrondissement d'Avesnes et du Boulonnais.* Paris, 1860.

[2] Prestwich, *Adress delivered at the anniversary meeting of the geological Society of London,* 1872.

rieur sur le terrain houiller d'Hardinghen. En 1873 [1], il rectifia ce point important, en déclarant que le calcaire de recouvrement n'a pas été renversé, et qu'il a été ramené sur le terrain houiller par une faille très peu inclinée, qui l'a fait chevaucher sur les assises houillères coupées en sifflet très aigu.

De plus, il faisait voir que les veines charbonneuses de Ferques et de Leulinghen sont aussi de l'époque houillère proprement dite, qu'elles reposent en stratification normale sur le calcaire carbonifère du Nord, et qu'elles sont séparées du calcaire carbonifère du Sud par une faille qui n'est autre que la faille de Ferques.

Depuis lors, si les considérations invoquées par M. Gosselet ont parfois donné lieu à des objections, celles-ci n'ont jamais été invariablement maintenues, et leurs auteurs ont dû finir par s'incliner devant l'évidence des faits qui leur étaient opposés. Il en sera probablement de même du réveil de l'hypothèse de Godwin-Austen, tendant à rattacher le calcaire de recouvrement du bassin d'Hardinghen au *Magnesian limestone*, c'est-à-dire au terrain permien. Nous sommes d'autant plus porté à le croire, que la notion des failles presque horizontales, qui semblait étrange et hasardée quand M. Gosselet l'a énoncée pour le Boulonnais en 1860, parait beaucoup plus vraisemblable, depuis que les beaux travaux de M. Marcel Bertrand ont mis en évidence de fréquents exemples d'accidents de cette nature, et que, non loin du Boulonnais, au Sud du bassin du Pas-de-Calais, des recherches nombreuses ont démontré l'aplatissement, sur de longs parcours, de la grande faille du Midi de ce bassin, à laquelle on attribuait autrefois une inclinaison beaucoup plus marquée.

Les travaux de M. Gosselet ont fixé, d'une manière définitive, les grandes lignes de la structure des terrains primaires du Bas-Boulonnais. Mais, quels que fussent leur importance et leurs conséquences, ils ont laissé aux géologues et aux prospecteurs un champ d'activité encore considérable, dont l'étude était rendue plus facile et plus féconde par la connaissance déjà acquise de la constitution générale du pays.

Développements de cette théorie.

Bientôt on a pu préciser le rôle de la faille de Ferques dans les convulsions de l'époque post-primaire, montrer que la bande houillère située au Nord de cette faille est vouée à la stérilité, à cause de son irrégularité et de son peu d'étendue, faire voir qu'elle est nettement distincte du bassin proprement dit d'Hardinghen, et établir que ce bassin se prolonge sans discontinuité, au Sud

_____

[1] GOSSELET et BERTAUT, Étude sur le terrain carbonifère du Boulonnais. (*Mém. de la Société des Sciences de Lille*, 3ᵉ série, t. XI, 1873.)

de la faille de Ferques, jusqu'aux sondages d'Hidrequent et de Blecquenecques.

Puis, les ondulations des morts-terrains jurassiques, crétacés et tertiaires,
ont été étudiées avec la plus grande attention, et ont paru à plusieurs savants,
d'après la règle énoncée par Godwin-Austen touchant la superposition des
synclinaux et des anticlinaux anciens et modernes, pouvoir servir de guide
dans la recherche du prolongement du bassin du Pas-de-Calais, et de son
raccordement, soit avec celui du Boulonnais, soit avec ceux du Sud de l'Angleterre.

C'est qu'en effet, la découverte de la houille à Douvres, en 1891, a surexcité
l'esprit d'investigation et d'entreprise, en vue de trouver le prolongement de ce
bassin sur le territoire français.

Si, à cet égard, la théorie de Godwin-Austen, interprétée et appuyée par
les travaux de MM. Marcel Bertrand, G. Dollfus et Parent, n'a pas donné les
résultats qu'on en espérait, c'est sûrement parce qu'elle ne se vérifie pas toujours, et que, précisément, elle n'est pas, comme nous l'avons déjà dit et
comme nous le verrons encore, susceptible d'application dans le Boulonnais.

A défaut des déductions que l'on voulait tirer des raisonnements et des
études théoriques, la campagne de recherches par sondages entreprise dans
le Boulonnais, le Calaisis et la Flandre, à la suite de la découverte du bassin
houiller de Douvres, n'a pas donné de résultats encourageants, de sorte
qu'aujourd'hui encore, malgré le contingent d'éléments d'appréciation fournis par les savants et les explorateurs, le dernier mot n'est pas dit sur
la valeur industrielle du bassin du Boulonnais et sur ses relations avec les
bassins voisins. Tout ce que l'on peut déclarer avec une certitude presque
complète, c'est que, comme l'indiquait déjà M. Gosselet en 1860, ce bassin
appartient au prolongement de celui du Pas-de-Calais. Mais en est-il le prolongement unique; doit-on le relier au bassin de Douvres; le Bas-Boulonnais
renferme-t-il des gisements de houille abondants et étendus? Le doute subsiste
encore sur ces questions essentielles; nous ne manquerons pas, dans la suite
de cet ouvrage, de faire connaître notre opinion personnelle à leur sujet.

Insuccès
de la campagne
de recherches
par sondages
entreprise
à la suite
de la découverte
de la houille
à Douvres.

Doute subsistant
sur la valeur
industrielle
du bassin
du Boulonnais
et sur ses relations
avec
les bassins voisins.

CHAPITRE III.

DESCRIPTION GÉNÉRALE DES TERRAINS.

I. TERRAIN SILURIEN.

Le terrain silurien n'affleure nulle part dans le Bas-Boulonnais. On l'a rencontré pour la première fois, par deux puits jumeaux qui, vers 1785, ont été ouverts par le sieur Roger, de Dunkerque, aux Montacres, commune de Landrethun-le-Nord, et ont été poussés jusqu'à la profondeur de 40 mètres dans des schistes gris bleuâtre micacés, dont la stratification était presque verticale.

En 1838, la première société de Ferques vida et reprit ces puits; celui du Sud fut approfondi jusqu'à 136 mètres, et, au niveau de 40 mètres, on y poussa des galeries à travers bancs vers le Nord et le Sud.

Les figures 1 et 2 représentent la coupe verticale et le plan de ces travaux, qui ne firent que préciser, sans y ajouter d'éléments nouveaux, les résultats obtenus vers 1785. On resta toujours dans les mêmes schistes, que du Souich reconnut pour être siluriens, plongeant très fortement vers le S. S.-O., et dégageant du grisou.

En même temps qu'elle rouvrait les puits des Montacres, la compagnie de Ferques entreprenait en 1838, à Caffiers, un autre puits qui rencontra des schistes gris inclinés de 35° à 45° vers le N. N.-E. Ces schistes, parfois verdâtres, renfermaient le *Graptolites colonus* (Vern.); ils présentaient, vers la profondeur de 100 mètres, quelques bancs de grès talqueux; on y a trouvé aussi des couches de grauwackes à gros grains renfermant des noyaux de schistes très foncés, des pyrites et des petits cristaux, dont quelques-uns

FOSSE DE LANDRETHUN N° 1
(MONTACRES).

(Échelle: 1/2.000ᵉ.)

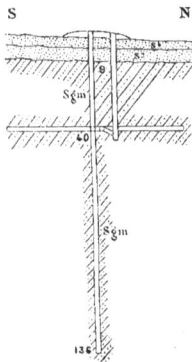

Fig. 1. — Coupe verticale.
S¹. Sable jaunâtre. — S². Sable vert.
— Sgm. Schistes gris micacés.

Fig. 2. — Plan.

3.

ont paru être de la baryte sulfatée. Ce puits fut approfondi jusqu'au niveau de 114 mètres, et servit de point de départ à deux petites galeries, dont les figures 3 et 4 font connaître la disposition en coupe verticale et en plan.

Près de là, un peu au Nord, au lieu dit Fond-de-Saint, Lebreton-Dulier exécuta ultérieurement un sondage qu'il arrêta dans les mêmes schistes à la profondeur de 60 mètres.

A Bainghen également, un puits de 20 mètres de profondeur, creusé par Lebreton-Dulier, est resté dans le Silurien constitué par des schistes gris noir[1].

En somme, ces recherches ont démontré l'existence d'un rivage silurien s'étendant, sous les morts-terrains, de Bainghen à Caffiers, et sur lequel reposent en stratification discordante, au Midi, ainsi que nous allons le voir, les diverses assises du Dévonien supérieur et du Calcaire carbonifère. Ce bord silurien est constitué par des schistes à graptolites.

Pendant longtemps, le terrain silurien n'a pas été considéré comme présentant à des profondeurs modérées, dans la région que nous étudions, la continuité qu'on lui attribue aujourd'hui. Cependant sa présence était anciennement indiquée en quelques autres points : au Wast (sondage du Wast n° 1) par exemple, au Mont des Boucards (Trois-Cornets), à Tournehem, près de Saint-Omer à Saint-Martin-au-Laert, Longuenesse, Mulhove et Haut-Arques, à Ebblinghem, à Racquinghem (sondage du Pont-Asquin), à Morbecque et à Haverskerque.

Mais il a fallu que cette formation ait été rencontrée beaucoup plus récemment dans un grand nombre de sondages, pour que l'on se rendît bien compte que les assises supérieures de l'étage silurien existent le plus souvent, dans le Boulonnais et aux environs, au Nord de la faille de Ferques, sous forme de plateaux étendus, sur les bords desquels s'étendent les formations dévonienne et carbonifère.

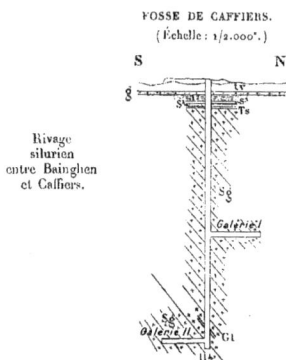

FOSSE DE CAFFIERS.
(Échelle : 1/2.000ᵐ.)

Fig. 3. — Coupe verticale.

tv. Terre végétale. — g. Gravier avec silex. — a³. Argile bleue marneuse. — S³. Sable gris mouvant. — S². Sable vert dur. — Ts. Tuf sablonneux. — Sg. Schistes gris inclinés au N.-E. — Gt. Grès talqueux.

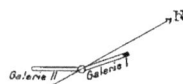

Rivage silurien entre Bainghen et Caffiers.

Fig. 4. — Plan.

Rencontres plus récentes du terrain silurien.

[1] Duponcq, Rapport du 7 août 1874.

Ces sondages ont eu deux origines et deux causes distinctes.

Les uns ont été provoqués par l'aspect d'un échantillon de schiste noir retiré d'un sondage exécuté à Desvres par la Société Camondo, pour avoir de l'eau (1881 à 1883); cet échantillon rappelait beaucoup le terrain dit houiller inférieur, zone à *Productus carbonarius* de M. Gosselet, découvert quelques années auparavant, au Sud du bassin houiller du Pas-de-Calais, à Liévin et à Drocourt; d'où l'idée naturelle de rechercher aux environs de Desvres, dans la vallée de la Liane ou à proximité, le prolongement de ce bassin. Mais des forages entrepris pour cet objet à Wirwignes, Menneville, Bournonville et Le Wast (sondage du Wast n° 2), ne rencontrèrent que des schistes noirs compactes que l'on dut bientôt, sur l'avis de M. Ch. Barrois, classer, comme ceux du sondage de Desvres, dans le Silurien, parce qu'ils ne renfermaient pas les granules charbonneux caractéristiques des schistes houillers. Toutefois, au sondage du Wast n° 2, la sonde atteignit, au-dessous des schistes siluriens, les psammites rouges du Dévonien supérieur, dont ils étaient nécessairement séparés par une faille qu'il était logique d'assimiler à la grande faille du Midi du bassin du Pas-de-Calais.

D'autre part, la découverte du bassin houiller de Douvres, en 1891, ayant réveillé l'esprit de recherches dans la région du Nord de la France, un grand nombre de sondages furent entrepris, les années suivantes, dans le Boulonnais, le Calaisis et la Flandre.

Celui du Pas-de-Gay, au S.-E. d'Ambleteuse, que l'on peut rattacher géographiquement aux précédents, rencontra, comme eux, les schistes siluriens.

Plusieurs autres, exécutés sur le littoral du Pas-de-Calais, entre le cap Gris-Nez et la frontière belge, donnèrent des résultats analogues. Nous citerons ceux de Framzelle près du Gris-Nez, d'Escalles et de Sangatte entre Wissant et Calais, celui de Coquelles au Sud de Calais, et celui de Bray-Dunes entre Dunkerque et la frontière belge. A Coquelles, on a traversé les schistes de Beaulieu et la dolomie des Noces avant d'entrer dans les schistes siluriens.

Le terrain silurien a aussi été rencontré dans la vallée de l'Aa, aux sondages de Gravelines et du Guindal (Bourbourg-Campagne n° 1), ce dernier situé à l'Ouest de Bourbourg.

Enfin, on a encore reconnu son existence au sondage de Noordpeene, entre Watten et Cassel.

A l'exception des sondages de Desvres et du groupe de la Liane, de ceux

Campagne de recherches provoquée par les résultats du sondage de Desvres.

Autre campagne provoquée par la découverte du bassin houiller de Douvres.

du Pas-de-Gay, du Wast et du Mont des Boucards, qui paraissent situés au Sud de la grande faille du Midi, tous ceux relatés ci-dessus définissent autant de points de la formation silurienne en place qui, au Nord de cette faille, constitue le support général de tous les sédiments, primaires et autres, de la contrée dans laquelle ils ont été entrepris.

Âge
de la formation
silurienne
du Boulonnais.

Nous donnerons plus loin les renseignements principaux que nous avons pu recueillir à leur sujet. Quant à l'âge de la formation silurienne du Boulonnais, il n'est guère possible de l'indiquer avec une précision complète, car, presque toujours, les seuls fossiles qu'on y ait rencontrés ont été des débris de grapto-lites en général indéterminables. Il semble cependant qu'on puisse la placer à hauteur du Silurien supérieur.

Rectification
de l'interprétation
d'anciens
sondages.

Il y a peu de temps encore, on ne considérait comme siluriens, dans la région boulonnaise, que des sondages ayant rencontré des schistes gris ou noirs, parfois verdâtres ou bleuâtres, parfois aussi fissiles, comme les schistes ardoisiers. Mais depuis que M. Ch. Barrois a signalé la présence du Silurien supérieur au Sud de la partie orientale du bassin du Pas-de-Calais, sous forme de schistes calcareux et de calcaires, on est revenu sur une appréciation aussi absolue.

C'est ainsi que M. Gosselet, qui avait d'abord regardé comme carbonifère le calcaire noir bleuâtre rencontré au sondage de Pont-d'Ardres, l'a ensuite classé dans le Silurien, à cause de son analogie avec les échantillons déterminés par M. Ch. Barrois.

Dans le même ordre d'idées, le calcaire que le sondage de Sangatte a traversé, avant d'atteindre les schistes siluriens, nous paraît devoir être rattaché à cette formation plutôt qu'à celle du Calcaire carbonifère, dont l'existence au contact immédiat du Silurien serait une anomalie.

Il est également naturel, en raison de la position probable du sondage de Wismes (au S.-O. de Lumbres) au Sud de la grande faille du Midi, de classer dans le Silurien les schistes bleuâtres et le calcaire compacte de ce sondage, que l'on a jusqu'à présent considérés comme étant de l'âge du calcaire de Ferques (Dévonien supérieur).

Le Silurien a aussi été signalé autrefois à Guines et à Lottinghem; mais il a été reconnu ensuite que les sondages exécutés dans ces localités ont rencontré des schistes et grès du Dévonien supérieur.

Par contre, il n'est pas impossible que quelques vieux forages considérés comme ayant été arrêtés dans le calcaire dévonien ou le calcaire carbonifère

aient atteint, en réalité, les calcaires du Silurien supérieur de l'âge de Wen-
lock signalés au Sud du bassin du Pas-de-Calais par M. Ch. Barrois. En particulier, nous estimons que le calcaire soi-disant carbonifère du sondage de
Calais doit être plutôt considéré comme silurien.

Nous devons ajouter encore que les schistes siluriens ont été trouvés à grande
profondeur (622 mètres) au sondage de Witerthun, sous une puissante
formation de calcaire carbonifère. Ils paraissent exister aussi à celui du Bail,
sous la dolomie carbonifère. Nous donnerons ultérieurement une explication
de cette particularité.

Récente
découverte
du silurien
au sondage
de Witerthun.

II. — TERRAIN DÉVONIEN.

Les schistes bariolés rouges et verts du terrain dévonien inférieur (Gédinnien) qui, associés aux grès et grauwackes, ont été si souvent atteints, dans
les départements du Nord et du Pas-de-Calais, au Sud de la grande faille du
Midi, le long du bord méridional du bassin houiller, n'ont été encore rencontrés d'une façon certaine, dans le Boulonnais même, qu'au sondage de
Samer. Ils font complètement défaut dans la partie septentrionale de cette
région.

Absence
du Dévonien
inférieur
dans la région
septentrionale
du Boulonnais.

En s'éloignant à une grande distance à l'E. S.-E., on les voit affleurer, à
proximité de la pointe du bassin du Pas-de-Calais, vers Audincthun, Denne-
brœucq, Reclinghem, Fléchin, Febvin, Pernes. On les a aussi rencontrés aux
sondages de Nielles-lès-Bléquin, Dohem, Coyecque nos 1 et 2 et Delette S.-E.

Sondages
où
on l'a rencontré
à l'Ouest du bassin
du Pas-de-Calais
et au Sud
de la grande faille
du Midi.

C'est aussi vraisemblablement l'étage gédinnien qui a été atteint aux sondages de Bomy et de Beaumetz-lès-Aire, situés à peu de distance et au S.-O.
de l'extrémité du bassin houiller du Pas-de-Calais; leur situation géographique
donne une réelle probabilité à cette hypothèse.

Partout ailleurs, vers le Nord, on n'observe que des assises dévoniennes
d'âge plus récent. On les voit se succéder les unes aux autres, en affleurement,
avec une régularité remarquable, dans la région de Ferques et de Leulinghen,
au Nord de la faille de Ferques, entre la route de Boulogne à Calais, à l'Ouest,
et le chemin de fer reliant ces deux villes, à l'Est.

Dévonien moyen
et supérieur
au Nord de la faille
de Ferques.

La plus ancienne, appuyée sur les schistes siluriens de Caffiers, consiste en
des schistes rouges renfermant un banc de poudingue intercalé, et recouverts
par des schistes et grès psammitiques à empreintes végétales (fougères). Cet
étage correspond à celui du calcaire de Givet (Dévonien moyen); il est en
partie dissimulé, au Nord, par les sables ferrugineux de la base de la craie,

Dévonien moyen
(Givétien):
schistes rouges
et poudingue
de Caffiers;
schistes et grès
superposés.

mais il affleure au Sud, et une tranchée du chemin de fer de Boulogne à Calais permet d'en examiner aisément les éléments.

Le poudingue, connu sous le nom de *poudingue de Caffiers*, est formé de galets quartzeux arrondis, de dimensions variables, ou de gros galets de grauwacke souvent verdâtres, cimentés par une argile rouge; il est compris entre deux bancs de schistes rouges non fossilifères.

Les schistes et grès qui leur sont superposés sont de diverses couleurs : les grès, de nature psammitique, souvent verdâtres, parfois aussi gris jaunâtre; les schistes, ordinairement micacés, tantôt rouges, gris, violacés ou verdâtres; ces schistes sont parfois associés à des calcaires ferrugineux dolomitiques que l'on a exploités comme minerai de fer, et dont la couleur varie du rouge au blanc.

Calcaire de Blacourt.

Au-dessus de cette assise s'étend un calcaire dur, gris foncé ou noir, quelquefois sableux, très fossilifère, où M. Rigaux[1] a signalé la présence du *Strigocephalus Burtini* (Defr.) qui permet encore de le classer dans le Givétien. M. Gosselet[2] y a trouvé de nombreux polypiers que l'on peut rapporter au *Cyathophyllum boloniense* (Edw. Haime), et d'autres fossiles, savoir :

Spirifer mediotextus (Arch. Vern.);	*Atrypa reticularis* (Lin.);
Athyris concentrica (Buch.);	*Orthis striatula* (Schl.);
Cyrtina heteroclita (Defr.) ;	*Productus subaculeatus* (Murch.).

Cette couche est appelée *calcaire de Blacourt*, du nom d'une ferme sous laquelle elle passe. C'est elle, sans doute, qui a été rencontrée, en 1836, à un puits ouvert sur le communal de Landrethun, à l'aval-pendage de ceux des Montacres; ce puits a été creusé dans un calcaire noirâtre[3]; puis il a été continué, à partir du niveau de 11 mètres, par un sondage qui, sous 27 mètres de ce calcaire, a traversé 65 mètres de psammites et schistes appuyés sans doute sur les schistes siluriens des Montacres.

Un forage entrepris à Bainghen a, de même, recoupé un calcaire noir[4] qui paraît être le calcaire de Blacourt.

---

[1] E. Rigaux, Notice géologique sur le Bas-Boulonnais. (*Mém. Société académique de Boulogne*, t. XIV, 1889, et Boulogne-sur-Mer, 1892.)

[2] Gosselet, *Mémoires pour servir à l'explication de la carte géologique détaillée de la France. L'Ardenne.* Paris, 1888.

[3] Du Souich, Rapport du 14 mai 1838.

[4] Du Souich, Rapport du 25 juillet 1841.

A sa partie supérieure, ce calcaire devient plus argileux, et renferme des coraux branchus tels que le *Cyathophyllum cæspitosum* (Gold.) et le *Favosites cervicornis* (Bl.), qui sont plutôt caractéristiques de l'étage frasnien (Dévonien supérieur); aussi M. Gosselet[1] en détache-t-il, pour la ranger dans le Frasnien, la partie supérieure, à laquelle il attribue le nom de *calcaire de la Cédule;* ce dernier alterne parfois avec des schistes calcarifères et contient, comme fossiles, les *Spirifer Verneuili* (Murch.), *Bouchardi* (Murch.), *Orbelianus* (Abich.), ainsi que *Cyrtina heteroclita* (Defr.), *Leptœna Cedulæ* (Rig.), et d'autres espèces connues dans le calcaire de Blacourt.

Dévonien supérieur : calcaire de la Cédule (Frasnien).

Le calcaire de la Cédule est surmonté par une série de bancs de nature variée appartenant à l'étage frasnien.

Ce sont d'abord des schistes argileux fossilifères qui affleurent dans le vallon de Beaulieu, près du chemin de fer de Boulogne à Calais, et que l'on appelle, pour ce motif, *schistes de Beaulieu*. Ils sont de diverses nuances, mais la couleur rouge y domine; ils renferment des lits et des rognons calcaires ou dolomitiques, et, notamment à la partie supérieure, des lentilles puissantes de dolomie ferrugineuse, rouge ou grise, cristalline, parfois tigrée, caverneuse avec cavités géodiques tapissées de cristaux, appelée *dolomie des Noces*. Ces lentilles, ayant mieux résisté que les schistes à l'action des agents atmosphériques, forment, en saillie au milieu de la plaine schisteuse, des rochers de formes bizarres, isolés les uns des autres, mais alignés de manière à permettre de suivre d'un seul regard la continuité de leur gisement. L'un de ces rochers a donné lieu à la légende des Noces, et a même été pris pour un menhir.

Schistes de Beaulieu et dolomie des Noces.

Dans les schistes de Beaulieu, M. Rigaux[2] a recueilli, outre les fossiles déjà signalés dans le calcaire de la Cédule :

Atrypa affinis (Hall.);	*Chonetes Douvillei* (Rig.);
Cyrtina Demarlii (Bouch.);	*Rynchonella boloniensis* (d'Orb.).
Streptorhynchus Bouchardi (Rig.);	

La dolomie des Noces est peu fossilifère; cependant, on y a trouvé :

Spirifer Verneuili (Murch);	*Cyathophyllum Bouchardi* (Edw. Haim.).
Acervularia Davidsoni (Edw. Haim.);	

[1] GOSSELET, *L'Ardenne.*
[2] E. RIGAUX, *Notice géologique sur le Bas-Boulonnais.*

Schistes
et calcaires
supérieurs
aux schistes
de
Beaulieu.

Puis viennent divers niveaux que M. Rigaux[1] a étudiés et répartis de la manière suivante :

1° Schistes verdâtres argileux et calcaire jaunâtre à pentamères inférieur, renfermant :

Acervularia Davidsoni (Edw. Haim.);	Athyris Davidsoni (Rig.);
Pentamerus brevirostris (Phil.);	Atrypa affinis (Hall.);
Spirifer undiferus (Schn.);	Cyrtina heteroclita (Defr.);
Spirifer Bouchardi (Murch.);	Orthis striatula (Schl.);
Spirifer Urii (Dav.);	Productus subaculeatus (Murch.).
Spirifer Legayi (Rig.);	

2° Schistes à *Streptorhynchus Bouchardi*, consistant en une argile verdâtre avec rognons de calcaire gris blanchâtre très fossilifères, suivis de schistes colorés en bleu foncé et pétris de *Spirifer Bouchardi* et de *Streptorhynchus Bouchardi*.

On trouve dans ces bancs, d'après M. Rigaux[1] :

Streptorhynchus Bouchardi (Rig.);	Orthis Dumontiana (Vern.);
Spirifer Bouchardi (Murch.);	Streptorhynchus devonicus (d'Orb.);
Bronteus flabellifer (Gold.);	Leptœna ferquensis (Rig.);
Limanomya lineolata (Bouch.);	Leptœna Fischeri (Vern.);
Atrypa affinis (Hall.);	Strophomena Gosseleti (Rig.);
Spirifer Verneuili (Murch.);	Productus subaculeatus (Murch.);
Cyrtina heteroclita (Defr.);	Criserpia boloniensis (Mich.);
Rynchonella Le Meslii (Rig.);	Favosites dubia (Edw. Haim.);
Skenidium Deshayesi (Bouch.);	Chœtetes Goldfussi (Edw. Haim.);

espèces auxquelles M. Gosselet[2] ajoute ou substitue :

Spirifer Urii (Dav.);	Orthis Deshayesi (Rig.).

3° Schistes rouges chargés de petits rognons ferrugineux, mais non fossilifères.

4° Schistes et bancs calcaires renfermant le *Streptorhynchus elegans*. Les schistes sont rouges, jaunâtres et grisâtres, avec plaquettes calcaires intercalées; à la base, une plaquette pétrie de *Streptorhynchus elegans* (Bouch.), *Ske-*

[1] Loc. cit.
[2] GOSSELET, L'Ardenne.

nidium Deshayesi (Bouch.), *Rhynchonella pugnus* (Mart.), *Orthis striatula* (Schl.), *Spirifer Verneuili* (Murch.); au sommet, un banc de calcaire marneux blanc grisâtre en rognons, renfermant à la partie inférieure une grande abondance de *Streptorhynchus elegans*.

On remarque en outre, à ce niveau :

Camarophoria formosa (Schn.);
Spirifer Barroisi (Rig.);
Spirifer Legayi (Rig.);
Cyrtina Demarlii (Bouch);
Pterinea elegans (Gold.);
Spirifer Sauvagei (Rig.);
Rynchonella ferquensis (Goss.);
Streptorhynchus devonicus (d'Orb.);

Melocrinus hieroglyphicus (Gold.);
Metriophyllum Bouchardi (Edw. Haim.);
Chœtetes Goldfussi (Edw. Haim.);
Retepora antiqua (Gold.);
Terebratula sacculus (Mart.);
Rynchonella acuminata (Mart.);
Productus subaculeatus (Murch.).

5° Calcaire à pentamères supérieur, comprenant une couche entièrement formée d'articulations de crinoïdes, et une autre de calcaire foncé, avec fissures tachées de fer. On y a recueilli :

Bronteus flabellifer (Gold.);
Goniatites retrorsus (Sandb.);
Dielasma elongatum (Schl.);
Atrypa reticularis (Lin.);
Spirifer Verneuili (Murch);
Spirifer Sauvagei (Rig.);
Rynchonella pugnus (Mart.);
Orthis striatula (Schl.);

Orthis eifeliensis (Schn.);
Pentamerus brevirostris (Phil.);
Strophalosia productoides (Murch.);
Receptaculites Neptuni (Defr.);
Terebratula sacculus (Mart.);
Rynchonella acuminata (Mart.);
Productus subaculeatus (Murch.).

6° Schistes rouges non fossilifères.

Le dernier terme de l'étage frasnien dans la région que nous envisageons est le *calcaire de Ferques*. Il est exploité pour pierres de taille dans un assez grand nombre de carrières, depuis Beaulieu, à l'Est, jusqu'à la Capelle, à l'Ouest, et il est par suite bien connu. Il est dolomitique à la base, et l'on peut, à sa partie supérieure, qui est schisteuse et riche en fossiles, en extraire des marbres d'une couleur grise plus ou moins foncée, avec noyaux noirs. En général, il est noir, et dégage sous le choc du marteau une odeur fétide (Stinkalk). Dans une ancienne carrière voisine de Blacourt, on voit, au-dessus de lui, une assise de calcaire sableux en plaquettes minces.

Calcaire
de Ferques ;
fin de la série
frasnienne.

4.

Le calcaire de Ferques, particulièrement riche en coraux, renferme en abondance des fossiles bien conservés, parmi lesquels MM. Gosselet et Rigaux [1] citent :

Phorus Bouchardi (Desl.);	*Strophomena latissima* (Rig.);
Macrocheilus Schlotheimi (Vern.);	*Chonetes armata* (Bouch.);
Murchisonia bilineata (Arch.);	*Strophalosia productoides* (Murch.);
Loxonema hennahiana (Phil.);	*Productus subaculeatus* (Murch.);
Bellerophon tuberculatus (d'Orb.);	*Acervularia Davidsoni* (Edw. Haim.);
Aviculopecten Neptuni (Gold.);	*Cyathophyllum Bouchardi* (Edw. Haim.);
Limanomya Grayi (Bouch.);	*Cyathophyllum Michelini* (Edw. Haim.);
Limanomya multicostata (Bouch.);	*Cyathophyllum cæspitosum* (Mich.);
Athyris concentrica (Buch.);	*Favosites boloniensis* (Goss.);
Atrypa reticularis (Lin.);	*Favosites dubia* (Edw. Haim.);
Atrypa longispina (Bouch.);	*Thecostegites Bouchardi* (Mich.);
Spirifer Bouchardi (Murch.);	*Smithia boloniensis* (Edw. Haim.);
Spirifer Verneuili (Murch.);	*Alveolites subæqualis* (Edw. Haim.);
Rynchonella ferquensis (Goss.);	*Alveolites suborbicularis* (Edw. Haim.);
Rynchonella boloniensis (d'Orb.);	*Chætetes Goldfussi* (Edw. Haim.);
Streptorhynchus devonicus (d'Orb.);	*Metriophyllum Bouchardi* (Edw. Haim.);
Spirigera concentrica (Murch.);	*Retepora antiqua* (Gold.);
Orthis striatula (Schl.);	*Aulopora repens* (Gold.);
Leptæna Dutertrii (Murch.);	*Monticulipora Goldfussi* (Mich.).

Schistes rouges famenniens.

Ce calcaire termine, d'après M. Gosselet, la série frasnienne.

Il est suivi par une bande épaisse de schistes rouges violacés (schistes du Huré), avec plaquettes minces de grès jaunâtre, auxquels Godwin-Austen [2] attribue une épaisseur de 50 mètres, mais qui paraissent plus puissants. Ces schistes renferment *Spirifer Verneuili* et *Chonetes armata*, espèces qui existent déjà dans le calcaire de Ferques. M. Rigaux [1] serait plutôt disposé à rattacher ces schistes à l'étage frasnien, tandis que M. Gosselet [1] les place à la partie inférieure du Famennien.

Grès de Fiennes.

Dans tous les cas, le Famennien est représenté, au-dessus de ce niveau, par des psammites blancs, jaunes ou rouge pourpré, souvent micacés, appelés *grès de Fiennes*, situés à la hauteur des psammites du Condros. On y trouve,

[1] *Loc. cit.*

[2] GODWIN-AUSTEN, On the series of upper palœozoic groups in the Boulonnais. (*Quat. Journ. geol. Soc.*, t. IX, 1853.)

interstratifiés, des schistes blanc jaunâtre, avec alternances de schistes bleu foncé, et des bandes rouges ou ferrugineuses. A cause des moules de bivalves qu'ils contiennent (*Unio subconstrictus*), Rozet[1] a donné aux grès de Fiennes le nom de *grès à Unio*. Ils renferment, en outre, plusieurs espèces de *Cypricardia* et de *Cucullæa* [*Cucullæa Hardingii* (Sow.), *amygdalina* (Sow.), *trapezium* (Phil.)]; du Souich[2] les a appelés *grès à cypricardes*.

L'affleurement de terrains dévoniens que nous venons de décrire possède, dans la région de Ferques et de Leulinghen, une largeur moyenne d'environ 1.600 mètres, et comme les strates plongent vers le Sud, ou plus exactement vers le S. S.-O., de 20° à 40°, on peut admettre, pour cet ensemble, une puissance approximative de 800 mètres, comptée normalement aux bancs; il repose en stratification discordante sur les schistes siluriens de Landrethun, et sur ceux de Caffiers qui, d'après Promper fils, plongent de 35° à 45° vers le N. N.-E. (fig. 5).

Puissance
de la formation
dévonienne
au
Nord de la faille
de Ferques.

S   N

Fig. 5. — Superposition des assises dévoniennes aux schistes siluriens de Caffiers.
Coupe verticale.

A. Schistes de Caffiers. — B. Schistes rouges. — C. Poudingue de Caffiers.
D. Schistes et psammites à empreintes végétales.

A l'Est, du côté du bois de Fiennes, on observe un large épanouissement de l'affleurement des schistes et grès de Fiennes, qui correspond à une diminution de leur inclinaison, et aussi à une forte augmentation de leur épaisseur. C'est dans cette région qu'ont été ouverts le sondage du Château de Fiennes, celui de Bœucres, le sondage n° 2 de la deuxième compagnie de Fiennes et la fosse de la Commune.

A l'Ouest, au contraire, il diminue progressivement de largeur, et, vers Hezelinghen, il disparaît par le rapprochement, et ensuite par le contact du calcaire de Ferques avec la dolomie carbonifère.

Nous verrons bientôt que l'étage des schistes et grès de Fiennes a été atteint en profondeur à la fosse du Fort-Rouge, à la fosse Vieille-Garde et au sondage

[1] Rozet, *Description géognostique du Bas-Boulonnais*. Paris, 1828.
[2] Du Souich, *Note sur les terrains anciens du Bas-Boulonnais*.

nº 3 de Fiennes, après avoir traversé le terrain houiller d'Hardinghen et la
faille de Ferques; qu'enfin, on l'a rencontré au Nord de cette faille par des
galeries venant des fosses Sans-Pareille et Espoir nº 2.

Affleurements
dévoniens
au Sud de la faille
de Ferques.

Le terrain dévonien supérieur n'affleure pas seulement, dans le Boulonnais,
au Nord de la faille de Ferques, c'est-à-dire suivant la bande de Ferques et de
Leulinghen et ses prolongements immédiats. Il apparaît encore en d'autres
points, au Midi de cette faille.

Là, il provient du bord Sud du synclinal primaire du Boulonnais, et il est
naturel que, pour cette raison, ses caractères diffèrent assez de ceux qu'il présente au Nord.

Affleurements
de Basse-Falise
et de
Sainte-Godeleine.

Citons d'abord l'affleurement primaire de Basse-Falise (Pl. II), composé de
schistes rougeâtres accompagnés de plaquettes argilo-arénacées parfois remplies
de *Spirifer Verneuili*; ces schistes appartiennent à l'étage famennien. On les voit
reparaître un peu plus au S.-O., c'est-à-dire à une faible distance au Nord de
la station de Marquise, au delà d'une zone de calcaire carbonifère. Il convient
aussi d'y rattacher, au S.-E., des psammites à cucullées (*Cucullœa trapezium*)
que l'on exploite aux carrières de pavés de Sainte-Godeleine, et dont l'affleurement forme une bande étroite qui, partant du Midi de Rinxent, décrit une
courbe, ayant sa concavité vers le Nord, jusqu'à hauteur de la route de Marquise à Guines.

Ces psammites paraissent supérieurs aux schistes de Basse-Falise et représentent avec eux l'étage des schistes et grès de Fiennes.

Affleurement
d'Austruy,
Rouge-Fort
et Héronval.

En s'éloignant à une plus grande distance du côté de l'Est, on voit réap-
paraître le même étage, un peu au N.-E. du clocher de Réty, vers Austruy,
au Rouge-Fort et à Héronval.

A cette zone appartiennent les schistes rouges du Rouge-Fort et les grès d'Héronval.

Le Famennien du massif de Basse-Falise a été rencontré, au-dessus du calcaire carbonifère, au sondage de ce nom, à celui de la Vallée-Heureuse et
aux deux puits de la nouvelle compagnie de Ferques; celui de la bande du
Rouge-Fort et Héronval a été atteint aux fosses de Noirbernes, Saint-Lambert et
Bouchet, à l'une des fosses Hénichart et à l'une de celles du Bois des Roches,
au sondage des Moines, qui a ensuite pénétré dans le calcaire, aux avaleresses
de l'Eau-Courte, aux sondages de Boursin nº 2 et d'Alembon, entre lesquels
se trouve toutefois l'affleurement de calcaire carbonifère rencontré aux sondages de l'Eau-Courte et de Sanghen, etc.

Enfin, au-dessus du bassin même d'Hardinghen, on en connaît un îlot peu étendu à la fosse Glaneuse n° 2.

A une plus grande distance au Midi, on retrouve le Famennien au Wast (sondage n° 2), où nous avons vu qu'il a été recoupé sous le Silurien.

Qu'il soit superposé au calcaire carbonifère, ou en contact avec le terrain houiller, le Famennien situé au Midi de la faille de Ferques paraît appartenir à des lambeaux arrachés du bord Sud du synclinal primaire dont le bel affleurement de Ferques-Leulinghen constitue le bord septentrional, et charriés vers le Nord par une poussée énergique venant du Midi. Nous reviendrons plus loin sur cette question.

A l'Est d'Hardinghen, le terrain dévonien supérieur a été rencontré au sondage d'Hermelinghen (calcaire de Ferques); il se voit en affleurement à la Quingoie et à Fouquexolle, au S.-E. de Licques. Là se trouvent deux petits pointements de schistes et grès psammitiques de Fiennes; les psammites sont rougeâtres et à grains assez fins. Plusieurs puits et sondages établis sur ces affleurements, ou à proximité, ont servi à explorer cette formation; un des puits, situé à Fouquexolle, a trouvé, au-dessous des psammites, le calcaire de Ferques renfermant l'*Orthis striatula*. On est peut-être, à cet endroit, dans le prolongement de la bande septentrionale de Ferques-Leulinghen; dans cette hypothèse, la faille de Ferques serait, du côté de l'Est, reportée au Midi; dans le cas contraire, le Famennien de la Quingoie et de Fouquexolle appartiendrait à la bande du Rouge-Fort et Héronval, comme M. L. Breton nous a déclaré le penser.

Non loin de là, quelques sondages exécutés au Breuil et à Cauchy, près de Licques, à Rebergues, à Surques, à Escœuilles, à Quesques (la Creuse), ont rencontré soit les grès et schistes famenniens, soit le calcaire de Ferques. Le sondage de Lottinghem a, de son côté, traversé des schistes et grès blancs famenniens qui appartiennent presque certainement au prolongement de la bande du Rouge-Fort et Héronval, ou à une bande plus méridionale.

En s'éloignant encore plus à l'Est, on a trouvé les grès de Fiennes au sondage de Liauwette, près de Lumbres; le calcaire de Ferques aux deux sondages de Setques, et les schistes de Beaulieu à ceux de Wizernes et d'Hallines.

Puis viennent les sondages de Wavrans n° 1, de Remilly-Wirquin, d'Ouve (calcaire de Ferques); ceux de Wavrans n° 2 et de Wirquin (grès de Fiennes), ceux de Delette n°s 1, 2, 3, de Radometz ou Thérouanne n° 1, de Nielles-lès-Thérouanne ou Thérouanne n° 2, et de Thérouanne n° 3 (calcaire de

Îlot famennien au-dessus du bassin houiller d'Hardinghen.

Famennien du sondage du Wast n° 2.

Provenance du Famennien situé au Midi de la faille de Ferques.

Affleurements dévoniens de la Quingoie et de Fouquexolle.

Rencontre du terrain dévonien supérieur en divers sondages.

Ferques); ceux de Clarques, Rebecq et Busnes, moins caractéristiques que les précédents, mais certainement dévoniens.

· En revenant à hauteur de la bande dévonienne qui affleure vers Ferques et Leulinghen, nous trouvons, au Nord des puits et sondages siluriens de Bainghen, Landrethun et Caffiers, les sondages de Guines et de la Pierre, qui ont rencontré les schistes et grès famenniens, et le sondage de Coquelles, au Sud de Calais, où l'on est tombé sur les schistes de Beaulieu et la dolomie des Noces avant d'entrer dans le Silurien.

Les schistes famenniens ont été reconnus, à l'Est de Calais, aux sondages de Marck et d'Offekerque, et, au S.-O. de cette ville, à ceux de Folle-Emprise et Wissant-Sud (sous le calcaire).

A celui de l'Anglaise, on a rencontré les schistes rouges de Beaulieu et la dolomie des Noces, et à celui d'Hervelinghen, des schistes rougeàtres avec banc de calcaire intercalé.

Enfin, à celui du Colombier, on a traversé des terrains d'un facies spécial, que l'on est toutefois fondé à rattacher au Dévonien supérieur.

Ondulations de la surface de séparation du Silurien et du Dévonien supérieur. De la répartition superficielle des divers points où le Silurien et le Dévonien supérieur ont été recoupés sous les morts-terrains, dans la partie septentrionale des départements du Pas-de-Calais et du Nord, on est amené à conclure que le soubassement silurien de cette région présente une surface très ondulée. Souvent cette formation est recouverte par le Dévonien supérieur; mais, parfois aussi, elle émerge en contact immédiat avec les morts-terrains, comme dans la bande de Bainghen-Caffiers et à Pont-d'Ardres. Nous aurons à revenir sur l'interprétation des sondages qui ont été exécutés le long du détroit du Pas-de-Calais, entre Sangatte et le cap Gris-Nez.

III. TERRAIN CARBONIFÈRE.

Absence des couches supérieures du Famennien et inférieures du Calcaire carbonifère. Les couches supérieures du Famennien, caractérisées par le *Spirifer distans*, font défaut dans le Boulonnais. Il en est de même des couches inférieures du terrain carbonifère. Dans ce dernier, il manque toutes les assises qui, en Belgique et dans le département du Nord, se sont déposées au-dessous de la dolomie de Namur. La mer s'est donc retirée avant la fin de l'époque famennienne, pour ne reparaître que bien après le commencement de l'époque carbonifère.

Dans la bande de terrains primaires qui affleure au Nord de la faille de Ferques, nous trouvons, au-dessus des grès de Fiennes, un banc de 100 mètres environ d'épaisseur, constitué par une dolomie grise, parfois sableuse et pulvérulente, parfois aussi bréchiforme, contenant des débris d'encrines. C'est par cette dolomie, représentant celle de Namur, que M. Gosselet[1] fait commencer l'étage carbonifère du Boulonnais. Il lui a donné le nom de *dolomie du Huré*, parce qu'on l'a exploitée au voisinage de cette localité, pour servir de castine dans les hauts fourneaux de Marquise. Elle contient 38 à 40 p. 100 de dolomie. On l'a rencontrée directement à la fosse Sainte-Barbe, et, en profondeur, aux fosses Sans-Pareille et Espoir n° 2, situées au Sud de la faille de Ferques, par des galeries dirigées vers le Nord.

[note marginale : Calcaire carbonifère au Nord de la faille de Ferques. Dolomie du Huré.]

Au-dessus de cette couche, le calcaire carbonifère proprement dit (Dinantien) comprend trois puissantes assises calcaires que M. Gosselet[1] a étudiées et décrites sous les noms de *calcaire du Haut-Banc* à *Productus Cora* (d'Orb.), *calcaire Napoléon* à *Productus undatus* (Defr.), et *calcaire des Plaines* d'Hardinghen, à *Productus giganteus* (Mart.).

Le calcaire du Haut-Banc est généralement gris ou violacé, de nuance foncée. Dans la tranchée du chemin de fer, à Élinghen, il comprend deux niveaux de calcaires violacés à *Productus Cora*, dont l'un repose directement sur la dolomie du Huré, séparés et surmontés par d'autres bancs gris plus ou moins foncés, de nature parfois dolomitique. Le niveau supérieur est exploité aux carrières de la Cotte et des Ramonettes.

[note marginale : Calcaire du Haut-Banc.]

Cette formation, dont la puissance moyenne atteint 150 mètres, est surmontée par le calcaire Napoléon, ainsi nommé parce qu'il a servi à construire la colonne commémorative du camp de Boulogne. Il est compacte, blanc à sa base, ailleurs marbré en blanc et jaune, et souvent sans stratification apparente. On le voit, au Nord de la faille de Ferques, dans plusieurs carrières, notamment au Sud des fermes de la Cotte, du Bois-Sergent et des Ramonettes. Là, son épaisseur peut être évaluée à environ 100 mètres; il renferme quelques bancs très fossilifères, contenant notamment le *Productus undatus*.

[note marginale : Calcaire Napoléon.]

Enfin, cette série se termine par le niveau du calcaire à *Productus giganteus*; déjà foncé à sa base, ce calcaire devient bientôt noir et souvent fétide, comme le calcaire de Ferques, ce qui l'a fait aussi désigner autrefois sous le nom de Stinkalk.

[note marginale : Calcaire à Productus giganteus.]

Dans les anciens puits de Ferques, au Nord de la faille, on l'a trouvé

[1] Gosselet, *L'Ardenne*.

blanchâtre et rempli de *Productus;* mais, en général, il est peu chargé de fossiles; dans une carrière voisine, on y a rencontré un banc sublamellaire analogue au petit granite des Écaussines. Cette assise a une épaisseur d'environ 5o mètres.

A sa partie supérieure, il s'y trouve parfois des lits de *phtanite,* sorte de concrétions siliceuses.

Les trois calcaires en question et la dolomie du Huré reposent en stratification à peine transgressive sur les grès de Fiennes (Famennien); ils plongent d'environ 3o° à 35° vers le S. S.-O., avec tendance à l'aplatissement dans la direction du Levant.

A l'Ouest, vers Hezelinghen, une faille fait disparaître les grès de Fiennes, et met la dolomie du Huré en contact immédiat avec le calcaire de Ferques.

Calcaire carbonifère au Sud de la faille de Ferques.

Au Sud de la faille de Ferques, l'étage dinantien, c'est-à-dire le Calcaire carbonifère, est connu et exploité dans plusieurs régions où il présente des caractères différents assez variés, mais parfois plus classiques encore que ceux qu'il possède dans la bande de Ferques et Leulinghen.

Massif du Haut-Banc et de la Basse-Normandie.

L'un des plus importants de ses gisements est celui du massif du Haut-Banc et de la Basse-Normandie, compris entre la faille de Ferques et l'affleurement dévonien de Basse-Falise. La dolomie inférieure n'y est pas visible, mais elle a été recoupée au sondage d'Hidrequent, au-dessus du terrain houiller. Par contre, les calcaires du Haut-Banc et Napoléon y sont apparents dans de nombreuses et importantes carrières.

Dans celle du Haut-Banc, on exploite à la base une vingtaine de mètres d'un calcaire gris de fumée, avec minces feuillets de schiste, qui fournit des marbres connus sous les noms d'*Henriette* et de *Caroline.* Ces marbres qui, à cet endroit, recouvrent une série de bancs blancs et gris, forment une sorte de voûte très aplatie plongeant dans toutes les directions, mais plus particulièrement vers l'Ouest. Au-dessus d'eux, on observe une hauteur d'environ 15 mètres de calcaires gris ou violacés à *Productus Cora,* surmontés par un mince lit rouge argileux de o m. 2o au plus d'épaisseur que M. Gosselet[1] signale comme un excellent point de repère (fig. 6). Ce lit est lui-même recouvert par des calcaires gris ou violacés, alternant avec des bancs dolomitiques et parfois remplis de polypiers.

Ce dernier niveau dolomitique se retrouve plus à l'Est, à la base des carrières de la Basse-Normandie.

[1] GOSSELET, *L'Ardenne.*

Près du moulin d'Élinghen, on voit le calcaire du Haut-Banc plonger sous une carrière où l'on exploite le marbre Napoléon; ce marbre est aussi exploité à la Basse-Normandie.

Fig. 6. — Coupe verticale du massif du Haut-Banc.

N. Calcaire Napoléon. — H. Calcaire du Haut-Banc. — *ll.* Lit rouge. — *ff.* Faille de Ferques.

D'autre part, il convient de rapporter au calcaire à *Productus giganteus* le marbre *Joinville*, de couleur gris foncé, veiné de rouge, exploité dans les carrières d'Hidrequent.

Le prolongement du massif de la Basse-Normandie et du Haut-Banc a été reconnu, du côté de l'Ouest, par le sondage d'Hidrequent, et par celui de Blecquenecques qui, avant d'arriver au terrain houiller, a successivement traversé des terrains remaniés, les calcaires situés à la base du calcaire Napoléon, le calcaire du Haut-Banc renfermant des argiles ferrugineuses et du minerai de fer, et la dolomie du Huré très bariolée.

Massif
de Leulinghen.

Plus loin encore, dans la même direction, la formation du calcaire carbonifère reparaît vers Leulinghen, où elle constitue un autre affleurement s'étendant au Sud de la faille de Ferques. Le calcaire du Haut-Banc y est exploité le long du ruisseau de Blecquenecques.

C'est là aussi que se trouvent les carrières Napoléon, qui fournissent les plus beaux échantillons du calcaire du même nom, et celles de *Watel* et de *Lunel*, qui exploitent une zone inférieure fournissant des pierres de taille et servant à fabriquer de l'acide carbonique pour les sucreries; on en expédie aussi les produits en Norvège, en grande quantité, pour la fabrication du carbure de calcium.

Dans cette région, le calcaire Napoléon renferme quelques bancs très riches en fossiles, et où on trouve notamment :

Evomphalus pentangulatus (Sow.);	*Streptorhynchus crenistria* (Phil.);
Bellerophon hiulcus (Sow.);	*Chonetes papilianocea* (Phil.);
Spirifer glaber (Mart.);	*Productus undatus* (Defr.);
Terebratula elongata (Schl.);	*Productus semireticulatus* (Mart.);
Terebratula sacculus (Mart.);	*Productus giganteus* (Mart.).

5.

Ces bancs constituent particulièrement les marbres dits *Notre-Dame*, les plus remarquables de cet étage.

Calcaire carbonifère d'Hardinghen.

En revenant vers l'Est, au delà de Locquinghen et. vers Hardinghen, le calcaire carbonifère reparaît entre la faille de Ferques et la bande dévonienne d'Austruy, Rouge-Fort et Héronval. Au Couchant, il recouvre le terrain houiller proprement dit, dont il est séparé par des failles de refoulement, tandis qu'au Levant, il est situé normalement au-dessous de ce terrain, qui est alors en stratification normale ou transgressive avec lui.

Dans la première de ces régions, il a été rencontré à un grand nombre de fosses, notamment à celles de la Renaissance, Providence, du Souich, Brunet, Glaneuse n° 2, des Quarante, Bellevue, Sart, Dhieux, des Rochettes, de l'An, Fédération, Bacquet, Delattre, John, du Rocher, du Bois de Saulx n° 1, du Privilège de Réty, Denis, du Nord, du Sud, Saint-Louis n° 2, Saint-Rémi, Coquerel, Sainte-Marguerite n° 2, etc., ainsi qu'aux sondages de Locquinghen et d'Austruy. C'est lui également qui recouvre le terrain houiller aux fosses du Bois des Roches n°s 1, 3, 4 et 5, Hénichart n° 2, Saint-Victor et Saint-Lambert (sous le Famennien).

Dans la seconde, on l'a reconnu aux fosses Suzette, Gillet, des Plaines, de la rue des Maréchaux, et aux sondages des Plaines, qui ont été établis sur le calcaire à *Productus giganteus*.

Nous reviendrons plus loin sur les accidents qui ont affecté ces deux régions; pour le moment, nous ne ferons que signaler les principaux points où le calcaire carbonifère y est connu et y a été exploité.

Le calcaire du Haut-Banc n'y est plus visible, mais le calcaire Napoléon affleure à l'Ouest d'Hardinghen, notamment au bois des Roches, près d'Austruy.

De plus, le calcaire à *Productus giganteus* a été exploité sous forme de marbre noir, au lieu dit *les Plaines*, près de la limite des territoires de Réty et d'Hardinghen. Là, il est en place et forme le soubassement naturel du bassin houiller.

Veines de houille du Calcaire carbonifère.

On a trouvé à sa partie supérieure, interstratifiées dans ses bancs, deux veines de houille à 32 ou 34 p. 100 de matières volatiles qui ont été exploitées aux puits des Plaines, et qui, d'après leur position et la nature des terrains qui les encaissent, nous paraissent bien devoir être considérées comme appartenant au sommet de l'étage du calcaire carbonifère.

A la carrière Evrard, on remarque, au-dessus d'un calcaire noir, un calcaire violacé rempli d'articulations d'encrines, et un calcaire blanchâtre chargé de *Productus giganteus*. Non loin de là, à la carrière Noire, on a trouvé, au-dessus du calcaire noir, deux petits lits de phtanite surmontés par des schistes noirs. Ce niveau renferme comme fossiles, outre le *Productus giganteus : Spirifer trigonalis, Athyris Roissyi, Productus semireticulatus*.

La fosse de la rue des Maréchaux a aussi trouvé des fragments de phtanite intercalés dans un calcaire de nature parfois bréchiforme.

Le calcaire à *Productus giganteus* a été rencontré, à plusieurs puits et sondages, sous le terrain houiller du bassin d'Hardinghen qui lui est normalement superposé, par exemple aux fosses Boulonnaise, du Bois d'Aulnes, du Grand-Courtil, Hiart n° 1, du Souich, aux sondages d'Austruy et de Réty n° 2.

Au S.-O. de l'affleurement famennien de Basse-Falise, on voit un affleurement assez étendu de calcaire du Haut-Banc, qui paraît compris entre deux failles, le Famennien reparaissant au delà, au Nord de la station de Marquise. *Affleurement de calcaire carbonifère vers Marquise.*

En résumé, d'une façon générale, l'étage du calcaire carbonifère paraît régner, en place ou transporté, tout le long et au Midi de la faille de Ferques, depuis Leulinghen jusqu'au delà d'Hardinghen, recouvert parfois par les formations jurassique et crétacée. Ainsi que nous l'avons expliqué, il est en place du côté du Levant, et il a été charrié au-dessus du terrain houiller du côté du Couchant. Dans cette direction, il a été traversé, au-dessus de la formation houillère, en un grand nombre de points, et, en dernier lieu, aux fosses Renaissance, Providence et du Souich, ainsi qu'aux sondages d'Hidrequent et de Blecquenecques. *Résumé.*

On l'a aussi rencontré aux nouveaux puits de la concession de Ferques, sous le Dévonien supérieur. *Rencontre du calcaire carbonifère aux nouveaux puits de Ferques.*

Au sondage des Moines, on a traversé sous 245 mètres de terrains superficiels, de Jurassique et de schistes rouges du Dévonien supérieur : 73 mètres de calcaire gris veiné de rouge, avec plaquettes argileuses rouges ou noires, à *Productus giganteus*, 127 mètres de calcaire blanc Napoléon, 145 mètres de calcaire du Haut-Banc, et 97 mètres de dolomie ou de calcaires noirs dolomitiques. On s'est arrêté dans ce dernier étage à la profondeur de 687 mètres. *Rencontre du calcaire carbonifère par sondages.*

Le sondage de Basse-Falise, après avoir rencontré les schistes et grès rouges du Dévonien supérieur, aurait, d'après des renseignements fournis par M. Rigaux[1], traversé successivement 193 mètres de calcaire carbonifère de

---

[1] E. RIGAUX, *Notice géologique sur le Bas-Boulonnais.*

diverses nuances, 25 mètres de grès et schistes houillers avec veinules de houille, et 39 mètres de calcaire blanc. Il a été arrêté à la profondeur de 339 mètres. Il aurait donc trouvé une faible épaisseur de terrain houiller bien caractérisé comprise entre deux calcaires.

Dans la même région, le sondage de la Vallée-Heureuse a trouvé le calcaire carbonifère sous le Dévonien supérieur, à la profondeur de 62 mètres.

Beaucoup plus loin à l'Ouest, au delà du sondage de Blecquenecques, le sondage de Witerthun a trouvé, sous le Jurassique, une épaisseur considérable de calcaire et de dolomie carbonifères, au-dessous desquels il est entré dans les schistes siluriens au niveau de 622 mètres.

Près de là, au Bail, un autre sondage a trouvé la dolomie carbonifère, paraissant aussi superposée au Silurien.

Du côté de l'Est, le sondage de Sanghen a atteint un calcaire blanc à teinte rosée, qui paraît être à la base du calcaire Napoléon.

C'est aussi le calcaire carbonifère que l'on a trouvé au sondage de l'Eau-Courte, au Sud des avaleresses ainsi dénommées.

Divers sondages entrepris dans la région de Surques, Escœuilles et Quesques, ont rencontré soit la dolomie du Huré, soit les étages supérieurs du calcaire carbonifère.

On a de même atteint le calcaire carbonifère aux sondages de Lumbres, et à celui d'Enguinegatte, situé à la pointe du bassin houiller du Pas-de-Calais.

Sa présence a été constatée plus loin vers l'Est, aux sondages du Fort-Saint-François et de Moulin-le-Comte, à Aire, et à celui de Molinghem.

Entre le cap Gris-Nez et Calais, l'existence du calcaire carbonifère a été reconnue aux sondages de Tardinghen, Wissant-Nord et Wissant-Sud; à ce dernier, on l'a trouvé superposé au Dévonien supérieur.

On l'a aussi atteint, sous le terrain houiller, au sondage de Strouanne.

Dans un puits artésien foré à Calais, on a trouvé à la profondeur de 320 m. 70 un calcaire qu'Élie de Beaumont[1] a classé dans le Carbonifère. Mais on ne connaissait pas alors les calcaires siluriens dans les départements du Nord et du Pas-de-Calais, et l'on n'hésitait qu'entre le Carbonifère et le Dévonien. Les résultats du sondage de Coquelles, où l'on a trouvé le Silurien sous la dolomie des Noces bien caractérisée, et la présence du Silurien à

---

[1] Élie de Beaumont, Rapport sur le puits artésien de Calais. (*Compt. rend. Académie des Sciences*, t. XXIV, 1847.)

Gravelines, à Sangatte, à Escalles, nous portent à regarder le sondage de Calais comme Silurien.

Dans les anciens puits à charbon, on donnait au calcaire carbonifère le nom de *rocher*. Il est souvent fissuré et présente alors ce qu'on appelle des *coupes*, sortes de cassures qui, postérieurement à leur formation, ont été élargies par la dissolution du carbonate de chaux constituant leurs parois.

L'étage houiller proprement dit, ou Westphalien, comprend deux niveaux.

Le niveau inférieur est celui que M. Gosselet[1] a appelé niveau du *grès des Plaines* d'Hardinghen. Il est constitué par une assise gréseuse, avec intercalation de lits minces de houille et de bancs calcaires.

Le grès des Plaines est psammitique, calcaire ou siliceux, très dur, souvent micacé, blanc un peu jaunâtre, d'un grain fin homogène, renfermant parfois des plaquettes de nuance rouge et des bancs presque noirs tournant à la grauwacke. On y a recueilli le *Spirifer trigonalis*, et le *Productus carbonarius* que l'on a, dans certains cas, classé dans le Calcaire carbonifère. Mais il existe aussi, dans cette assise, des débris de plantes, notamment de calamites; le *Stigmaria ficoides* y a été reconnu; la nature houillère du grès des Plaines ne semble dès lors pas douteuse.

Dans la région des anciens puits de la concession de Ferques, ce grès est accompagné, au-dessus du calcaire à *Productus giganteus*, par des schistes, calschistes et calcaires noirs à *Productus carbonarius* (de Kon.); on y a trouvé, à cet horizon, plusieurs veinules de houille.

Dans le bois des Roches, on a exploité une veine que l'on a quelquefois regardée comme appartenant encore au niveau du grès des Plaines, mais qui constitue plutôt le retour, avec plongement vers le S. S.-O., de la veine la plus inférieure du faisceau houiller du bassin principal d'Hardinghen, c'est-à-dire de la veine à Deux laies.

Dans la région des plaines d'Hardinghen, on a exploité, aux puits des Plaines, deux veines de houille irrégulières, associées parfois à une argile grisâtre, et intercalées dans un calcaire noir, subordonné au grès blanc. Là, on se trouve déjà dans le Calcaire carbonifère, bien que l'on puisse à la rigueur, comme l'a fait M. Gosselet[1], rattacher ces deux veines à la base de l'étage houiller.

La fosse Boulonnaise, de la concession de Fiennes, a rencontré, au-dessous

Calcaire carbonifère des puits à houille.

Étage houiller proprement dit.

Niveau du grès des Plaines.

---

[1] GOSSELET et BERTAUT, *Étude sur le terrain carbonifère du Boulonnais.*

de la dernière veine du bassin d'Hardinghen, des psammites et schistes gris, puis des psammites et quartzites blancs et des calcaires noirs coquilliers, sous lesquels s'étendaient des couches schisteuses et des veinules de charbon; puis sont venus des calcaires blanchâtres probablement carbonifères, dans lesquels on s'est arrêté. Les terrains situés au-dessus représentaient, d'après du Souich [1], la partie inférieure du terrain houiller de Ferques.

Plusieurs fosses situées au bois d'Aulnes ont traversé des grès généralement blanchâtres et des schistes noirs reposant sur le Calcaire carbonifère. Ces grès et schistes représentent le niveau du grès des Plaines.

Au fond de la fosse Providence, on a trouvé, sous la bowette Sud du niveau de 307 mètres, des grès blancs durs et des schistes noirs du niveau du grès des Plaines, qui s'étendent sur le Calcaire carbonifère.

A la fosse Glaneuse n° 1, la zone inférieure du bassin, rencontrée en bowette à l'Est, est caractérisée par la présence de concrétions siliceuses, généralement blondes ou noires (phtanite).

Mais, nulle part, en ces divers points, ni en quelques autres où le calcaire du fond du bassin a été atteint sous le terrain houiller, on n'est descendu jusqu'au niveau des veines des fosses des Plaines, interstratifiées dans le Calcaire carbonifère.

En définitive, le grès des Plaines correspond au passage de l'étage calcaire à l'étage houiller; c'est une sorte de zone de transition; mais il semble devoir être classé dans le terrain houiller. Le charbon qu'il renferme est d'ailleurs de nature très gazeuse; d'après d'anciennes analyses, il renfermerait au moins 32 p. 100 de matières volatiles.

Niveau houiller supérieur.

Le niveau supérieur du terrain houiller du Bas-Boulonnais est connu, d'une part, aux anciens puits de Ferques et de Leulinghen, où sa base seule existe, et, d'autre part, dans la région de Locquinghen et Hardinghen.

Région de Ferques et Leulinghen, au Nord de la faille de Ferques.

A Ferques et à Leulinghen, il longe des affleurements étroits de grès des Plaines qui s'étendent au Nord de la faille de Ferques, et sur lesquels quelques travaux, que nous aurons à décrire, ont été entrepris.

Région de Locquinghen et Hardinghen, au Sud de cette faille.

A Locquinghen et Hardinghen, il est beaucoup plus étendu, et constitue une bande située au Sud de la faille, que l'on voit affleurer à l'Est jusqu'au voisinage du château d'Hardinghen, et qui, depuis cet endroit, a été exploitée dans la direction de l'Ouest jusqu'au delà de Locquinghen, soit directement,

[1] Du Souich, Rapport du 21 avril 1840.

soit sous le Calcaire carbonifère, avec ou sans recouvrement par les terrains jurassique et crétacé.

C'est le prolongement de cette bande qui a été atteint par les sondages d'Hidrequent et de Blecquenecques.

Le terrain houiller du Boulonnais se compose d'alternances de schistes Roches houillères. argileux et d'argiles ou marnes plus ou moins schisteuses avec des grès ou psammites un peu micacés, de calcaires marneux ou siliceux et de veines de houille. La plupart des bancs font effervescence aux acides; la formation houillère d'Hardinghen participe donc à la nature calcaire des terrains qui l'encaissent.

Elle se distingue en outre, du côté de l'Ouest, par l'abondance relative des schistes et la rareté des grès. A la fosse Providence notamment, les grès sont presque inconnus, sauf à la partie inférieure de la formation, ainsi que le montre la coupe des terrains traversés par le puits. Cette rareté des grès s'atténue du côté de l'Est, et on ne l'observe plus guère dans les anciennes fosses d'Hardinghen.

Les schistes ou *rocs* deviennent parfois gréseux. En général, ils gonflent rapidement au contact de l'eau; aussi, les inondations ont-elles causé de grands dommages dans les galeries et chantiers d'exploitation qu'elles ont envahis.

Ceux qui sont formés de bancs minces superposés étaient connus autrefois sous le nom de *roquettes* ou *petites rocs*.

Les grès, à texture fissile, et à cassure inégale, contiennent souvent des débris végétaux entre leurs feuillets. Tantôt ils sont durs, et tantôt friables. Les anciens mineurs appelaient *gressiau* les premiers [1], durs et à grain fin, et *curière* les seconds, moins durs et à grain moyen. Le terme de gressiau a aussi été appliqué parfois à des nodules calcaires intercalés dans des bancs de schiste.

Nous respecterons ces désignations, étant entendu que l'expression *cuerelle*, ou *querelle*, a remplacé postérieurement celle de *curière*.

Les schistes situés géologiquement au-dessus et au-dessous, c'est-à-dire au toit et au mur des veines, présentent habituellement les caractères particuliers qui les distinguent dans le bassin de Valenciennes; on les désigne, dans le Boulonnais comme dans ce dernier bassin, sous les noms de *toit* et de *mur*.

Le toit est composé de schistes en feuillets parallèles à la stratification,

_____

[1] Rozet, *Description géognostique du Bas-Boulonnais.*

renfermant des empreintes bien entières; le mur de schistes de structure
irrégulière avec végétaux brisés.

On appelle *faux toit* et *faux mur* des lits de schiste tendre plus ou moins
charbonneux, avec ou sans lits minces de charbon intercalés, que l'on rencontre
parfois au toit et au mur des veines.

L'*escaillage*, constitué par du charbon schisteux ou du schiste charbonneux,
était anciennement connu sous le nom de *bézier*.

L'expression de *havrit* s'applique, comme dans le Nord et le Pas-de-Calais,
à des lits d'argile tendre et pulvérulente qui se rencontrent plus particulièrement dans les couches de charbon.

Variations d'allure de la formation houillère.

La formation houillère est loin d'être uniforme; les diverses assises qui la
composent, les veines de houille notamment, subissent dans leur constitution
des variations parfois considérables. Ces veines présentent des étreintes et des
renflements, comme aussi des parties bouleversées qu'on appelle des *brouillages*.
Lorsque, par suite de rétrécissements ou de brouillages, elles deviennent
inexploitables, on dit qu'elles sont en *cran*, mais cette expression est aussi
appliquée, dans certains cas, aux rejets ou failles qui altèrent leur continuité.

Plissements des veines de houille. Particularités qu'elles présentent.

Les veines de houille sont généralement en allure normale, c'est-à-dire en
plateure ou en *plat*, toit au toit et mur au mur. Cependant, à la fosse Glaneuse
n° 1, on a observé une région dans laquelle il y avait inversion du toit et du
mur, présentant par conséquent des *droits* ou *dressants*.

Aux lignes de plissement ou *crochons*, se trouvaient des amas de charbon
appelés *queues*, de section transversale plus ou moins irrégulière.

On a vu aussi, dans les plats, des *recoutelages*, c'est-à-dire des portions où
la veine, brisée, était en quelque sorte superposée à elle-même, présentant
ainsi une double épaisseur.

Nature de la houille du Boulonnais.

La houille du Boulonnais est généralement d'un noir brillant; cependant,
celle de la veine Maréchale est plutôt terne. Elle a une densité relativement
faible; l'hectolitre extrait ne pèse guère que 85 à 90 kilogrammes. Elle est,
en général, dure et gailleteuse; elle renferme, en moyenne, une proportion de
gros charbon (12 p. 100) et de gailleterie appelée autrefois *rondin* (38 p. 100),
supérieure à celle que l'on observe habituellement dans le Pas-de-Calais.
Toutefois, les veines dont l'allure est caractérisée par une succession de renflements et d'étreintes, comme la veine à Boulets, donnent surtout du charbon
menu. Par contre, on a obtenu jusqu'à 70 ou 80 p. 100 de gros dans

certaines parties de la veine Maréchale, où la moyenne de cette proportion peut être évaluée à 50 p. 100.

Feuilletée et peu chargée de pyrite dans sa constitution intime, la houille d'Hardinghen est de nature très gazeuse (33 à 38 p. 100 de matières volatiles); elle est par suite impropre à la fabrication du coke; elle en fournit seulement 62 p. 100 environ au creuset de laboratoire.

Son pouvoir calorifique est analogue à celui des houilles de même nature du Pas-de-Calais.

Elle donne en brûlant beaucoup de flamme, sans dégager d'odeur désagréable; sa qualité se rapproche, au point de vue de la combustion, de celle des flénus belges, c'est-à-dire des houilles sèches à longue flamme. Cependant, la veine Maréchale, surtout au Levant, et celle qui a été exploitée du côté de la ferme d'Hénichart, sont d'une nature plus bitumineuse; leur charbon colle au feu et est bon pour la forge; celui des veines supérieures à Maréchale ne peut que dans des cas exceptionnels servir à cet usage.

Exposée à l'air, la houille d'Hardinghen se désagrège assez rapidement; elle contient une notable proportion d'alun qui ne tarde pas à s'effleurir.

Mise en tas, elle s'échauffe et est sujette à s'enflammer; le charbon menu de la veine à Bouquettes est celui qui possède le plus cette propriété; un incendie important s'est produit dans cette veine à la fosse Providence en 1882; il en était survenu un autre, en 1850, dans la veine à Deux laies de la fosse Espoir n° 2.

La proportion de cendres est satisfaisante; le plus généralement, elle ne dépasse pas 6 à 8 p. 100; souvent elle est beaucoup moindre.

Le grisou a toujours été rare, même dans les *stappes* ou vestiges d'anciens travaux. On en a signalé l'existence dans la veine à Cuerelles à la fosse Saint-Ignace (1825), dans la veine Maréchale aux fosses du Verger-Blondin (1791), Deulin (1823), Saint-Étienne (1826) et Jasset (1858), et dans la veine à Deux laies aux fosses Blondin (1833) et Jasset (1860), mais toujours dans les vieux travaux ou à leur approche.

Dans le groupe des fosses Renaissance et Providence, on a pu, jusqu'à leur abandon définitif, se servir, sauf exceptions, de lampes à feu nu.

On rencontre quelquefois dans les couches de houille des veinules de pyrite de fer, que l'on peut séparer par le triage; la pyrite s'y présente aussi en rognons, de forme parfois sphérique.

Grisou.

Pyrite de fer.

6.

Bouquettes. On trouve, soit dans les bancs de schiste, soit à la jonction des bancs de schiste et de grès, soit encore dans les veines, et particulièrement dans la veine à Bouquettes, surtout dans ses parties en étreintes, des rognons de petites dimensions de sidérose ou de fer carbonaté, que l'on appelle *bouquettes*. Ces rognons, de nature spéciale, ne renferment pour ainsi dire jamais de débris végétaux; ils sont inconnus dans le bassin du Nord et du Pas-de-Calais; ils sont riches en fer, et pourraient être employés comme minerai de ce métal.

M. L. Breton nous a donné l'analyse suivante d'une de ces bouquettes.

Perte au feu..	28,43
Partie insoluble....................................	12,02
Fer..	35,70
Acide phosphorique................................	1,02
Non dosé (chaux, magnésie, alumine)..............	22,83
TOTAL..................	100,00

Boulets. Il existe, en outre, d'autres rognons pierreux, semblables, ceux-là, aux *clayas* du bassin de Valenciennes, caractérisés par la présence de restes de végétaux fossiles incorporés dans leur masse, et dont les détails de la constitution ont été parfois extrêmement bien conservés. Ces rognons, recouverts en général par une pellicule de charbon luisante, sont souvent formés d'une combinaison de fer carbonaté et de carbonate de chaux, et moins riches en fer que les bouquettes. On les appelle plus spécialement *boulets*, et ils ont donné leur nom à l'une des veines supérieures du bassin d'Hardinghen. Ils sont parfois ronds, parfois aussi aplatis, comme les *coal-balls* des Anglais, avec lesquels ils présentent une grande analogie. Polis en surfaces planes, ils présentent l'aspect de certains marbres.

Lames de liège minéralisées. Mais ce n'est pas tout. M. Bertrand[1], professeur à la Faculté des sciences de Lille, a recueilli d'autres échantillons, d'une nature particulière, cette fois encore, au bassin d'Hardinghen, et provenant de la veine à Boulets de la fosse Providence, ou de la veine Marquise, de la Glaneuse n° 1, qui paraît assimilable à la précédente. Ce sont des plaques calcaires revêtues d'une croûte de houille, d'une teneur nulle en fer, et résultant de la minéralisation de lames

[1] C. Eug. BERTRAND, *Premières observations sur les nodules du terrain houiller d'Hardinghen. Les plaques subéreuses calcifiées.* Atlas, Boulogne-sur-Mer, 1899.

de liège d'un lepidodendron, probablement du *Lepidodendron aculeatum*. Ces plaques sont d'une couleur gris brun, à cassure transversale cristalline vers le centre, et terreuse près de la surface. Le liège dont elles proviennent, pourri et gonflé avant son enfouissement, a été transformé en une sorte de gelée qui s'est fendillée par le retrait, et a ensuite été ressoudée par des lames de calcite.

La minéralisation de ce liège a eu lieu par localisation du calcaire, alors que d'autres végétaux voisins, pourris également, mais ayant une autre origine, ont localisé la sidérose. Par exemple, les stigmaria pourris rencontrés sur les plaques subéreuses calcaires, ou entre elles, sont en sidérose, à l'exception du cœur du bois, qui est plutôt en pyrite de fer.

Ces plaques de liège sont couchées à plat dans les veines où elles se trouvent, et réparties sur toute leur hauteur, sans ordre ni orientation spéciale. Les unes sont formées d'une seule pièce; d'autres résultent de la superposition de deux ou de plusieurs lames subéreuses, tantôt alignées parallèlement et tantôt croisées.

Le bassin d'Hardinghen renferme plusieurs couches de minerai de fer.

M. L. Breton[1] en a cité une qui, à la fosse Espoir n° 2, a été découverte, en 1838, à la profondeur de 24 m. 26, à la tête du terrain houiller, sous les argiles du Gault.

Cette couche, qualifiée de *fer hématite*, était formée d'un minerai de fer oxydé rouge, et avait, paraît-il, une épaisseur de 1 mètre; il ne semble pas que l'on ait jamais cherché à l'exploiter.

Une autre couche de couleur grise, dite d'*hématite oolithique*, a été reconnue, vers la profondeur de 220 mètres, dans le fonçage de la fosse Providence, à 11 mètres environ au-dessus de la veine à Boulets.

Enfin, nous devons signaler, dans le terrain houiller du Boulonnais, la présence assez fréquente d'argiles réfractaires. Ce sont des argiles blanches, disposées en couches dans ce terrain, ou même interstratifiées dans les veines de houille. Elles sont, d'après M. L. Breton[1], comparables aux argiles les plus renommées du duché de Hesse et de l'Écosse. L'une des veines inférieures des fosses d'Hardinghen a été appelée *veine à Briques*, surtout parce qu'elle renfermait un sillon d'argile réfractaire compris entre deux lits de houille, dont on se servait pour fabriquer des briques.

Minerai de fer du terrain houiller.

Argile réfractaire.

[1] L. Breton, Étude sur l'étage carbonifère du Bas-Boulonnais. (*Bull. Soc. ind. min.*, 3ᵉ série, t. V, 1891.)

A la fosse Providence, on a trouvé, à un niveau supérieur, au mur de la veine à Cuerelles, une argile réfractaire grise, presque blanche.

On a rencontré une argile semblable au mur de la veine à Cuerelles, à la fosse Glaneuse n° 1. Son allure est irrégulière; à certains endroits son épaisseur est faible; ailleurs elle augmente notablement. Parfois, on la retrouve dans les sillons de la veine. Elle disparaît dans les parties en dressant. Dans une région en plat où il y avait recoutelage, cette argile existait entre les deux branches superposées de la veine.

On a aussi trouvé de l'argile réfractaire à la même fosse, au mur de la veine Marquin.

La présence de cette argile a enfin été signalée dans les recherches Bonvoisin, près de Leulinghen.

Ressemblance des houilles d'Hardinghen avec les houilles anglaises.

Pour en finir avec les particularités qui distinguent le terrain houiller d'Hardinghen, nous indiquerons que les charbons qu'on en extrait ne ressemblent guère, comme aspect, à ceux du Pas-de-Calais. Ils ont plutôt le faciès des houilles anglaises.

Flore houillère.

M. Zeiller [1] a démontré par l'étude des plantes fossiles que le bassin de Valenciennes appartient, d'une façon certaine, à l'étage houiller moyen, et il l'a divisé en trois zones dont il a indiqué les dispositions respectives, depuis la frontière belge jusqu'à Fléchinelle.

Il s'est aussi posé la question de savoir à quelle hauteur doit être placé, dans cette série, le bassin du Boulonnais, c'est-à-dire le bassin d'Hardinghen.

La flore houillère y est malheureusement assez pauvre; les schistes qui forment le toit des veines ne renferment qu'un petit nombre d'empreintes de plantes.

Néanmoins, dès 1876, M. l'abbé Boulay [2] y avait signalé :

Calamites Suckowi (Brong.);	Sphenopteris chærophylloides (Brong.);
Calamites Cisti (Brong.);	Nevropteris heterophylla (Brong.);
Sphenophyllum erosum [3] (Lindl.);	Pecopteris Loshii (Brong.);
Annularia radiata (Brong.);	Stigmaria ficoides (Sternb.).

[1] R. Zeiller, Étude des gisements minéraux de la France. Bassin houiller de Valenciennes. Description de la flore fossile. Paris, 1888.

[2] Abbé Boulay, Le terrain houiller du Nord de la France et ses végétaux fossiles. Thèse de géologie, Lille, 1876.

[3] Forme particulière du Sphenophyllum cuneifolium.

Vers la même époque, M. L. Breton[1] y avait recueilli :

Pecopteris Loshii (Brong.);	*Annularia radiata* (Brong.);
Nevropteris heterophylla (Brong.);	*Asterophyllites delicatula* (Sternb.);
Sphenopteris coralloides (Gutb.);	*Calamites Suckowi* (Brong.);
Sphenophyllum erosum (Lindl.);	*Calamites Cisti* (Brong.);

espèces qui ont été déterminées par M. Ch. Barrois.

D'autre part, M. Zeiller[2] y a trouvé :

Sphenopteris gracilis (Brong.);	*Annularia radiata* (Brong.);
Sphenopteris coralloides (Gutb.);	*Sphenophyllum cuneifolium* (Sternb.);
Mariopteris muricata (Schl.);	*Lepidodendron aculeatum* (Sternb.);
Nevropteris heterophylla (Brong.);	*Lepidodendron ophiurus* (Brong.);
Calamites Suckowi (Brong.);	*Stigmaria ficoides* (Sternb.);
Calamites Cisti (Brong.);	*Cordaites principalis* (Germor.):
Calamites ramosus (Art.);	*Artisia approximata* (Brong.);
Calamites Schutzei (Stur.);	*Cordaianthus Pitcairniæ* (Lind. et Hutt.).
Asterophyllites grandis (Gein.),	

Sur ces 17 espèces, il n'en donne qu'une comme abondante : le *Calamites Suckowi*, qui est connu et généralement très répandu à presque tous les niveaux houillers, dans les départements du Nord et du Pas-de-Calais.

Par contre, il en est deux, le *Sphenopteris gracilis* et le *Cordaianthus Pitcairniæ*, qui, dans le Nord de la France, n'ont été recueillies qu'à Hardinghen. D'autres, telles que le *Calamites Schutzei* et l'*Artisia approximata*, ne fournissent aucun renseignement utile.

Si l'on écarte, en outre, celles qui ont été rencontrées dans toutes les zones du bassin de Valenciennes, il n'en reste que quatre, d'après M. Zeiller, qui n'aient pas été observées à tous les niveaux; ce sont le *Sphenopteris coralloides*, l'*Asterophyllites grandis*, le *Lepidodendron ophiurus* et le *Cordaites principalis;* mais aucune n'est réellement caractéristique d'une zone déterminée.

Cependant, se basant sur l'association du *Sphenopteris coralloides* et du *Cordaites principalis* avec l'*Asterophyllites grandis*, rare dans la zone supérieure du Nord et du Pas-de-Calais, et le *Lepidodendron ophiurus*, trouvé seulement à

[1] L. Breton, Étude stratigraphique sur le terrain houiller d'Auchy-au-Bois. (*Mém. de la Société des Sciences de Lille*, 5ᵉ série, t. III, 1877.)

[2] *Loc. cit.*

Meurchin, M. Zeiller pense que les couches du Boulonnais appartiendraient à la région moyenne ou supérieure de la zone moyenne dudit bassin, c'est-à-dire se placeraient à hauteur des veines d'Auchy-au-Bois et de Fléchinelle, et de celles d'une partie de la concession de Ferfaÿ.

M. l'abbé Boulay[1] avait conclu auparavant que la houille du Boulonnais peut être identifiée avec celle d'Auchy et de Ferfaÿ, ce qui cadre bien avec l'opinion de M. Zeiller.

M. L. Breton a découvert des *Sigillaria* à la fosse Glaneuse n° 1. Auparavant, on n'en avait jamais rencontré dans le Boulonnais.

Découverte
du terrain houiller
au sondage
de Strouanne.

En dehors des étroits affleurements houillers de Ferques et Leulinghen, du bassin proprement dit d'Hardinghen et de son prolongement vers Blecquenecques, la formation houillère du Boulonnais n'a été rencontrée qu'au sondage de Strouanne, situé au N.-O., près du détroit du Pas-de-Calais; ce sondage a fourni des échantillons de houille renfermant environ 36 p. 100 de matières volatiles.

Morts-terrains.

Nous étudierons, plus rapidement que les terrains anciens, les terrains plus récents qui les recouvrent, leur description se rattachant d'une façon moins étroite à l'objet principal de cet ouvrage.

IV. TERRAIN TRIASIQUE.

Trias.

Le terrain triasique ne s'observe nulle part, en affleurement, dans le Boulonnais; mais il a été rencontré en profondeur au sondage de Framzelle, voisin du cap Gris-Nez. D'après M. Gosselet[2], ce sondage a traversé, avant d'entrer dans le Silurien, des marnes, des grès et des conglomérats colorés généralement en rouge, appartenant à l'étage triasique. On y a trouvé quelques fossiles primaires, mais qui paraissent avoir été remaniés. Ces dépôts semblent de formation fluviale ou lacustre, et rappellent les dépôts triasiques d'Audincthun et de Pernes, dans le Pas-de-Calais, ainsi que ceux de Malmédy et de Stavelot, près de Liège.

Les grès gris et rosés et les schistes argileux rouges qui ont été rencontrés au sondage de Pas-de-Gay, sous le Jurassique et au-dessus du Silurien, représentent peut-être aussi, à cette place, l'étage triasique.

[1] *Loc. cit.*
[2] Gosselet, *Aperçu général sur la géologie du Boulonnais.*

V. TERRAIN JURASSIQUE.

Le terrain jurassique se voit en affleurement, superposé aux terrains primaires, dans la plus grande partie de la région du Bas-Boulonnais, délimitée par la ceinture de collines crayeuses qui l'entourent. Il est assez fréquemment recouvert par les sables ferrugineux de la base du terrain crétacé. Il fait d'ailleurs défaut au-dessus du terrain houiller d'Hardinghen, dans la partie la plus orientale du bassin, où ce dernier terrain se trouve souvent en contact immédiat avec les argiles du Gault, les sables inférieurs à ces argiles, ou le Wealdien.

Nous passerons en revue les divers niveaux jurassiques, en indiquant leurs facies les plus usuels.

Le Lias n'est pas connu dans le Boulonnais.

Au contact des roches primaires, on rencontre parfois des sables et argiles bariolés, sans fossiles, qui sont peut-être d'origine fluviatile, lacustre ou fluvio-marine, et remplissent les cavités superficielles des terrains anciens. On y trouve soit des lignites plus ou moins pyriteux, comme à Leulinghen, Blecquenecques, etc., soit des minerais de fer, en général hydroxydés, en grains, rognons ou fragments géodiques, à gangue siliceuse, argileuse ou calcaire (Leubringhen, Wimille, Ferques, Outreau, Saint-Martin-Boulogne, etc.); ceux de ces minerais qui se trouvent dans les poches des calcaires primaires sont plutôt carbonatés; il en existe des gisements qui, reposant sur les calcaires carbonifères ou dévoniens, pénètrent dans les anfractuosités de ces terrains à des profondeurs atteignant et dépassant même 30 mètres.

L'épaisseur des sables et argiles ci-dessus est très variable; elle tend à augmenter lorsqu'on s'éloigne vers le Sud; elle est de 5 m. 50 au sondage du Bail, de 14 m. 14 à celui de Witerthun, de 23 m. 95 à celui de Blecquenecques, de 33 m. 15 au sondage de Desvres, etc.

Parfois, on rencontre au-dessous d'eux un banc de calcaire bleu, sableux, contenant beaucoup de lignite et de bivalves; ce banc peut être observé, notamment, dans la tranchée du chemin de Rinxent aux carrières de Basse-Falise.

Ces sables et argiles ne sont pas d'un âge nettement déterminé. On peut les rapporter soit à la base du *Bathonien* ou grande oolithe, qui leur est superposé, soit plutôt au niveau immédiatement inférieur, qui est celui du *Bajocien*.

Affleurements jurassiques.

Bajocien.

Nous donnerons succinctement la composition moyenne des autres assises jurassiques du Boulonnais, qui, naturellement, ne se présentent pas toujours sous le même aspect et avec la même nature en des points différents, et dont certaines peuvent aussi faire défaut.

Bathonien inférieur. Le *Bathonien inférieur* se compose de calcaires marneux alternant avec des argiles et des sables. Ces calcaires sont, à la base, pétris de fossiles parmi lesquels on remarque surtout l'*Ostrea Sowerbyi* (M. L.). Ils sont tantôt bleuâtres, tantôt jaunâtres ou franchement blancs. A la partie supérieure, ils prennent une nature plutôt sableuse.

Bathonien moyen. Le *Bathonien moyen* est représenté par un calcaire blanc, le plus souvent en bancs de o m. 6o à o m. 8o d'épaisseur, très oolithique, renfermant en abondance la *Rynchonella Hopkinsi* (Dav.). Il est exploité pour pierres de taille aux environs de Marquise, sous le nom d'*oolithe de Marquise*. A sa base, se trouvent des caillasses gris jaunâtre, à oolithes assez nombreuses, assez grosses et irrégulières, peu cohérentes et fossilifères; on y rencontre surtout :

Rynchonella concinna (Sow.);	*Clypeus Plotii* (Klein).

Bathonien supérieur. Le *Bathonien supérieur* (Cornbrash anglais) est constitué par un calcaire siliceux, dur, compacte, à surface corrodée (calcaire des Pichottes), contenant beaucoup d'oolithes brunes, et rempli à sa partie inférieure de fossiles parmi lesquels il faut surtout citer :

Zeilleria lagenalis (Sch.);	*Rynchonella badensis* (Opp.);
Zeilleria obovata (Sow.);	*Rynchonella Morieri* (Dav.).

Au-dessous de lui se trouve une couche de calcaire blanc très marneux chargé de :

Rynchonella elegantula (Bouch.);	*Acrosalenia Lamarcki* (Phil.).

Callovien. Le *Callovien* consiste en une couche irrégulière, généralement ferrugineuse, renfermant des fossiles caractéristiques, tels que l'*Ammonites Galilei* (Opp.) [marne ferrugineuse de Belle].

Oxfordien. L'*Oxfordien* (Oxford-clay des Anglais) débute par une assise d'argile contenant des oolithes foncées, noires ou noirâtres (argile du Montaubert). Cette argile est généralement bleue et marneuse, et l'on y rencontre plus spécialement : en bas, l'*Ostrea dilatata* (Sow.); en haut, l'*Ammonites Duncani* (Sow.)

et la *Serpula vertebralis* (Sow.). Au sommet, on y trouve, intercalés, quelques lits minces de calcaire.

Puis, au-dessus d'un banc de calcaire marneux avec *Ammonites Lamberti* (Sow.), vient un second niveau d'argile semblable à la précédente (argile du Coquillot), servant, comme elle, à la fabrication des tuiles, mais caractérisée par l'abondance des ammonites et la rareté de la *Serpula vertebralis*.

Enfin, cette argile est recouverte par des calcaires, parfois ferrugineux et roux, dont le mieux caractérisé est celui d'Houllefort, avec polypiers et serpules; on y trouve aussi l'*Ostrea dilatata*.

Le *Corallien* est représenté d'abord par des argiles marneuses plus ou moins grises (argiles de Selles), où l'on ne voit que la *Serpula Dollfussi* (Lor.) et quelques rares débris d'huîtres; ensuite, par des calcaires blancs marneux que l'on a exploités pour en faire de la chaux, et dans lesquels des marnes blanches, grises ou bleues, sont assez souvent intercalées (calcaire du Mont des Boucards); on trouve surtout dans ces calcaires la *Rynchonella pectunculoides* (Et.) et des baguettes de *Cidaris florigemma* (Phil.). Les coraux y appartiennent spécialement aux genres *Montlivaultia, Isastræa, Thamnastræa*.

Au-dessus, les sondages de Framzelle, d'Outreau et de Desvres, ont traversé une argile dure, très compacte, grise, noirâtre ou bleu foncé, contenant des rognons de calcaire très pyriteux. Cette argile était elle-même surmontée par un calcaire blanc jaunâtre à polypiers (Bruquedale), rempli de radioles de *Cidaris florigemma*, sur lequel s'étendait une couche d'argile foncée presque noire à *Ostrea subdeltoidea* (Pel.). Ce calcaire à polypiers se retrouve au fond des ravins des affluents de la Liane.

L'*Astartien* est d'habitude de composition calcaire et gréseuse, et il en résulte qu'il fait souvent saillie au milieu des couches argileuses. Il comprend une série d'assises que l'on a d'abord rattachées au Corallien, mais dont M. Pellat [1] a ensuite reconnu l'analogie avec l'Astartien du Nord de la France.

Il commence par une lumachelle à astartes, quelquefois remplacée par un banc irrégulier de grès siliceux ou calcarifère (grès de Brunembert). Cette couche repose sur l'argile à *Ostrea subdeltoidea*, qui constitue le passage du Corallien à l'Astartien; elle est surmontée par des calcaires oolithiques généralement jaunâtres, avec intercalation de lits de calcaire compacte. Ce niveau est parfois désigné sous le nom d'*oolithe d'Hesdin-l'Abbé;* les fossiles y sont

Corallien.

Astartien.

[1] Éd. PELLAT, Le terrain jurassique moyen et supérieur du Boulonnais. (*Bull. Société géologique de France*, 3ᵉ série, t. VIII, 1880.)

nombreux et mal conservés; la *Nerinea Goodhallii* (Sow.) et le *Cerithium Pellati* (Lor.) y dominent.

Enfin, le sommet de l'Astartien est constitué par un grès calcarifère d'épaisseur variable (grès de Questrecques), avec *Pygurus jurensis* (Marc.), divisé par des sables en plusieurs bancs peu épais.

Kimméridien.   Le *Kimméridien* présente à sa base une succession de couches minces de calcaire argileux blanchâtre (calcaire de Brecquerecque), exploité comme pierre à chaux.

Ensuite, au-dessus d'une série de couches de marne sillonnées de petits bancs de calcaire gris (treize bancs des ouvriers), on trouve une assise composée de calcaires très argileux pouvant fournir des ciments à prise rapide, et d'argiles d'un gris blanchâtre (calcaire du Moulin-Wibert).

Puis, plus haut, on voit une couche de sable jaune orangé à *Pygurus* peu fossilifère, renfermant des fragments et des blocs arrondis de grès dur, et enfin une puissante formation de lumachelles à *Ostrea virgula* (Gold.) et d'argiles alternant avec des grès argileux.

Portlandien inférieur.   Le *Portlandien inférieur* est constitué par des sables et des grès calcarifères renfermant :

Pterocera Oceani (Brong.);	*Trigonia Pellati* (Mun.);
Natica Marcousana (d'Orb.);	*Perna Suessi* (Opp.).

On y rencontre aussi des poudingues à galets quartzeux, et des marnes et argiles avec plaquettes de grès ligniteux; les grès, qui sont assez développés à la pointe de la Crèche, près de Boulogne, sont exploités pour moellons et pavés.

Portlandien moyen.   Le *Portlandien moyen* est représenté par des marnes schisteuses noires ou grises avec coquilles roulées où l'*Ostrea expansa* (Sow.) est assez abondante. Au sommet, ces marnes alternent avec des calcaires sableux, souvent noduleux, des sables argileux et des grès argileux grossiers avec lumachelles à *Ostrea dubiensis* (Ctj.).

Portlandien supérieur.   Enfin, le *Portlandien supérieur* comprend des couches de sable argileux fin jaunâtre, alternant avec des grès calcarifères ou des bancs calcaires de même nuance avec *Natica Ceres* (Lor.), *Cardium Pellati* (Lor. et Pel.) et *Trigonia gibbosa* (Sow.).

A sa partie supérieure se trouvent parfois des sables blancs remplis de rognons calcaires, associés à un banc calcaire concrétionné avec petites astartes, dont l'*Astarte socialis* (d'Orb.), parfois un conglomérat de galets de quartz et de fragments calcaires provenant des couches sous-jacentes (Purbeckien).

VI. TERRAIN CRÉTACÉ.

Le terrain crétacé repose tantôt directement sur les terrains primaires, tantôt sur le terrain jurassique avec lequel il est en stratification transgressive, de sorte qu'il peut être en contact avec l'une ou l'autre de ses assises. Celles-ci sont parfois creusées de sortes de poches que M. Parent[1] croit avoir été produites par des érosions, mais qui, d'après M. Munier-Chalmas[2], auraient été engendrées par l'action dissolvante des eaux pluviales. Ces poches sont remplies de sables et de graviers qui, dans la première hypothèse, appartiendraient à la zone la plus inférieure du terrain crétacé, et, dans la seconde, seraient simplement le résidu de la dissolution des couches jurassiques superficielles.

Passage du Jurassique au Crétacé.

Dans tous les cas, les premiers sédiments crétacés consistent en des dépôts de sables, de graviers, d'argiles et de minerais de fer. L'oxyde de fer devient de plus en plus abondant à mesure qu'on descend vers la base de ce niveau, et il donne naissance, sur certains points, à des grès ferrugineux et à des couches de limonite associées à des sables et à des argiles bariolées. Ces minerais sont généralement siliceux; dans certains cas, ils ont pénétré par infiltration dans les roches jurassiques, carbonifères ou dévoniennes, inférieures, au point de paraître ne faire qu'un avec elles.

Wealdien.

Les sables sont blancs ou jaunâtres, parfois bariolés; on les a exploités, en quelques points, comme sables de fonderie.

Les argiles forment des lentilles en général peu étendues; elles sont habituellement rouges ou panachées; mais on en trouve qui sont tout à fait blanches, comme certaines parties que l'on a extraites d'une lentille située sur le carreau de la fosse Providence. On s'en est servi autrefois pour la fabrication des pipes; actuellement, on les emploie à fabriquer des carreaux céramiques et des produits réfractaires.

Les sables et les argiles se substituent souvent les uns aux autres. Ce sont sans doute des sédiments d'origine fluvio-marine. Les fossiles y sont rares. M. Parent[1] a trouvé dans une couche ligniteuse à la Rochette, près de Wime-

[1] PARENT, Le Wealdien du Bas-Boulonnais. (*Ann. Société géologique du Nord*, t. XXI, 1893.)
[2] GOSSELET, *Aperçu général sur la géologie du Boulonnais.*

reux, un mélange de coquilles marines, saumâtres et d'eau douce, qui lui ont paru révéler l'existence d'un estuaire ; il a rattaché cette formation, analogue à l'Aachénien de Dumont, à la base du *Wealdien* anglais, à cause de l'analogie de ses coquilles marines avec celles du Purbeckien qui couronne le Portlandien supérieur.

Les sables et graviers lignitifères des sondages de Thérouanne paraissent appartenir au Wealdien.

Aptien. — L'*Aptien*, qui constitue le plus ancien dépôt marin crétacé du Boulonnais, est représenté, dans la partie Nord de cette contrée, à Wissant, par une couche d'argile glauconieuse à *Ostrea Leymerii* (Desh.) et *Ostrea aquila* (Gold.), parfois intercalée dans des sables, qui a été découverte par M. Gaudry [1]. En allant de Wissant vers Hardinghen, cette formation tend à devenir ferrugineuse et donne des minerais de fer à oolithes irrégulières.

Albien. — L'*Albien* débute par des sables verts glauconieux, dont la coloration est due à la glauconie, et que l'on voit presque partout au-dessous du Gault ; plus ou moins chargés d'oxyde de fer, ils se transforment parfois en grès ferrugineux assez durs. Vers Wissant, ils sont associés à des grès verts grossiers, à cassure spathique. Ils renferment en abondance l'*Ammonites mamillaris* (Schl.). On y voit aussi des nodules de phosphate de chaux et de pyrite, disposés dans leur masse en lits réguliers ; le plus important de ces lits, le seul même dont la continuité soit bien reconnue, se trouve à leur partie supérieure ; on l'appelait autrefois *taba des sables*; on y récolte l'*Ammonites interruptus* (d'Orb.).

Au-dessus de lui, s'étendent les argiles du *Gault*, plastiques, noires, grises ou bleues, que l'on exploite comme terre à briques et à tuiles ; elles sont caractérisées à la base par l'*Ammonites interruptus*, et au sommet par l'*Ammonites inflatus* (Sow.) et l'*Inoceramus sulcatus* (Park.). D'après M. Ch. Barrois [2], il conviendrait de rattacher déjà leur partie supérieure au Cénomanien. Le lit de nodules phosphatés situé entre les sables verts et les argiles du Gault a été l'objet de nombreuses exploitations.

L'Albien forme le dernier terme de la série crétacée du sous-sol du Bas-Boulonnais ; mais cette série se continue dans les escarpements de craie qui forment la ceinture de cette région.

[1] A. GAUDRY, Découverte de l'*Ostrea Leymerii* à Wissant. (*Bull. Société géologique de France*, 2ᵉ série, t. XVII, 1860.)

[2] Ch. BARROIS, Sur le Gault et sur les couches entre lesquelles il est compris dans le bassin de Paris. (*Ann. Société géologique du Nord*, t. II, 1874.)

On y rencontre successivement, de bas en haut, le Cénomanien, le Turonien et le Sénonien.

Le *Cénomanien* débute par la craie glauconieuse à *Ammonites laticlavius*
(Sharpe), parfois très argileuse et alors exploitée pour la fabrication du ciment. A sa base, s'étend une couche mince glauconieuse renfermant des nodules de phosphate de chaux. On y trouve aussi, en divers points, comme aux fossés Espoir et Boulonnaise, des sables ou un poudingue formé de cailloux roulés empâtés dans de la marne et reposant sur les argiles du Gault, ou d'autres argiles inférieures, quand le Gault fait défaut; cette couche représente sans doute la zone à *Pecten asper* du Cénomanien, inférieure à celle à *Ammonites laticlavius;* elle est assimilable au *tourtia* des mines du Nord et du Pas-de-Calais; mais, dans le Boulonnais, on donne parfois aussi le nom de tourtia à la craie glauconieuse.

Le Cénomanien se continue par la craie marneuse grise à *Holaster subglobosus* (Ag.), renfermant abondamment l'*Ammonites varians* (Sow.) à la partie inférieure, et l'*Ammonites rothomagensis* (Defr.) à la partie supérieure.

Enfin, il se termine par la craie marneuse blanchâtre à *Belemnites plenus* (Sharpe), renfermant des lits très chargés de petits brachiopodes.

Le *Turonien* se divise en craie dure noduleuse, riche en fossiles, à *Inoce-*   Turonien
ramus labiatus (Schl.), niveau des dièves des puits du bassin de Valenciennes, craie blanche compacte à *Terebratulina gracilis* (d'Orb.), et craie blanche dure, avec silex, à *Micraster breviporus* (Ag.).

Quant au *Sénonien*, qui existe au sommet de la falaise du Blanc-Nez, il   Sénonien.
comprend la craie dure sableuse à *Micraster cor testudinarium* (Gold.), et la craie blanche à *Inoceramus involutus* (Sow.) et à *Micraster cor anguinum* (Ag.).

VII. TERRAINS TERTIAIRES.

Les terrains tertiaires manquent à l'intérieur du Bas-Boulonnais, mais il en existe sur sa périphérie.

A leur base se trouve le dépôt de l'*Argile à silex,* dont les éléments ont été   Argile à silex
isolés pendant la période continentale prétertiaire, par la dissolution du carbonate de chaux des couches crétacées supérieures, et sont venus s'accumuler, à peu de distance, dans les parties creuses qui existaient alors.

Il comprend de l'argile, des silex, de la glauconie et parfois du phosphate de chaux. Les silex proviennent presque tous de la craie à *Micraster breviporus ;* ils présentent l'aspect de ceux de cet étage.

Landénien.

Le *Landénien supérieur* (Éocène inférieur) est le premier dépôt marin tertiaire que l'on rencontre dans le Boulonnais. Ce sont des sables passant quelquefois aux grès, comme aux Noires-Mottes, près du Blanc-Nez, qui reposent sur les diverses assises crayeuses, sans relations apparentes avec elles.

Diestien.

Les autres couches tertiaires font défaut, à l'exception des sables et grès ferrugineux sans fossiles que l'on trouve aussi au Blanc-Nez, et qui paraissent, comme leurs analogues de Cassel, appartenir à l'étage *diestien* (Pliocène).

Grande importance de l'étage tertiaire au N.-E. du Bas-Boulonnais.

Au N.-E. du Bas-Boulonnais, vers Calais, Gravelines, Dunkerque, les terrains tertiaires prennent au contraire un grand développement, et plusieurs sondages en ont traversé de grandes épaisseurs.

VIII. TERRAINS QUATERNAIRES.

Nature des dépôts quaternaires.

Cet étage est représenté par des limons, tantôt purs, tantôt chargés de silex cassés et peu roulés, qui se montrent sur certains plateaux situés au pied des collines crayeuses.

A citer aussi des dépôts isolés et peu étendus de cailloux roulés, souvent limoneux, tels que ceux qu'on rencontre à l'Est du Gris-Nez, et près de Wimereux.

IX. TERRAINS RÉCENTS.

Nature des terrains récents.

Ces terrains n'ont d'importance que dans les parties basses des vallées soumises à l'influence des marées. Ils consistent en des alluvions limoneuses, sableuses ou caillouteuses. Parfois, comme à Wissant, on y observe des lits tourbeux renfermant du sable. Parfois aussi, ces alluvions empâtent des troncs d'arbre dont on voit encore les racines.

Il convient de comprendre dans les terrains récents les dunes et les dépôts meubles sur les pentes ; ces dépôts, quelquefois riches en minerais de fer, sont tantôt caillouteux, tantôt limoneux, et alors utilisables pour la fabrication des briques.

CHAPITRE IV.

ALLURE DES TERRAINS PRIMAIRES DU BAS-BOULONNAIS.
ACCIDENTS QUI LES AFFECTENT.

Lorsque l'on parcourt la région où affleurent les terrains primaires du Bas-Boulonnais, depuis Landrethun jusqu'à Rinxent et Réty, dans la direction N. S., et depuis Leulinghen jusqu'à Hardinghen, dans la direction O. E., on est frappé de la dissemblance qu'ils présentent dans leur mode de distribution de part et d'autre d'une ligne passant aux environs de Leulinghen, Ferques, Élinghen et Locquinghen.

Dissemblance d'allure des terrains primaires situés au Nord et au Sud du Bas-Boulonnais.

Au Nord de cette ligne, ils sont distribués en assises régulièrement disposées les unes au-dessus des autres, en stratification concordante ou à peine transgressive, avec direction générale de l'O. N.-O. à l'E. S.-E., et plongement vers le S. S.-O.

Au Sud, au contraire, ils semblent avoir été, le plus souvent, repliés et disloqués sous l'influence d'une violente poussée venant du Midi, à la faveur de laquelle les assises les plus anciennes ont été ramenées sur d'autres d'âge postérieur, grâce à la formation de plis couchés ou de failles plus ou moins ondulées, mais, le plus souvent, faiblement inclinées par rapport à un plan horizontal. Si, dans certains cas, les terrains se succèdent dans l'ordre naturel et chronologique de leurs sédimentations, dans d'autres, dans beaucoup d'autres, on les voit chevaucher les uns sur les autres, les plus modernes au-dessus des plus anciens, le Houiller recouvert, par exemple, par le Calcaire carbonifère, et le Calcaire carbonifère par le Dévonien supérieur.

Faille de Ferques.

La ligne qui sépare ces deux parties de l'affleurement des terrains primaires correspond à une faille dont l'existence est connue depuis longtemps; elle était désignée autrefois sous le nom de *ploys rouge;* on l'appelle maintenant *faille de Ferques*. Elle délimite, du côté du Sud, l'étroite bande houillère de Leulinghen et Ferques, où on l'a rencontrée, notamment, dans deux anciens puits d'exploitation, depuis longtemps abandonnés.

Rencontre
de cette faille
à la fosse
Frémicourt n° 1.

Le premier (fosse Frémicourt n° 1), ouvert directement sur le terrain houiller, vers son contact avec le grès des Plaines, a rencontré le calcaire à *Productus giganteus* en stratification concordante avec lui. On a cherché à y exploiter par des galeries horizontales et des bures verticaux les veinules de charbon de la zone houillère proprement dite, et celles de la zone à *Productus carbonarius;* cette tentative n'a eu aucun succès. A cet endroit, la faille, superposée au terrain houiller, et recouverte par le calcaire Napoléon, est assez ondulée dans les niveaux supérieurs, mais elle ne tarde pas à prendre un plongement d'environ 45° vers le S. S.-O., alors que, dans son voisinage, l'inclinaison des bancs houillers atteint 70°.

Rencontre
de
la faille
de Ferques
à la fosse
de Leulinghen.

Le second de ces puits (fosse de Leulinghen) montre une disposition analogue. Le terrain houiller y est encore en stratification concordante avec le calcaire à *Productus giganteus* sur lequel il est appuyé, et discordante avec le calcaire Napoléon qui le recouvre; il paraît constitué par une masse en place qui aurait été fortement comprimée entre ces deux calcaires. La faille, qui s'étend entre le terrain houiller et le calcaire Napoléon du Midi, a une inclinaison moyenne de 70° vers le S. S.-O. La formation houillère a été explorée et exploitée, comme au puits Frémicourt n° 1, par une succession de bures verticaux et de galeries horizontales; vers la profondeur de 272 mètres, les deux calcaires se sont rejoints par suite d'une inflexion de la faille de Ferques, et il semble que, plus bas, il n'existe plus de terrain houiller à son contact, du côté du Nord.

Les figures 21 et 23, situées plus loin, représentent la faille de Ferques, en coupe verticale, aux fosses Frémicourt n° 1 et de Leulinghen.

Rencontre
de
la faille
de Ferques
entre les fosses
Frémicourt n° 1
et de Leulinghen,
ainsi qu'à l'Est
de la première
et à l'Ouest
de la seconde.

Dans l'intervalle de ces puits, ainsi qu'à l'Est du premier et à l'Ouest du second, la faille de Ferques a été rencontrée et observée en plusieurs points.

A l'Est, en dehors de la concession de Ferques, on la voit dans les carrières d'Élinghen, où elle tend à plonger à pente raide vers le Nord.

Plus près du puits Frémicourt n° 1, elle a été rencontrée par Lebreton-Dulier au puits de la Hayette, et, à 150 mètres seulement de la fosse Frémicourt n° 1, on l'a traversée au puits Frémicourt n° 2.

Enfin, dans la région même de Leulinghen, elle a été explorée par les travaux de recherche de Bonvoisin, et par ceux qui ont été exécutés presque en même temps par la première société de Fiennes.

Son allure n'a pas été aussi nettement constatée, en ces derniers points, qu'aux fosses Frémicourt n° 1 et de Leulinghen.

Au Nord du bassin d'Hardinghen, la faille de Ferques, contre laquelle ce bassin vient buter, a été maintes fois atteinte.

Citons d'abord la fosse Providence, où on l'a rencontrée : 1° par une descenderie partant de la voie de fond de la veine à Cuerelles, étage de 307 mètres, à 200 mètres environ au Couchant de la fosse ; 2° par une autre descenderie située en face du puits dans la veine Retrouvée, qui l'a atteinte au niveau de 357 mètres. Malheureusement, on n'a pas conservé la moindre trace de l'aspect que présentait la faille en ces deux points.

Plus loin à l'Est, la fosse Sainte-Barbe a traversé une brèche magnésienne, dans laquelle elle a été abandonnée. Cette brèche constituait-elle un remplissage de la faille, comme l'a pensé M. Gosselet [1]? Nous croyons plutôt qu'elle correspondait simplement à l'affleurement de la dolomie carbonifère au Nord de la faille de Ferques, et que la fosse Sainte-Barbe était située un peu au Nord de cet accident.

Dans la même région, cette faille a été recoupée aux niveaux de 172 mètres et de 266 mètres de la fosse Espoir n° 2. Au premier, une bowette dirigée vers le N.-E., et une voie de fond dans la veine à Boulets au N.-O., ont atteint la dolomie du Huré, se présentant, ici encore, sous la forme d'une brèche magnésienne. Au second, les travaux de la veine à Deux laies ont été arrêtés par la rencontre de schistes rouges du Dévonien supérieur, subordonnés à la dolomie carbonifère. Les points où la faille a été atteinte à l'Espoir n° 2 ont permis d'en dessiner une coupe verticale, qui est représentée ci-après fig. 29. Au voisinage du jour, elle plonge à pente très raide vers le Sud, puis elle devient verticale en profondeur.

La fosse Sans-Pareille, située au S.-E. de la précédente, et exploitée anciennement par des bures ou tourets que reliaient des galeries horizontales, a également atteint, au Nord, les schistes rouges de l'étage des schistes et grès de Fiennes, au-dessus desquels on a aussi retrouvé la dolomie du Huré.

A une plus grande distance à l'Est, la fosse du Fort-Rouge a traversé successivement le terrain houiller du bassin d'Hardinghen, la faille de Ferques et le Dévonien supérieur ; elle est située un peu au Sud de l'affleurement de cette faille.

Plus loin encore dans la même direction, la fosse Vieille-Garde, après avoir recoupé des psammites et des schistes que du Souich [2] a rapportés à

[1] GOSSELET et BERTAUT, Étude sur le terrain carbonifère du Boulonnais.
[2] DU SOUICH, Rapport du 29 mars 1839.

8.

Autres rencontres de la faille de Ferques.
Fosse Providence.

Fosse Sainte-Barbe.

Fosse Espoir n° 2.

Fosse Sans-Pareille.

Fosse du Fort-Rouge.

Fosse Vieille-Garde.

la partie inférieure du bassin d'Hardinghen, a aussi franchi la faille de Ferques, au-dessous de laquelle elle est entrée dans des grès et schistes verdâtres du Dévonien supérieur. D'après cela, la position de cette fosse, par rapport à l'affleurement de la faille de Ferques, est analogue à celle de la fosse du Fort-Rouge.

Sondage n° 3
de Fiennes.

Il en est de même de la position du sondage n° 3 de la deuxième société de Fiennes qui, après avoir traversé un petit faisceau houiller, a été abandonné dans les schistes rouges, au-dessous de la faille de Ferques.

Tracé de la faille
de Ferques
eu affleurement.

Nous donnerons dans un autre chapitre des renseignements plus détaillés sur plusieurs des rencontres que nous venons d'indiquer. Pour le moment, nous ferons simplement remarquer qu'elles démontrent matériellement l'existence de la faille de Ferques entre les méridiens de Leulinghen et d'Hardinghen.

Dans les travaux de la fosse de Leulinghen, et dans la région explorée au Levant et au Couchant de cette fosse par Bonvoisin et par la société de Fiennes, elle présente, en affleurement, une forme légèrement curviligne, avec direction moyenne se rapprochant de celle de l'Est à l'Ouest; elle tend d'autant plus à prendre cette direction qu'on s'éloigne vers le Couchant.

A l'Est de la fosse de Leulinghen, elle est reportée un peu vers le Sud, pour occuper l'emplacement qu'on lui connaît à la fosse Frémicourt n° 1.

Depuis cette fosse jusqu'aux points où on l'a atteinte à la Providence, en passant par les fosses Frémicourt n° 2 et de la Hayette, et par les carrières d'Élinghen, elle dessine à la surface ou sous les morts-terrains, ainsi que nous nous en sommes assuré sur place avec M. L. Breton, une ligne complètement droite, ayant une direction O. 21° N. ou N. 69° O. (voir pl. II).

A l'Est de la fosse Providence, c'est-à-dire en face des fosses Sainte-Barbe, Espoir n° 2, Sans-Pareille, du Fort-Rouge et Vieille-Garde, elle suit en affleurement une ligne sensiblement droite, parallèle à la précédente, repérée par les points de rencontre ci-dessus cités; elle a dû pour cela être reportée de nouveau vers le Sud.

Enfin, elle a encore été ramenée au Sud de la même manière, parallèlement à elle-même, pour venir à une faible distance au Nord du sondage n° 3 de Fiennes.

Allure
eu échelons.

En d'autres termes, la faille de Ferques ne forme pas une surface d'arrachement continue; elle est divisée en plusieurs parties qui, à l'Est de la fosse Frémicourt n° 1, sont à pentes très raides, et dont les affleurements présentent une allure en échelons représentée aux planches I à III. Ces affleurements se trouvent de plus en plus reportés vers le Sud, à mesure qu'on s'avance vers l'Est. Les positions des divers points où la faille a été traversée par puits ou sondages, et de ceux où elle a été rencontrée par des galeries venant du Midi, ne laissent aucun doute sur cette disposition. Un premier échelon existe entre les fosses de Leulinghen et Frémicourt n° 1; un deuxième entre les champs d'exploitation des fosses Providence et Espoir n° 2, et un troisième à l'Ouest du sondage n° 3 de Fiennes. D'autres se trouvent peut-être à une plus grande distance au Levant, et il suffit de l'admettre pour expliquer, s'il y a lieu, le passage de la faille de Ferques au Sud des affleurements de la Quingoie et de Fouquexolle.

Ces échelons ne correspondent d'ailleurs pas, comme nous le verrons tout à l'heure, à des failles transversales; ils font partie intégrante de la surface d'arrachement qui a été déterminée par la formation de la faille.

Quant au plongement de cet accident, il se fait presque partout vers le S.S.-O. Son inclinaison, qui est de 70° à Leulinghen, s'abaisse en profondeur à 45° au puits Frémicourt n° 1; mais, plus loin, vers l'Est, la faille reprend bientôt son allure presque verticale. A la carrière Sagot, à Élinghen, elle plonge plutôt vers le Nord, mais, à la fosse Providence, elle a une pente de 79° à 85° vers le Midi. Vis-à-vis de la fosse Sainte-Barbe, elle plonge de même vers le Sud. A la fosse Espoir n° 2, elle est, en face du puits, inclinée de 81° au Sud au voisinage de la surface, et, plus bas, elle devient complètement verticale; toutefois, entre Sainte-Barbe et l'Espoir n° 2, elle présente une inclinaison appréciable vers le Nord.

Plongement de la faille de Ferques.

Le puits de la Hayette a rencontré des terrains mélangés, correspondant au passage de la faille de Ferques, et, à la fosse Espoir n° 2, on a trouvé, en bowette, à la rencontre des schistes rouges du Nord, au niveau de 266 mètres, quelques rognons de charbon; mais, le plus habituellement, cette faille est dépourvue de tout remplissage et consiste en une simple cassure. Cependant, M. Gosselet[1] y a trouvé, dans une carrière, une lame de calcaire du Haut-Banc à *Productus Cora*, en contact avec le calcaire Napoléon qui la recouvrait au Sud. Nous reviendrons plus loin sur ce sujet.

Absence habituelle de remplissage.

Ajoutons encore que la faille de Ferques n'a jamais donné beaucoup d'eau. Le terrain houiller a pu être exploité à son contact jusqu'à d'assez grandes profondeurs (272 mètres à Leulinghen), avec des épuisements opérés par des

Faible quantité d'eau trouvée dans la faille de Ferques.

[1] Gosselet, Observations géologiques dans le Boulonnais. (*Ann. de la Société géologique du Nord*, t. XXXI, 1902.)

procédés primitifs. Cette circonstance est d'autant plus remarquable que d'énormes venues d'eau se sont déclarées vers le contact du terrain houiller d'Hardinghen et du calcaire carbonifère de recouvrement, dont il est séparé par une autre faille.

Importance des rejets produits par la faille de Ferques. Apparence de faille à charnière.

Dans la région de Leulinghen et de Ferques, la faille de Ferques sépare le terrain houiller, au Nord, du calcaire Napoléon, au Sud. Dans celle d'Hardinghen, elle rapproche le terrain houiller, au Sud, de l'étage des schistes et grès de Fiennes, au Nord. Elle présente donc l'apparence d'une sorte de faille à charnière, produisant, du côté de l'Ouest, un relèvement des terrains du Sud par rapport à ceux du Nord, et, du côté de l'Est, un affaissement des premiers par rapport aux seconds. La charnière horizontale se trouverait un peu à l'Ouest du chemin de fer de Boulogne à Calais, et, en effet, à cette place, on voit le calcaire Napoléon affleurer des deux côtés de la faille (pl. II), ce qui montre que, là, elle déterminerait un rejet insignifiant ou nul.

Vers Hardinghen, où son effet est le plus sensible, elle a produit un affaissement vertical des terrains du Sud, que l'on peut évaluer à 5oo mètres, et pourtant elle ne se révèle à la surface par aucun signe extérieur; le niveau du sol se trouve, au Nord et au Sud, identiquement à la même hauteur.

Influence des failles de charriage reconnues au Sud de la faille de Ferques.

L'anomalie constatée dans ses effets provient de ce qu'à l'Ouest d'Hardinghen, les bancs contigus à la faille de Ferques, au Sud, ont subi une autre influence; ils ont été préalablement refoulés vers le Nord, après avoir été détachés du bord méridional du synclinal de terrains primaires, dont le bord septentrional affleure entre la route et le chemin de fer de Boulogne à Calais. Ce refoulement a été la conséquence de la formation de failles très obliques, et actuellement ondulées, plongeant, dans l'ensemble, vers le Sud, sous des angles assez aigus, mais présentant parfois des inclinaisons inverses. Ce refoulement général, et les accidents auxquels il correspond, ont singulièrement compliqué l'allure des terrains primaires situés au Sud de la faille de Ferques.

Allure générale du bassin houiller d'Hardinghen et des terrains primaires qui le recouvrent.

Pour faire comprendre exactement cette allure, nous ne pouvons mieux faire que de donner dès à présent une première description sommaire du bassin houiller proprement dit d'Hardinghen, situé au Midi de la faille de Ferques, et des terrains primaires qui le recouvrent à certains endroits. Ceci fait, nous en déduirons, suivant les lois de la continuité géologique, les probabilités de superposition de ces terrains du côté de l'Ouest; nous expliquerons consécutivement l'anomalie observée dans les effets de la faille de Ferques qui semble, à l'Est, conforme, et, à l'Ouest, contraire à la règle de Schmidt, tandis qu'en réalité elle est partout, comme nous le verrons, en concordance avec cette règle.

Aux environs d'Hardinghen, le terrain houiller en place, c'est-à-dire n'appartenant pas à un lambeau de charriage, se voit en affleurement au Sud de la faille de Ferques, à hauteur du bois de Fiennes; mais cet affleurement est en partie dissimulé par le Jurassique et le Crétacé; si l'on fait abstraction de ces terrains de recouvrement, on constate, par l'étude des nombreuses fosses qui ont atteint la formation houillère à de faibles profondeurs, que celle-ci se montre sur une superficie délimitée comme l'indiquent les planches I à III.

Au Nord, l'affleurement du terrain houiller s'étend jusqu'à la faille de Ferques.

A l'Est, ce terrain repose en concordance apparente de stratification sur le Calcaire carbonifère en place (zone à *Productus giganteus*), avec plongement vers le N.-O., l'Ouest et le S.-O.

Au Sud, il est en contact, soit avec le terrain dévonien supérieur, dont il est séparé par une faille plongeant vers le Midi, que nous appellerons *faille du Sud n° 2*, soit avec le calcaire carbonifère, dont il est séparé par une autre faille que nous désignerons sous le nom de *faille du Sud n° 1*, laquelle délimite alors, entre le Dévonien et lui, une sorte de lambeau de poussée.

A l'Ouest, il va buter contre une faille dirigée du N.N.-E. au S.S.-O., inclinée en moyenne de 70° vers l'O.N.-O., dont l'effet est de renfoncer les terrains du Couchant; nous l'appellerons *faille de Locquinghen*.

Enfin, dans l'angle compris entre cette dernière faille et la faille de Ferques, il est recouvert sur une assez faible épaisseur par le Calcaire carbonifère, dont il est séparé par une dernière faille, à affleurement curviligne, à laquelle nous donnerons le nom de *faille du Nord*.

Au Nord, ce terrain houiller plonge, d'une façon générale, vers la faille de Ferques, tandis que, du côté du Sud, il est incliné dans le sens opposé. Ce changement de pente correspond au passage d'une selle ou d'un anticlinal qui affecte à la fois le calcaire formant le fond du bassin, ce bassin lui-même, et, dans la direction de l'Ouest, le calcaire de recouvrement qui en dissimule l'affleurement.

Pour bien faire saisir cette disposition, nous donnerons une série de coupes verticales, prises suivant une direction se rapprochant de celle du Nord au Sud, en allant progressivement de l'Est vers l'Ouest, sans dépasser d'abord la faille de Locquinghen.

Failles du Sud n°° 1 et 2; faille de Locquinghen; faille du Nord.

Anticlinal compris entre la faille de Ferques et les failles du Sud n°° 1 et 2.

Coupes N. S. prises à l'Est de la faille de Locquinghen.

La première (fig. 7) passe par le puits Gillet et le sondage des Moines; le puits Gillet, qui a pénétré directement dans le Calcaire carbonifère en place, au sommet de la selle, y a reconnu l'existence d'une veine de houille. Au Sud

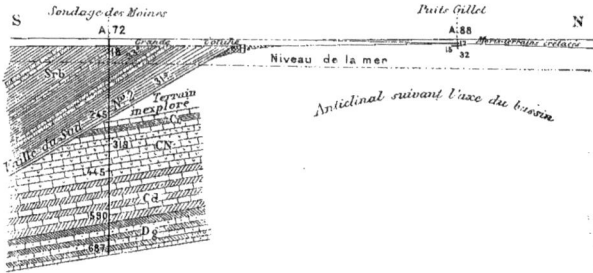

Fig. 7. — Coupe verticale passant par le puits Gillet et par le sondage des Moines.
(Échelle : 1/15.000ᵉ.)

H. Terrain houiller. — Cr. Calcaire avec lits rouges. — CN. Calcaire blanc Napoléon. — Cd. Calcaire alternant avec de la dolomie, puis calcaire (Haut-Banc). — Dg. Dolomie grise, calcaire noir dolomitique, puis dolomie (Dolomie du Huré). — Srb. Schistes rouges et bruns, avec plaquettes de grès intercalées (Famennien).

de ce puits, une petite bande houillère repose normalement sur ce calcaire, et cet ensemble est recouvert par les schistes et grès de Fiennes, dont il est séparé par la faille du Sud nº 2.

Fig. 8. — Coupe verticale passant par la fosse Glaneuse nº 1, la fosse nº 2 des Plaines et la fosse de Noirbernes nº 2.
(Échelle : 1/15.000ᵉ.)

H. Terrain houiller. — C. Calcaire. — Sar. Schistes argileux rouges (recouverts par la Dolomie au Nord de la faille de Ferques).

La deuxième (fig. 8) passe par la fosse Glaneuse nº 1, la fosse nº 2 des Plaines et la fosse de Noirbernes nº 2. Elle représente une disposition semblable de la petite bande houillère du Sud, reposant sur le versant méridional de la selle calcaire en place, sur laquelle a été ouverte la fosse des Plaines n° 2, avec recouvrement par la faille du Sud n° 2; de plus, elle montre, au Nord, le terrain houiller formant le bassin principal d'Hardinghen, avec pente dans cette direction jusqu'à la faille de Ferques, contre laquelle il va buter.

La troisième (fig. 9) passe par les fosses Sainte-Barbe, du Rocher, du Bois d'Aulnes n° 12, et les fosses n°s 3 à 6 du Bois des Roches. Elle fait voir la même selle ou anticlinal, bordé sur ses deux versants par la formation houillère qui repose normalement sur lui. Au Midi, cette formation constitue le petit

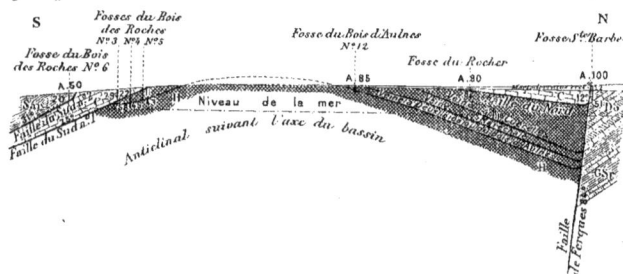

Fig. 9. — Coupe verticale passant par les fosses Sainte-Barbe, du Rocher, du Bois d'Aulnes n° 12, et les fosses n°s 3 à 6 du Bois des Roches.

(Échelle : 1/15.000°.)

H. Terrain houiller. — C. Calcaire. — Do. Dolomie du Huré. — GSr. Grès de Fiennes et schistes rouges. — Sar. Schistes argileux rouges.

bassin du bois des Roches, recouvert par le calcaire dont il est séparé par la faille du Sud n° 1; ce calcaire est lui-même surmonté par les schistes et grès de Fiennes, dont il est séparé par la faille du Sud n° 2. Au Nord, le terrain houiller est celui du bassin principal d'Hardinghen; il s'étend jusqu'à la faille de Ferques, qui l'interrompt brusquement. De plus, au voisinage de cette faille, il est surmonté par une lame de calcaire de recouvrement, dont l'épaisseur augmente progressivement du Sud au Nord, avec intercalation de la faille du Nord.

Pendant assez longtemps, on a cru que le terrain houiller d'Hardinghen ne dépassait pas la faille de Locquinghen. En raison du renfonçage qu'elle a produit, les galeries creusées dans les niveaux supérieurs venaient toujours buter à l'Ouest sur le calcaire. C'est à l'étage de 266 mètres de la fosse Espoir n° 2 que, pour la première fois, en juin 1847, une voie de fond du Couchant

Découverte du prolongement du bassin à l'Ouest de la faille de Locquinghen.

de la veine à Deux laies a retrouvé le prolongement du bassin houiller au delà de la faille, en passant sous le calcaire de recouvrement affaissé du côté du Couchant.

Conséquences
de
cette découverte.
Ouverture
des
fosses du Souich,
Renaissance
et Providence.

Cette découverte n'a pas tardé à amener l'ouverture, dans la région de Locquinghen, de trois fosses par lesquelles un nouveau champ d'exploitation a été créé sous le Calcaire carbonifère. Ce sont, en allant du Sud au Nord, les fosses du Souich, Renaissance n° 1 et Providence. Elles sont entrées dans le terrain houiller aux profondeurs respectives de 52 mètres, 111 mètres et 177 mètres. La faille du Nord est donc inclinée, suivant leur alignement, d'environ 11° au Nord, ainsi que l'indique la coupe verticale pl. I; elle coupe en sifflet les bancs houillers et les veines de houille qui, dans cette région, plongent au Nord, au-dessous de la faille, avec pente de 17° à 22°. Les bancs calcaires sont eux-mêmes inclinés de 8° vers le Nord.

Nappes d'eau
de la
faille du Nord.

A la traversée de la partie inférieure du calcaire de recouvrement et de la faille du Nord, les fosses ci-dessus ont rencontré des nappes d'eau abondantes, qui ont été la cause principale de l'insuccès de leur exploitation.

Faille d'Élinghen.

Disons de suite qu'à 900 mètres environ au Couchant de la fosse Providence, on a découvert, en 1880, une autre faille dont l'affleurement est parallèle à celui de la faille de Locquinghen. Nous l'appellerons *faille d'Élinghen*. Elle plonge aussi de 70° environ vers l'O. N.-O., et son effet a été de remonter les terrains du Couchant d'une quantité sensiblement égale à celle dont la faille de Locquinghen les a affaissés. En d'autres termes, les failles de Locquinghen et d'Élinghen, parallèles entre elles, ont déterminé un affaissement du massif de terrains primaires qu'elles comprennent. On constate donc, en allant de l'Est à l'Ouest, d'abord un renfonçage à la traversée de la faille de Locquinghen, puis un relevage de même amplitude à la traversée de la faille d'Élinghen.

Plongement
général
du bassin
d'Hardinghen
vers l'Ouest.

Le terrain houiller du bassin d'Hardinghen, le Calcaire carbonifère sur lequel il repose, et celui qui le recouvre, constituent un ensemble qui, d'une façon générale, c'est-à-dire abstraction faite de l'affaissement produit entre les failles de Locquinghen et d'Élinghen, s'enfonce du côté de l'Ouest. Le calcaire de recouvrement contigu à la faille de Ferques augmente donc progressivement d'épaisseur dans cette direction; en même temps, le fond du bassin y descend à des profondeurs de plus en plus grandes.

Coupes O. E.
de
ce bassin.

Les coupes verticales ci-dessous, prises de l'Est vers l'Ouest, rendent compte de cette disposition.

La première (fig. 10) passe par les fosses du Sud, Glaneuse n° 1, et le sondage n° 3 de Fiennes.

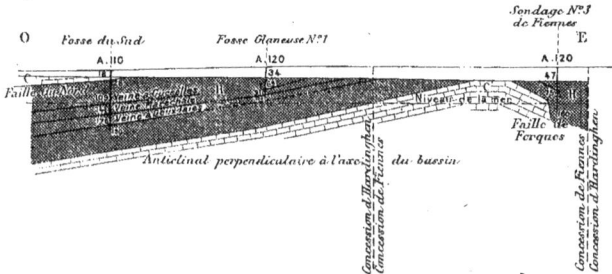

Fig. 10. — Coupe verticale passant par les fosses du Sud, Glaneuse n° 1, et le sondage n° 3 de Fiennes.

(Échelle : 1/15.000°.)

H. Terrain houiller. — C. Calcaire.

Elle montre que les veines de la Glaneuse n° 1 et de la fosse du Sud, de même que le calcaire qui les recouvre, séparé du terrain houiller par la faille du Nord, sont légèrement inclinés vers l'Ouest. Par contre, la formation

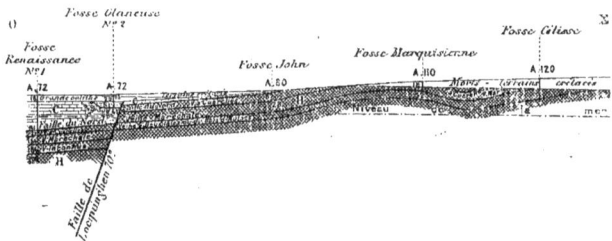

Fig. 11. — Coupe verticale passant par les fosses Renaissance n° 1, John, Marquisienne et Célisse.

(Échelle : 1/15.000°.)

H. Terrain houiller. — C. Calcaire. — Sr. Schistes rouges.

houillère du sondage n° 3 de Fiennes plonge du côté de l'Est; c'est un point sur lequel nous reviendrons dans un instant.

La deuxième, plus méridionale (fig. 11), est dirigée suivant les fosses

9.

Renaissance n° 1, John, Marquisienne et Célisse. Elle accuse la même inclinaison générale vers l'Ouest. Elle met de plus en évidence un accident consistant en un plissement des terrains compris entre les fosses Marquisienne et Célisse. Enfin, elle représente la faille de Locquinghen, au voisinage et un peu à l'Est de la fosse Glaneuse n° 2, par laquelle elle passe également.

La troisième, prise un peu au Nord des deux précédentes (fig. 12), passe par la fosse Providence, en se dirigeant vers le sondage d'Hidrequent. Les failles de Locquinghen et d'Élinghen y figurent.

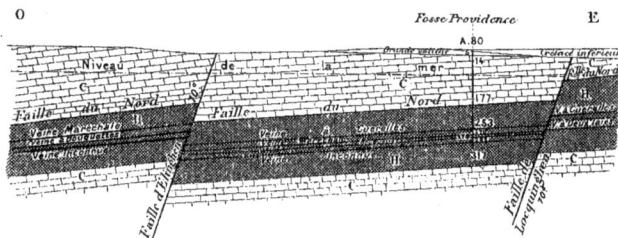

Fig. 12. — Coupe verticale passant par la fosse Providence et se dirigeant vers le sondage d'Hidrequent.

(Échelle : 1/15.000°.)

H. Terrain houiller. — C. Calcaire.

A une assez grande distance au Sud de la faille de Ferques, la pente générale vers l'Ouest a plutôt de la tendance à s'accentuer.

Inclinaisons
diverses des veines
du bassin
d'Hardinghen.

Les veines du bassin principal d'Hardinghen accusant, dans les coupes verticales N. S., à peu de distance de la faille de Ferques, une pente vers le Nord, et, dans les coupes verticales E. O., une inclinaison vers l'Ouest, il en résulte qu'en réalité elles plongent, dans l'ensemble, vers le N. N.-O.; mais, ainsi que nous l'avons déjà expliqué, cette allure n'existe qu'au Nord de l'anticlinal qui relève le fond du bassin au Sud de la faille de Ferques; sur le versant méridional de cet anticlinal, elles sont au contraire inclinées vers le S. S.-O.

En outre, dans le voisinage immédiat de ladite faille, l'inclinaison des veines vers le Nord diminue peu à peu; elles s'aplatissent de plus en plus et prennent même une pente inverse. A la fosse Espoir n° 2, par exemple, cette inflexion leur donne, près de la faille de Ferques, une allure en fond de bateau qui a été observée aussi en d'autres points. A la fosse Providence, il n'en est plus de même, mais il y a toujours tendance au relèvement de la stratification contre la faille.

En même temps que, dans la direction de l'Ouest, le bassin houiller d'Hardinghen descend à des profondeurs de plus en plus grandes sous le calcaire, les affleurements de la faille du Nord et de la faille du Sud n° 1 se rapprochent, et, si la faille de Locquinghen n'avait interrompu leur continuité, on les verrait se réunir sous les morts-terrains dans les parages de la fosse du Souich. Ces affleurements doivent toutefois reparaître un instant à l'Ouest de la faille d'Élinghen, par suite du relèvement des terrains de l'Ouest déterminé par cet accident; mais ils ne tardent pas à se rejoindre de ce côté, ainsi que l'indiquent les planches I à III.

Convergence vers l'Ouest des affleurements des failles du Nord et du Sud n° 1.

M. L. Breton[1] a eu le premier l'idée que les failles du Nord et du Sud n° 1 pourraient bien être identiques entre elles, la première n'étant autre chose que la seconde, affaissée à proximité et le long de la faille de Ferques, comme conséquence de la formation de cette faille et de la selle que dessinent les terrains du Midi. Si l'on admet cette hypothèse, on est amené à penser que le prolongement vers l'Ouest du terrain houiller de Locquinghen s'étend dans cette direction sans discontinuité, au-dessous de la faille unique formée par la réunion de la faille du Nord et de la faille du Sud n° 1, à une distance indéterminée. Il paraît bien en être ainsi, car une voie de fond creusée à la fosse Providence dans la veine à Bouquettes, niveau de 307 mètres, est arrivée jusqu'à 900 mètres environ au S.-E. du sondage d'Hidrequent, sans avoir été arrêtée par un accident. Cela étant, il est naturel d'admettre que le gisement houiller recoupé à ce sondage, consistant en trois veines de charbon, traversées aux profondeurs de 379, 403 et 423 mètres, n'est autre chose que le prolongement de celui des fosses de Locquinghen.

Identité de ces deux failles.

Cette interprétation nous paraît matériellement démontrée par les faits observés. Près d'Hardinghen, la faille du Nord et la faille du Sud n° 1 sont séparées par un affleurement houiller coïncidant avec un relèvement du Calcaire carbonifère sous-jacent; mais, au fur et à mesure qu'on s'avance vers l'Ouest, cet affleurement devient plus étroit et finit par disparaître par la convergence des traces des deux failles et par l'effet de la faille de Locquinghen. Au delà de celle-ci, le terrain houiller n'a plus, sans doute, sous les morts-terrains, qu'un petit affleurement appliqué à l'Ouest de la faille d'Élinghen, et, à cette

---

[1] L. Breton, Étude stratigraphique sur le terrain houiller d'Auchy-au-Bois. (*Mém. de la Société des Sc. de Lille*, 5ᵉ série, t. III, 1877.)

exception près, il forme partout, au-dessous du calcaire de recouvrement, une sorte de dôme qui en est séparé par la faille unique résultant de la réunion de la faille du Nord et de la faille du Sud n° 1.

Cette faille unique présente, en coupe verticale N. S., une allure ondulée. Du côté du Midi, elle plonge au Sud; puis, en s'approchant de la faille de Ferques, elle s'aplatit peu à peu et arrive ainsi à plonger vers le Nord; enfin il semble que, à proximité de cette faille, elle plonge de nouveau vers le Sud. Nous avons déjà signalé qu'à la fosse Espoir n° 2, dans la région d'Hardinghen, on a observé le plongement au Midi des terrains contigus à la faille de Ferques. A en juger par ce qui se passe au sondage d'Hidrequent où, d'après les déclarations formelles de M. E. Chavatte, les strates houillères plongent au Sud, cette allure se reproduirait, en s'accentuant, dans la direction de l'Ouest, et la faille unique séparative de la formation houillère et du calcaire supérieur y participerait jusqu'à une distance beaucoup plus grande de la faille de Ferques.

Coupes N. S.
prises à l'Ouest
de la faille
de Locquinghen.

Les coupes verticales N. S. ci-dessous permettent d'embrasser d'un seul coup d'œil l'allure générale que nous venons de décrire.

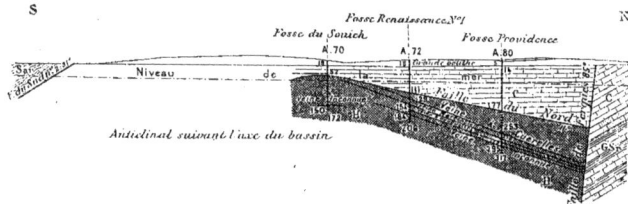

Fig. 13. — Coupe verticale passant par les fosses du Souich, Renaissance n° 1 et Providence.

(Échelle : 1/15.000°.)

H. Terrain houiller. — C. Calcaire carbonifère. — GSr. Grès de Fiennes et schistes rouges dévoniens.
Sar. Schistes argileux rouges.

Dans la première (fig. 13), passant par les fosses du Souich, Renaissance n° 1 et Providence, on voit le bassin principal d'Hardinghen et le calcaire qui le recouvre plonger vers la faille de Ferques, avec tendance au relèvement contre cet accident. Au Sud se trouve l'anticlinal qui rapproche de la surface le fond du bassin; mais on n'est pas fixé exactement sur la nature et la disposition des terrains qui s'étendent jusqu'à la faille du Sud n° 2.

Cette coupe est comprise entre les failles de Locquinghen et d'Elinghen; la suivante (fig. 14) a été prise à 150 mètres à l'Ouest de cette dernière. Elle montre le bassin remonté par l'effet de cette faille, et s'étendant sous la faille du Nord et la faille du Sud n° 1, entre lesquelles il semble qu'il existe, ici, un étroit affleurement houiller. Le calcaire situé au-dessus de la faille du Sud n° 1 est lui-même recouvert par la faille du Sud n° 2.

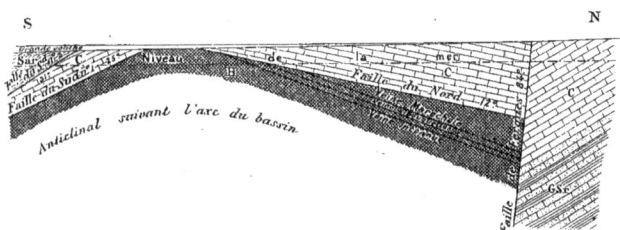

Fig. 14. — Coupe verticale probable, passant à 150 mètres à l'Ouest de la faille d'Élinghen, et parallèle à cette faille.
(Échelle : 1/15.000°.)

H. Terrain houiller. — C. Calcaire carbonifère. — GSr. Grès de Fiennes et schistes rouges dévoniens. Sar. Schistes argileux rouges.

Enfin, il est intéressant de rechercher ce que doit être une autre coupe passant par les sondages d'Hidrequent et de Basse-Falise.

Les résultats du sondage d'Hidrequent ont un caractère absolu d'authenticité et de certitude. Ceux du sondage de Basse-Falise qui, d'après M. Rigaux[1], aurait traversé, de 275 à 300 mètres, 25 mètres de grès et schistes houillers avec veinules de houille entre deux calcaires, sont moins certains. Considérons-les cependant comme exacts; comme le sondage de la Vallée-Heureuse, situé à environ 350 mètres au N.-E. du précédent, est descendu dans les calcaires dolomitiques bien au-dessous de 275 mètres, il faut, pour tout expliquer, admettre que la faille du Sud n° 1 présente, en coupe verticale, le profil représenté par la figure 15.

Cette faille plongerait vers le Sud jusqu'à une grande distance de celle de Ferques, puis se relèverait pour remonter au niveau de 275 mètres dans l'axe du sondage de Basse-Falise.

Nous ne donnons la coupe fig. 15 que comme hypothétique. En parti-

[1] E. Rigaux, Notice géologique sur le Bas-Boulonnais.

culier, si le terrain houiller n'avait pas été recoupé à Basse-Falise, il règnerait une incertitude beaucoup plus grande relativement au profil de la faille du Sud n° 1, ainsi qu'à la distance et à la profondeur auxquelles s'étend la pointe du bassin houiller au Midi de la faille de Ferques.

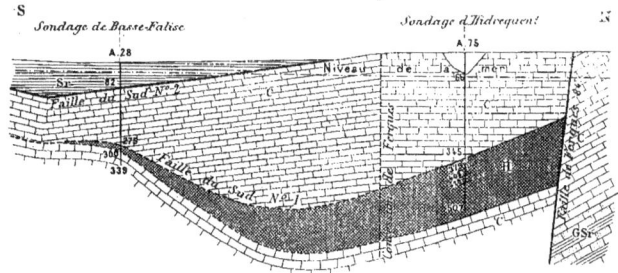

Fig. 15. — Coupe verticale hypothétique passant par les sondages d'Hidrequent et de Basse-Falise.
(Échelle : 1/15,000°.)

H. Terrain houiller. — C. Calcaire carbonifère. — GSr. Grès de Fiennes et schistes rouges dévoniens. — Sr. Schistes rouges.

Irrégularité du champ d'exploitation de la fosse du Souich.

Le champ d'exploitation de la fosse du Souich comprend une région brouillée et failleuse correspondant au passage de la selle ou de l'anticlinal calcaire et houiller qui, du côté d'Hardinghen, est compris entre la partie principale du bassin, appuyée à la faille de Ferques, et son versant méridional, exploité autrefois à Hénichart et au bois des Roches (fig. 13). On conçoit que le passage de cet anticlinal ait déterminé une pareille irrégularité. Au Sud de cette fosse commence à se dessiner à la surface du terrain houiller, sous le calcaire, le versant méridional de la selle. En effet, cette surface est sensiblement horizontale à la traversée du puits; de plus, l'épaisseur du calcaire de recouvrement y est de 34 mètres, alors qu'au sondage n° 2 de Locquinghen, situé un peu plus au S.-E., elle est de 39 mètres; le versant Sud de la selle houillère reposant sur le calcaire en place commence donc à apparaître entre la fosse du Souich et le sondage n° 2 de Locquinghen. Le substratum carbonifère de cette selle va affleurer à une assez grande distance à l'Est; on l'a atteint à la fosse Suzette. Si cet anticlinal n'existait pas, le terrain houiller viendrait affleurer à peu de distance au Midi de la fosse du Souich, tandis que le calcaire supérieur paraît s'étendre sans interruption, dans cette direction, jusqu'à la faille du Sud n° 2.

Une coupe analogue à celle représentée par la figure 15 existe vraisemblablement dans le méridien du sondage de Blecquenecques, situé plus à l'Ouest,
avec la différence que le terrain houiller s'y trouve à une profondeur plus
grande au voisinage de la faille de Ferques, en raison de la loi générale d'en-
foncement vers l'Ouest que nous avons énoncée, et que la faille du Sud n° 2
y fait défaut. Dans ce méridien (fig. 16), nous avons représenté, au Nord de
la faille de Ferques, la petite bande de terrain houiller qui a été exploitée aux
anciens puits de Ferques et qui, à Leulinghen, a disparu en profondeur.

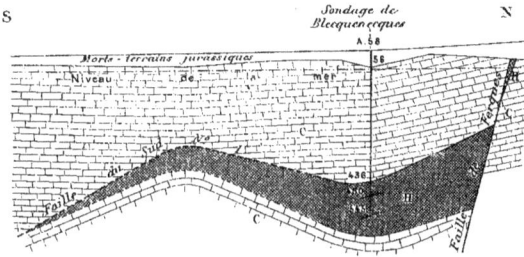

Fig. 16. — Coupe verticale hypothétique perpendiculaire à l'affleurement de la faille de Ferques,
passant par le sondage de Blecquenecques.

(Échelle : 1/15.000°.)

H. Terrain houiller. — C. Calcaire carbonifère.

Nous avons signalé comme un fait d'une probabilité voisine de la certitude
la continuité du terrain houiller de Locquinghen jusqu'à Hidrequent; il convient tout aussi bien de l'admettre jusqu'à Blecquenecques. Si on la nie, on
ne peut plus expliquer la découverte de la formation houillère à ces deux
sondages qu'en supposant qu'elle forme le prolongement de la bande étroite
qui affleure au Nord de la faille de Ferques. Cette bande s'épanouirait en
profondeur par suite d'un aplatissement de la faille, dont l'inclinaison moyenne
jusqu'aux sondages de Blecquenecques et d'Hidrequent situés, le premier à
450 mètres, le second à 350 mètres de son affleurement, descendrait au-
dessous de 45°. Or cet aplatissement est loin d'être démontré, et à la fosse
de Leulinghen, notamment, le terrain houiller, au lieu de se développer en
profondeur, disparaît complètement vers le niveau de 272 mètres. En outre,
dans cette seconde hypothèse, il devrait exister, entre le sondage d'Hidrequent

et les travaux de la Providence, un grand accident transversal séparant le terrain houiller de Locquinghen de celui de Ferques, accident dont aucun indice ne vient révéler la présence. Cette hypothèse nous paraît dès lors offrir un caractère de vraisemblance beaucoup moindre que la précédente, et nous estimons qu'il convient de l'écarter.

Analogie de la coupe verticale passant par le sondage de Blecquenecques avec une coupe transversale du bassin de Valenciennes.

La coupe verticale passant par le sondage de Blecquenecques présente une grande analogie avec une coupe transversale du bassin de Valenciennes. La faille de Ferques y représente le cran de retour d'Anzin, supposé reporté à une faible distance du bord septentrional du bassin; la faille ondulée correspond à la faille-limite, et il n'y a de différence d'une des coupes à l'autre qu'en ce qui concerne l'affaissement, à Blecquenecques, de la faille-limite vers le milieu du bassin.

Mais, quelle que soit cette analogie, ce que nous tenons à faire ressortir, c'est que la continuité du bassin d'Hardinghen doit être regardée comme certaine sur le parcours de plus de 6 kilomètres compris entre Hardinghen et Blecquenecques. Cette continuité n'existe pas toutefois jusqu'au sondage de Witerthun, car celui-ci a rencontré les schistes siluriens sous la dolomie carbonifère.

Explication de l'anomalie que paraît présenter la faille de Ferques, avec son apparence de faille à charnière.

Il résulte aussi de ce qui précède que la faille de Ferques a produit, en réalité, en face des anciens puits de Ferques, un affaissement des terrains du Sud par rapport à ceux du Nord, contrairement à l'apparence résultant du contact du calcaire Napoléon du Sud avec le terrain houiller du Nord, dans les niveaux supérieurs. Cette faille agit donc, à Ferques, de la même manière qu'à Hardinghen, c'est-à-dire conformément à la règle de Schmidt, et l'on s'explique alors aisément que M. Gosselet y ait trouvé une lame de calcaire du Haut-Banc à *Productus Cora* en contact avec le calcaire Napoléon du Sud; cette lame est restée en arrière du mouvement général de descente du calcaire carbonifère du Midi le long de la faille de Ferques. Dès lors aussi, cette faille n'est pas une faille à charnière, comme un premier examen pouvait le faire croire; c'est une grande ligne de cassure, dont les effets sont analogues vers l'Est et vers l'Ouest, et si, dans cette seconde direction, elle sépare le terrain houiller, au Nord, du calcaire Napoléon, au Sud, c'est qu'à cet endroit ce calcaire a été lui-même préalablement ramené sur le terrain houiller situé au Midi de la faille de Ferques par un mouvement de charriage qui s'est opéré en produisant la faille que nous avons appelée faille du Sud n° 1, et dont nous admettons l'identité avec la faille du Nord d'Hardinghen.

De même que la faille du Sud n° 1 a transporté, à Hardinghen, le Calcaire carbonifère au-dessus du terrain houiller, de même la faille du Sud n° 2 y a ramené le Dévonien supérieur au-dessus du calcaire. L'affleurement de ce dernier accident est dissimulé, au Couchant de la faille d'Élinghen, par le terrain jurassique; mais, plus loin à l'Ouest, on le voit reparaître, et l'on observe alors qu'il a été soumis à la même influence que la faille du Sud n° 1, réunie à la faille du Nord.

Analogie d'allure des failles du Sud n°ˢ 1 et 2.

Sans être parallèles, les deux failles en question ont une allure analogue, et les ondulations de l'une se reproduisent chez l'autre, dans une certaine mesure, par suite de la même cause.

Nous en trouvons une preuve dans les constatations qui ont été faites aux puits de la nouvelle compagnie de Ferques. Le puits n° 1, situé à 55 mètres au Sud du puits n° 2, a rencontré le calcaire à la profondeur de 101 m. 80, après avoir traversé, sous 19 m. 80 de morts-terrains, 82 mètres de schistes dévoniens. Le puits n° 2 est aussi entré dans les schistes dévoniens à la profondeur de 19 m. 80; il s'y est enfoncé de 99 m. 20 avant d'atteindre le calcaire. Au premier de ces puits, la faille séparative du Dévonien supérieur et du calcaire avait une inclinaison de 40° vers le Nord, tandis que, d'après les chiffres ci-dessus, la pente moyenne de la faille entre les deux puits n'est que de 15°. On ne lui a trouvé, au puits n° 2, qu'un pendage de 3° au Nord. Cette faille s'est donc fortement aplatie du premier puits au second, et l'on est fondé à en conclure qu'à une moins grande distance encore de la faille de Ferques, elle se relève de manière à prendre une inclinaison vers le Midi; elle vient ainsi affleurer sous le Jurassique avant d'atteindre la faille de Ferques, suivant une disposition semblable à celle représentée par la figure 15, car on sait que cette faille est en contact, dans ce méridien, près du niveau du sol, non pas avec le Dévonien, mais avec le calcaire Napoléon.

Synclinal famennien des puits de la nouvelle compagnie de Ferques.

C'est grâce à cette allure de la faille du Sud n° 2, se rapprochant de celle de la faille du Sud n° 1, que l'on peut expliquer la succession d'affleurements alternativement calcaires et dévoniens que l'on connaît entre la faille de Ferques et la gare de Marquise. Dans cette région, on trouve, en allant du N.-E. au S.-O., le Calcaire carbonifère appliqué contre la faille de Ferques, le massif dévonien de Basse-Falise, un affleurement assez étendu de calcaire du Haut-Banc, et enfin le Famennien situé au Nord de la gare. Trois failles séparent ces quatre bandes de terrains, mais, en fait, ce ne sont que trois parties d'une faille unique, qui est la faille du Sud n° 2, plongeant tantôt au Nord et tantôt

Ondulations de la faille du Sud n° 2 dans la région de Basse-Falise.

au Sud, et paraissant prendre, vers la gare de Marquise, une inclinaison définitive vers le Sud.

Dans ces conditions, le massif famennien de Basse-Falise forme une sorte
de petit synclinal reposant sur le Calcaire carbonifère, et séparé de lui par la
faille du Sud n° 2.

C'est le prolongement de ce synclinal qui a été traversé, à l'Ouest, aux nouveaux puits de Ferques.

Raccordement
du
massif famennien
de Basse-Falise
avec
celui d'Austruy,
Rouge-Fort
et Héronval.

Ce massif famennien se raccorde, au S.-E., en passant par Sainte-Godeleine,
avec celui d'Austruy, Rouge-Fort et Héronval, atteint aux fosses de Noirbernes,
Bouchet, Hénichart n° 1, Saint-Lambert, du Bois des Roches n° 6, au sondage
des Moines, aux avaleresses de l'Eau-Courte et aux sondages de Boursin n° 2 et
d'Alembon. Au Midi de ce dernier sondage et au Nord du précédent, se trouve une
bande calcaire disposée au-dessus du Famennien, avec ou sans faille intercalée,
et dont l'existence a été reconnue par les sondages de l'Eau-Courte et de Sanghen.

Cause principale
de la complication
de
la distribution
des terrains
primaires
au Sud de la faille
de Ferques.

La complication de la distribution des terrains primaires d'âges différents
au Sud de la faille de Ferques tient essentiellement à l'allure parfois déconcer-
tante des failles du Sud n°⁵ 1 et 2. Généralement peu inclinées par rapport à
l'horizontale, plongeant tantôt dans un sens, tantôt dans un autre, elles peuvent dessiner en affleurement sous les morts-terrains les contours les plus sin-
guliers, et entraîner des superpositions d'assises primaires vraiment étranges.
Cette particularité a depuis longtemps surpris les géologues et exercé leur
sagacité. Suivant une image pittoresque, Triger disait que le Bas-Boulonnais
est un damier dont les cases ont joué les unes sur les autres; cette représentation des phénomènes observés serait exacte, si les failles qui ont fait jouer les
cases étaient sensiblement verticales; nous avons vu qu'au contraire, à l'exception de celle de Ferques, dont la forte inclinaison et la quasi-verticalité ont été
reconnues jusqu'à de grandes profondeurs, et de celles de Locquinghen et d'Élinghen, qui ne sont que les accidents locaux, ces failles sont faiblement inclinées.
Il serait donc plus juste de dire, suivant une autre image due à M. Gosselet[1],
que les tranches ou lames de terrains primaires ramenées au Nord, par la
poussée venant du Midi, ont glissé les unes sur les autres, séparées par des failles
à l'envers, comme le feraient des livres disposés à plat, en pile, soumis à une
influence analogue, étant entendu que ce glissement a été complété par des
ondulations dessinées plus ou moins parallèlement par les surfaces séparatives.

[1] GOSSELET, Sur la structure générale du bassin houiller franco-belge. (*Bull. Société géologique
de France*, 3ᵉ série, t. VIII, 1880.)

Nous avons défini deux de ces surfaces, correspondant aux failles du Sud nos 1 et 2; mais il peut se faire qu'il y en ait plus de deux. Si leur nombre était plus grand, il en résulterait une complexité encore plus grande des faits observés.

Vers le Levant, il y a convergence des affleurements des failles du Sud nos 1 et 2, qui se rejoignent vers Hénichart, de sorte qu'à partir de là le Dévonien supérieur recouvre directement le terrain houiller du versant du Bois des Roches et d'Hénichart. Plus loin encore, du côté de l'Est, le recouvrement du terrain dévonien se fait sur le calcaire carbonifère à *Productus giganteus* de la région des Plaines.

Convergence des affleurements des failles du Sud nos 1 et 2 au Levant.

Avant que les érosions aient donné au sol primaire du Boulonnais son relief actuel, le Famennien superposé à la faille du Sud n° 2 s'étendait à une plus grande distance vers le Nord. Peut-être même allait-il rejoindre la faille de Ferques. Mais, au voisinage de cette faille, il s'élevait à des altitudes plus grandes que du côté du Midi, et les érosions l'ont ensuite fait disparaître. Cependant, il en est resté des témoins remplissant des cavités à la surface du calcaire sur lequel il avait été refoulé. On voit l'un de ces témoins à la fosse Glaneuse n° 2, au milieu du calcaire de recouvrement; la surface de séparation de cet îlot et des terrains inférieurs n'est autre chose qu'un lambeau de la faille du Sud n° 2, complètement séparé de sa surface générale actuelle.

Étendue primitive du Famennien au Sud de la faille de Ferques; effet des érosions.

Dans tous les cas, il paraît certain que les actions de refoulement exercées du Sud vers le Nord n'ont pas eu pour effet de produire des renversements dans les terrains de recouvrement. Il est, dès lors, à présumer qu'il n'y en a pas eu non plus dans le synclinal en place situé au-dessous de ces terrains. Au lieu de prendre, par suite de la poussée venant du Sud, comme dans le bassin de Valenciennes, la forme d'un U incliné plongeant vers le Midi, ce synclinal, probablement parce que les actions auxquelles il a été soumis se sont exercées suivant une direction plus voisine de l'horizontale, et aussi parce que ces actions ne se sont pas étendues à une grande profondeur, paraît avoir conservé, à peu de chose près, sa forme originelle, avec plongement de son bord méridional vers le Nord. Cela étant, les lames de charriage qui ont été détachées de ce bord ont simplement cheminé les unes sur les autres, sans altération de l'ordre normal des stratifications dans chacune d'elles, leurs surfaces de séparation étant constituées par des failles plus ou moins parallèles, au nombre desquelles se trouvent celles que nous avons désignées sous les noms de failles du Sud nos 1 et 2.

Disposition sans renversement des terrains charriés au Sud de la faille de Ferques.

Les idées à ce sujet étaient différentes autrefois; le calcaire carbonifère superposé au terrain houiller dans les puits d'Hardinghen a d'abord paru renversé; mais une étude plus approfondie de ce calcaire a montré qu'il n'en est pas ainsi, et, dès 1873, M. Gosselet[1] a mis en évidence l'absence de renversement.

S'il y avait eu renversement, disait-il, « les couches de houille seraient elles-mêmes renversées, le calcaire qui est au-dessus les recouvrirait en stratification concordante et appartiendrait aux couches supérieures, c'est-à-dire au niveau à *Productus giganteus*. Aucune de ces trois conditions n'est remplie. »

En fait, à Hardinghen, comme vers l'Ouest, à Hidrequent et à Blecquenecques, on voit, dans les terrains primaires de recouvrement, se succéder, suivant leur ordre naturel de stratification, le calcaire à *Productus giganteus*, le calcaire Napoléon, le calcaire du Haut-Banc et la dolomie du Huré; le terrain houiller, à sa partie supérieure, est séparé du calcaire carbonifère par une faille, et, le plus souvent, il n'est pas renversé au voisinage de cette faille; il ne l'est pas non plus dans les parties où on le voit en affleurement, par suite de l'effet des érosions qui ont enlevé le calcaire de recouvrement. Nous disons *le plus souvent*, car le fait n'est pas absolument général, et nous verrons, en particulier, qu'à la fosse Glaneuse n° 1, on a trouvé sous le crétacé des parties de veines en dressant; mais cette exception n'infirme pas la règle habituelle, et, d'ailleurs, on s'explique aisément qu'un refoulement de calcaire carbonifère, même en allure normale, sur le terrain houiller, ait pu faire infléchir les strates de celui-ci au voisinage de la faille séparative, de manière à produire chez lui, dans cette zone, des infléchissements et des renversements locaux. La constatation de particularités de ce genre n'est pas de nature à porter atteinte à la démonstration que M. Gosselet a donnée de la succession naturelle des assises du Calcaire carbonifère au-dessus de la faille du Sud n° 1 ou de la faille du Nord, et sous la faille du Sud n° 2.

Plongement vers l'Est de la formation houillère du sondage n° 3 de Fiennes.

Nous avons fait remarquer que les assises houillères du sondage n° 3 de Fiennes plongent vers l'Est, c'est-à-dire en sens opposé de l'inclinaison générale du bassin d'Hardinghen. Cela tient à ce que ce bassin vient se fermer du côté du Levant, par suite de l'existence d'une selle représentée à la figure 10, ayant une direction générale N.S. Cette selle met le calcaire sur lequel la formation houillère repose en contact avec l'affleurement de la faille

[1] Gosselet et Bertaut, *Étude sur le terrain carbonifère du Boulonnais.*

de Ferques, et, sur son autre versant, le terrain houiller reparaît dans la région explorée par le sondage n° 3. Le gisement rencontré à ce sondage est peut-être l'amorce d'un second bassin incliné en sens inverse de celui d'Hardinghen, et se développant à une distance indéterminée vers le Levant.

Les coupes verticales ci-après, menées par le sondage n° 3 de Fiennes, font connaître la disposition du bassin en question par rapport à la faille de Ferques, et aux anciennes exploitations de la région des Plaines et de celle d'Hénichart. .

Coupes verticales au travers de cette formation.

L'une d'elles (fig. 17) passe par les sondages de Bœucres et de la Commune; le premier a rencontré les schistes et grès de Fiennes; l'autre a été abandonné à la base des morts-terrains. Elle montre que le sondage n° 3 de Fiennes est situé très près de la faille de Ferques, qui a été atteinte par lui à la profondeur de 160 mètres.

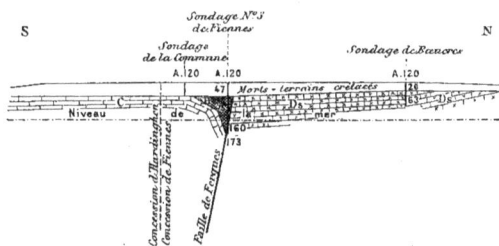

Fig. 17. — Coupe verticale passant par les sondages de Bœucres, n° 3 de Fiennes et de la Commune.

(Échelle : 1/15.000°.)

H. Terrain houiller. — C. Calcaire. — Ds. Dévonien supérieur.

La seconde (fig. 18) a été prise du sondage n° 3 au puits Gillet et à la fosse de Noirbernes n° 2. On y voit, au Sud, le petit gisement d'Hénichart, recouvert directement par la faille du Sud n° 2, au milieu, l'anticlinal calcaire au sommet duquel le puits Gillet a découvert une veine de houille, et, au Nord, le bassin du sondage n° 3 de Fiennes, s'étendant jusqu'à la faille de Ferques.

La faille du Sud n° 1 et la faille du Nord, avec laquelle elle se confond, ont été traversées par un grand nombre de puits de la concession d'Hardinghen. On y a parfois rencontré, à leur contact avec le terrain houiller, une

Remplissages des failles du Nord, du Sud n° 1 et du Sud n° 2.

zone schisteuse mélangée de rognons rougeâtres; on en a signalé une épaisseur de 1 m. 80 à la fosse Providence. C'est vraisemblablement un mélange
analogue, sorte de terrain de faille renfermant des argiles ferrugineuses, que
l'on a traversé sous le nom de terrain rouge, vert et noir, et sur une hauteur
de 0 m. 98, à la fosse Saint-Lambert, à l'entrée de la formation houillère.

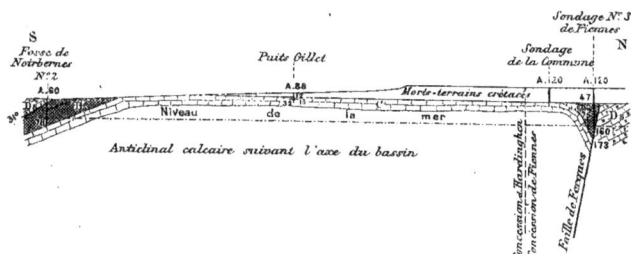

Fig. 18. — Coupe verticale passant par le sondage n° 3 de Fiennes,
le puits Gillet et la fosse de Noirbernes n° 2.

(Échelle : 1/15.000°.)

H. Terrain houiller. — C. Calcaire. — Ds. Dévonien supérieur.

Quant à la faille du Sud n° 2, on l'a observée en plusieurs points.

A la fosse Glaneuse n° 2, elle consiste en une simple cassure, les schistes
famenniens étant en contact direct avec le calcaire sous-jacent.

Au puits n° 1 de la compagnie actuelle de Ferques, elle est, de même,
dépourvue de tout remplissage, et l'on est passé brusquement et sans transition des schistes rouges famenniens à *Spirifer Verneuili* au calcaire Napoléon.

Au contraire, au puits n° 2 de la même compagnie, on a trouvé dans cette
faille une épaisseur de 2 mètres environ de marbre irrégulier diversement
coloré, en contact avec les schistes famenniens, suivie de 1 à 2 mètres de
schistes rouges, avec blocs de marbre, superposés au calcaire. D'autre part,
il existait à la base du Famennien, contre la faille, des fragments transportés de
schiste houiller et de houille riche en matières volatiles.

M. Gosselet[1] a donné une description très complète de l'aspect que présente la faille du Sud n° 2, appelée par lui *faille d'Hidrequent*, dans deux
carrières voisines du sondage de ce nom.

[1] GOSSELET, La faille d'Hidrequent. (*Ann. Société géologique du Nord*, t. XXXII, 1903.)

Dans l'une, elle est fortement redressée, presque verticale, et n'offre rien de particulier.

Dans l'autre, où les couches sont inclinées de 30° à 40°, elle présente, sur une épaisseur de 15 m. 10, un remplissage compris entre les schistes dévoniens du dessus et le calcaire du dessous. La composition de ce remplissage est la suivante :

1. Calcaire homogène brisé et craquelé, de nature dolomitique.   8ᵐ,00
2. Calcaire encrinitique..............................   1 ,00
3. Calcaire compacte dolomitique ....   0 ,55
4. Schistes rouges, avec plaquettes plus ou moins épaisses de
     calcaire gris ....   1 ,00
5. Schistes noirs, avec plaquettes lenticulaires de calcaire fossi-
     lifère gris..................................   2 ,00
6. Schistes rouges avec lenticules calcaires...............   1 ,05
7. Calcaire jaune bréchiforme........................   1 ,50
                                                        _____
                    Total...................   15ᵐ,10

Les calcaires dolomitiques 1, 2, 3 (46,10 p. 100 de carbonate de magnésie) appartiennent peut-être à la dolomie du Huré.

Les plaquettes calcaires des couches schisteuses 4 et 5 contiennent *Spirifer Verneuili, Retepora, Chœtetes*, et doivent être considérées comme dévoniennes.

Par contre, les lenticules calcaires de la couche de schistes 6, qui sont tantôt de teinte violacée, comme le calcaire du Haut-Banc, tantôt de couleur blanche, comme le Lunel, n'ont rien de dévonien. M. Gosselet pense que ce sont des écailles de calcaire carbonifère, qui ont été entraînées dans le mouvement de charriage des schistes dévoniens.

Enfin, le calcaire jaune bréchiforme 7 est assez semblable au calcaire dolomitique 1 ; c'est une véritable brèche composée de gros grains de 2 à 3 millimètres de diamètre, et de grains beaucoup plus petits, empâtés dans un calcaire très finement cristallin ; il faut peut-être y voir une brèche de faille, produite par l'écrasement d'un banc calcaire.

En définitive, ce remplissage est assez complexe, et on y rencontre successivement des couches d'apparence stratifiée appartenant alternativement au Dévonien supérieur et au Calcaire carbonifère, d'où il semblerait résulter, d'après M. Gosselet, que la faille serait due à plusieurs mouvements successifs.

D'autre part, au voisinage de la faille du Sud n° 2, le calcaire paraît, en général, plus irrégulier et plus fissuré qu'à une plus grande distance de cet accident.

Âges relatifs
de
a faille de Ferques,
des failles
de Locquinghen
et d'Élinghen,
et des failles
du Sud n°ˢ 1 et 2.

Revenant maintenant aux failles de Locquinghen et d'Élinghen, nous devons faire remarquer qu'elles semblent antérieures à la faille de Ferques, à laquelle elles sont sensiblement perpendiculaires en affleurement, et n'avoir aucune relation avec son allure en échelons. En effet, elles ne paraissent pas se prolonger dans les terrains primaires situés au Nord de ce dernier accident. A la vérité, M. Rigaux[1] a signalé qu'en suivant, à partir de Beaulieu, le calcaire à pentamères supérieur dans la direction de l'Ouest, on le voit bientôt rejeté d'une cinquantaine de mètres vers le Nord, avec toutes les couches dévoniennes; mais la direction de ce rejet qui, venant de la région du S.-E., passe un peu au Midi de Couderousse et des maisons des Noces, jusqu'en face de Blacourt, n'a rien de commun avec celle des failles de Locquinghen et d'Élinghen, ni avec leurs effets. Dans le prolongement de ces dernières, on ne trouve, au Nord de la faille de Ferques, aucun rejet des assises primaires; cette dernière faille interrompt donc les deux précédentes, et doit, par suite, être considérée comme plus récente qu'elles.

Il en est autrement des failles du Sud n°ˢ 1 et 2. La faille de Locquinghen a, comme nous l'avons vu, altéré la continuité de la faille du Nord en faisant descendre, vers le Couchant, le massif de terrains compris entre elle et la faille d'Élinghen. La faille du Sud n° 1 n'étant autre chose que le prolongement de la faille du Nord, a naturellement subi le même effet. Et comme les failles du Sud n°ˢ 1 et 2 ne sont que deux manifestations différentes d'un même mouvement général de charriage ayant ramené les terrains anciens du Sud vers le Nord dans les niveaux superficiels, il convient d'admettre que la seconde a été influencée par la faille de Locquinghen de la même manière que la première. Enfin, on doit penser, par analogie, que la faille d'Élinghen, parallèle à celle de Locquinghen, a aussi brisé les failles du Sud n°ˢ 1 et 2, plus anciennes qu'elle. Le massif de terrains s'étendant de Locquinghen à Élinghen paraît, en effet, avoir subi, ainsi que nous l'avons déjà expliqué, un affaissement d'ensemble. Cette interprétation implique la contemporanéité des deux failles qui le délimitent à l'Est et à l'Ouest, et l'analogie de leurs effets au regard des failles du Sud n°ˢ 1 et 2.

---

[1] E. Rigaux, *Notice géologique sur le Bas-Boulonnais.*

En résumé, les failles ondulées résultant du ridement hercynien (Nord et Sud n°s 1 et 2) se sont produites les premières. Puis, elles ont été disloquées par celles de Locquinghen et d'Élinghen, qui n'ont plus le même caractère. Enfin, celle de Ferques a déterminé, en dernier lieu, l'affaissement des terrains du Midi qui a donné au bassin d'Hardinghen sa structure actuelle.

Le sens et l'importance des déplacements occasionnés par les failles de Locquinghen et d'Élinghen ont été déterminés par les tracés des voies de fond des veines, de part et d'autre de chacune d'elles. Lorsqu'on se déplace du Levant vers le Couchant dans les galeries qui ont traversé la faille de Locquinghen, on remarque qu'il y a, horizontalement, rejet de la formation houillère de 130 mètres environ vers le Sud, et, en même temps, affaissement de cette formation de 60 à 65 mètres, tandis que, par les galeries qui ont traversé la faille d'Élinghen, on a constaté, au contraire, un rejet horizontal des terrains du Couchant d'environ 220 mètres vers le Nord, et un exhaussement d'importance analogue à celle de l'affaissement produit par la faille de Locquinghen.

A une plus grande distance de la faille de Ferques, les tracés des voies de fond de la veine Maréchale à divers étages des fosses Renaissance et Providence, de part et d'autre de la faille d'Élinghen, accuseraient une plus grande amplitude du rejet correspondant à cet accident. Cela tient sans doute à ce que, dans cette région, il coexiste avec des plissements qui troublent la régularité d'allure du terrain houiller.

La bande houillère de Ferques et Leulinghen, située au Nord de la faille de Ferques, n'a aucune valeur industrielle, à cause de sa faible largeur, de sa discontinuité et de son irrégularité.

Il n'en est pas de même du bassin d'Hardinghen, situé au Midi de cette faille. Cependant il ne faudrait pas s'exagérer son importance. Son épaisseur est très faible sur le pourtour de l'affleurement de l'anticlinal de calcaire à *Productus giganteus* sur lequel il repose, excepté à l'Est du bassin principal, où, près de la faille de Ferques, la surface de contact de ce calcaire avec la formation houillère est assez fortement inclinée, comme l'ont démontré les travaux de la fosse Ségard; elle est particulièrement réduite dans la région d'Hénichart et du bois des Roches, et dans celle des fosses du Bois d'Aulnes, et, partout ailleurs, elle reste assez modérée. Elle atteint son maximum à proximité et le long de la faille de Ferques. Aux fosses Boulonnaise et Sans-Pareille, elle dépasse 200 mètres, et elle est d'environ 350 mètres à la fosse

Déplacements occasionnés par les failles de Locquinghen et d'Élinghen.

Épaisseur du terrain houiller d'Hardinghen.

Espoir n° 2 ; ce dernier point est celui où le terrain houiller paraît avoir, dans la région orientale du bassin, la plus grande épaisseur, et renferme le plus grand nombre de veines, car, à la fosse Providence, comprise entre les failles de Locquinghen et d'Élinghen, on ne lui trouve plus, à cause de la grande masse de calcaire qui le recouvre, qu'une épaisseur approximative de 200 mètres. Les sondages d'Hidrequent et de Blecquenecques ont traversé, le premier, 162 mètres, le second, 109 mètres de terrain houiller sous le calcaire, sans avoir atteint le fond du bassin ; l'épaisseur de la formation houillère est donc incertaine en ces deux points, mais rien n'autorise à présumer qu'elle dépasse, peut-être même qu'elle atteigne, celle qui a été observée à la fosse Espoir n° 2. Cela tient à ce que la surface de contact du bassin houiller et du calcaire de recouvrement s'enfonce vers l'Ouest, en même temps que le fond de ce bassin, dans des conditions se rapprochant plus ou moins du parallélisme.

Les épaisseurs ci-dessus sont comptées suivant la verticale. Pour les ramener à ce qu'elles seraient normalement à la stratification, il faudrait tenir compte de la pente des terrains, qui est, d'ailleurs, partout assez faible.

L'existence des failles du Sud n°s 1 et 2, et peut-être d'autres failles parallèles, devait originairement jeter le trouble dans les appréciations que l'on était amené à faire relativement à la superposition des terrains rencontrés dans les sondages. Si l'on trouvait le Calcaire carbonifère sur le Dévonien supérieur, ou le Houiller sur le Calcaire carbonifère, il y avait présomption d'une superposition naturelle suivant l'ordre chronologique des stratifications, mais présomption seulement. Si, au contraire, l'ordre normal des stratifications est altéré, il faut bien admettre que cette anomalie est due à l'effet de failles telles que les failles du Sud n°s 1 et 2.

De cela, nous pouvons donner immédiatement plusieurs exemples.

Le sondage des Moines a traversé, sous les schistes rouges du Dévonien supérieur, la faille du Sud n° 2 ; il a été ensuite arrêté dans le calcaire carbonifère du bassin des Plaines.

Les fosses du Souich, Renaissance n° 1 et Providence, situées au Nord de l'affleurement de la faille du Sud n° 2 sous les terrains secondaires, ont pénétré dans le terrain houiller après avoir recoupé la faille du Sud n° 1, à cet endroit faille du Nord.

Le cas est le même pour les sondages d'Hidrequent et de Blecquenecques.

Aux puits de la nouvelle compagnie de Ferques, c'est la faille du Sud n° 2 qui a été franchie, sous le Famennien, avant d'arriver au Calcaire carbonifère, et il faudra traverser la faille du Sud n° 1 pour pénétrer dans le terrain houiller.

Même superposition aux sondages de Basse-Falise et de la Vallée-Heureuse.

Au sondage de Witerthun, on espérait rencontrer la formation houillère au-dessous de la faille du Sud n° 1 ; malheureusement, ce sondage a trouvé les schistes siluriens sous la dolomie du Huré. Nous avons déjà signalé ce résultat, sur lequel nous allons bientôt revenir.

Dans les sondages récemment entrepris à plus ou moins grande distance du détroit du Pas-de-Calais, on a parfois traversé des terrains primaires différents dans un ordre normal de stratification. C'est ainsi qu'à celui de Strouanne, on a trouvé le Calcaire carbonifère sous le terrain houiller. Il est probable que la succession des terrains a lieu, dans ce sondage, sans faille intercalée.

D'autre part, il serait difficile d'expliquer la superposition immédiate du calcaire au Silurien du sondage de Sangatte, si l'on considérait ce calcaire comme carbonifère. Il faudrait alors attribuer à la région voisine de la mer une irrégularité de distribution et d'allure des terrains primaires aussi grande que dans la région du Bas-Boulonnais, au Sud de la faille de Ferques, et moins aisément explicable.

Les lames de charriage comprises entre les failles du Sud n° 1 et 2, et toutes autres qui appartiendraient au même système, représentent l'équivalent des lambeaux de poussée intercalés, dans le bassin du Pas-de-Calais, entre la faille-limite, qui est en contact immédiat avec le terrain houiller, et la grande faille du Midi, ou faille eifelienne.

Équivalence des lames de charriage du Bas-Boulonnais avec les lambeaux de poussée du bassin du Pas-de-Calais.

Quant à cette dernière faille, que l'on connaît au Sud du bassin de Valenciennes jusqu'à la pointe de Fléchinelle, dans le Pas-de-Calais, comme formant la trace superficielle de la séparation des deux grandes vallées siluriennes de Namur et de Dinant, prolongées vers l'Ouest, son passage est assez difficile à suivre exactement dans cette direction. Sa présence n'est, en effet, nettement caractérisée que par l'existence, en affleurement ou en profondeur, des grès et schistes bariolés du Dévonien inférieur (Gédinnien), qui font défaut dans le bassin de Namur, et dénotent, par conséquent, le voisinage du bord septentrional de celui de Dinant. Non loin de Fléchinelle, en se rapprochant du Boulonnais, on voit ces grès et schistes affleurer à Audincthun. On les a aussi retrouvés aux sondages de Delette S.-E., Coyecque n° 1 et 2, Dohem

Prolongement vers l'Ouest de la grande faille du Midi du bassin de Valenciennes.

et Nielles-lès-Bléquin. Il semble donc que, jusqu'à Nielles, la grande faille du Midi conserve sensiblement la direction S.-E.-N.-O., qu'elle possède certainement au Sud des concessions de Bruay, Marles, Ferfaÿ, Auchy-au-Bois et Fléchinelle. A une plus grande distance au Couchant, elle doit passer au Nord du sondage de Samer, où l'on a atteint les schistes et grès gédinniens. Mais à quelle distance se trouve-t-elle de ce sondage? On peut émettre à cet égard deux hypothèses.

Ou bien le Silurien que l'on a recoupé aux sondages de Desvres, Menneville, Bournonville et Wirwignes, est celui qui délimite au Sud la ride primaire jalonnée au Nord par les puits de Caffiers, Landrethun et Bainghen, qui ont également atteint le Silurien. En ce cas, l'affleurement de la grande faille du Midi s'infléchirait, à l'Ouest de Nielles-lès-Bléquin, dans la direction de l'Ouest, de manière à passer au Sud du groupe de sondages ci-dessus et au Nord de celui de Samer.

Ou bien le Silurien traversé à Desvres, Menneville, Bournonville et Wirwignes, formant le soubassement naturel du Dévonien inférieur de Samer, doit être regardé comme appartenant au bassin de Dinant, auquel cas la trace de la grande faille du Midi doit être reportée à une plus grande distance au Nord. L'inflexion de cette trace à l'Ouest de Nielles-lès-Bléquin disparaît ainsi presque complètement.

Cette seconde hypothèse nous paraît beaucoup plus vraisemblable que la première, car elle explique aisément la rencontre du Dévonien supérieur au sondage du Wast n° 2, sous 112 mètres de Silurien. L'affleurement de la grande faille du Midi passerait alors au Nord de ce sondage et de celui du Mont des Boucards (Trois-Cornets). Mais, bien entendu, le synclinal primaire du Bas-Boulonnais s'étend, en profondeur, à une distance indéterminée au Midi de cette faille, recouvert par le Silurien et le Gédinnien qui ont été refoulés au-dessus d'elle, ainsi que par les lames de charriage qui s'étendent, au voisinage de la surface, entre elle et la faille de Ferques.

Explication de la rencontre du terrain houiller au sondage de Strouanne, et du Silurien à celui de Witerthun. A proximité de la mer, deux faits particulièrement intéressants ont été constatés : la découverte du terrain houiller sous les morts-terrains au sondage de Strouanne, et la rencontre des schistes siluriens sous la dolomie du Huré au sondage de Witerthun. Ces deux faits paraissent devoir être attribués à une cause unique, à savoir un plissement des terrains primaires plus ou moins perpendiculaire à la faille de Ferques, ayant eu lieu à l'Ouest de la grande route de Boulogne à Calais, ou une faille ou une série de failles en échelons,

dirigées du Sud au Nord ou du S.-O. au N.-E., et ayant eu pour effet de rejeter vers le Nord, dans la région du Couchant, toute la série des terrains du
bassin du Bas-Boulonnais reconnue tant au Nord qu'au Sud de la faille
de Ferques, y compris cette faille elle-même.

L'existence probable de ce rejet a été signalée par M. Gosselet[1] dès 1891.
Il explique bien le report vers Strouanne du prolongement du bassin d'Hardinghen. En même temps, à l'Ouest du sondage n° 2 du Wast et de celui du
Mont des Boucards, la grande faille du Midi aurait été rejetée, parallèlement
à elle-même ou à peu près, dans la même direction.

D'autre part, si l'on suppose l'accident en question constitué par une faille
unique plongeant vers l'Est, comme le représente la planche III, la rencontre
du Silurien sous la dolomie du Huré au sondage de Witerthun devient chose
naturelle. Ce Silurien ne serait autre chose que celui des sondages de Desvres,
Menneville, Bournonville, Wirwignes et Pas-de-Gay, subordonné au Gédinnien du sondage de Samer, c'est-à-dire le Silurien du bassin de Dinant,
ramené vers le Nord par ledit accident, lequel affleurerait sous les morts-
terrains à l'Ouest des sondages de Witerthun et du Bail, ainsi que l'indique
la coupe verticale (fig. 19), dirigée de l'E.S.-E. vers l'O.N.-O.

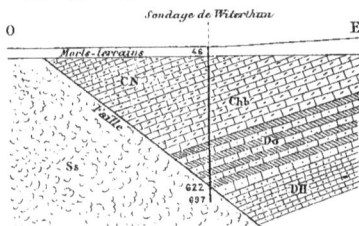

Fig. 19. — Coupe verticale probable, passant par le sondage de Witerthun, et dirigée vers celui de Framzelle.
(Échelle : 1/20.000°.)

CN. Calcaire Napoléon. — Chb. Calcaire du Haut-Banc. — Do. Dolomie du Huré.
DH. Dévonien supérieur ou terrain houiller. — Ss. Silurien supérieur.

Dans cette hypothèse, on peut concevoir de la manière suivante la disposition des terrains primaires au voisinage du détroit du Pas-du-Calais. Les
sondages de Sangatte et Escalles occuperaient une position analogue à celle

Disposition
des terrains
primaires
au voisinage
du détroit
du Pas-de-Calais.

[1] GOSSELET, Les richesses minérales de la région du Nord, conférence faite devant la Société industrielle du Nord de la France le 18 janvier 1891. (Bull. Soc. industrielle du Nord, n° 73 bis, 1891.)

des puits de Caffiers, Landrethun et Bainghen; la faille de Ferques, décro-
chée vers le Nord, passerait au S.-O. de ces sondages et de ceux de Folle-Emprise et de l'Anglaise, en restant au N.-E. de celui de Strouanne; les sondages
de Wissant, Hervelinghen, le Colombier et Tardinghen, dévoniens ou calcaires, auraient rencontré ces formations recouvrant le terrain houiller, comme
à Hardinghen, grâce à des failles ondulées de refoulement analogues à celles
que nous avons définies dans cette dernière région; enfin, le Silurien du sondage de Framzelle serait assimilable à celui du Pas-de-Gay, remonté vers le
N.-E., ce qui ferait passer la grande faille du Midi un peu au Nord de Framzelle, c'est-à-dire suivant le prolongement approximatif de l'affleurement de la
faille de Ferques, tel qu'il est connu à Hardinghen et à Ferques.

CHAPITRE V.

HISTORIQUE DES TRAVAUX.

1. PÉRIODE ANCIENNE.

La découverte de la houille dans le Boulonnais remonte à une époque très reculée.

Époque de la découverte de la houille dans le Boulonnais.

Elle affleure le long de la faille de Ferques, à l'Ouest d'Hardinghen et à Réty, jusqu'au hameau de Locquinghen, ainsi que dans le bois des Roches, recouverte seulement par la terre végétale.

Dans un mémoire sur la minéralogie du Boulonnais [1], publié en l'an III au *Journal des Mines*, il est dit que l'exploitation des mines de charbon paraît y avoir commencé en 1692.

Mais des dates moins reculées sont indiquées dans d'autres documents.

Celle de 1720 est citée par Monnet [2].

Dans le résumé des travaux statistiques de l'administration des Mines de l'année 1838, nous lisons :

« En 1730, on découvre le bassin d'Hardinghen, et l'on commence immé-« diatement l'extraction du combustible, qui s'y est continuée sans interruption « jusqu'à nos jours ».

De son côté, Morand le médecin [3] écrivait, en 1768 :

« En 1739, on découvrit une mine de charbon de terre dans la paroisse « d'*Ardinghen*, proche Boulogne; une autre dans la paroisse de *Réthi* dont « le charbon est très bon pour les briqueteries, les fours à chaux et l'usage des « maréchaux ».

D'autre part, la légende attribue la découverte de la houille à un cultivateur

---

[1] *Mémoire sur la minéralogie du Boulonnais dans ses rapports avec l'utilité publique.* — Tiré des mémoires des citoyens Duhamel, Mallet et Monnet, officiers des Mines, et de ceux du citoyen Tiesset, de la commune de Boulogne, *Journ. Min.*, an III, t. I, n° 1, 1794.

[2] Monnet, *Atlas et description minéralogique de la France*, entrepris par ordre du roi, par MM. Guettard et Monnet, publiés par M. Monnet, d'après ses nouveaux voyages, 1780.

[3] Morand, le médecin, *L'Art d'exploiter les mines de charbon de terre*, 1re partie, 1768.

de Réty, qui l'aurait faite, vers l'année 1660, en labourant avec sa charrue le sol de l'affleurement existant, sur les communes d'Hardinghen et de Réty, dans le petit bassin du bois des Roches et d'Hénichart.

Si cette date de 1660 peut paraître un peu trop ancienne, celle de 1692, indiquée ci-dessus, est vraisemblablement trop tardive, et *a fortiori*, celles de 1720, 1730 et 1739, relatées par Monnet, par la statistique des Mines de 1838 et par Morand.

Anciens arrêts du Conseil d'État relatifs aux mines de charbon du Boulonnais. En effet, un arrêt du Conseil d'État du 29 avril 1692 fait déjà mention des terres de Réty et d'Austruy (près Réty), comme renfermant des gisements de houille.

Un précédent arrêt du Conseil, du 16 juillet 1689, avait accordé au duc de Montausier et à ses hoirs, successeurs et ayants cause, pour une durée de quarante ans, le privilège d'exploiter toutes les mines et minières de charbon de terre qu'ils découvriraient dans l'étendue du royaume de France, le Nivernais excepté, de gré à gré des propriétaires du sol et en dédommageant préalablement ceux-ci à l'amiable. Les propriétaires conservaient d'ailleurs le droit de continuer l'exploitation des mines déjà ouvertes.

Le duc de Montausier étant mort en 1690, sans avoir fait usage de ce privilège, l'arrêt susvisé du 29 avril 1692 en a confirmé la jouissance à sa fille et héritière, la duchesse d'Usez, mais en formulant une réserve à l'égard des terres de Réty et d'Austruy, situées dans le Boulonnais, ainsi que de celle d'Arquiau, appartenant à la généralité d'Orléans, au sujet desquelles elle avait pris des arrangements avec les sieurs de Tagny et de Mason, qui en étaient les seigneurs et hauts-justiciers.

La même année 1692, une autre exception fut accordée par le roi, sans doute avec l'assentiment de la duchesse d'Usez, en faveur du duc d'Aumont, Louis-Marie-Victor, gouverneur de Boulogne, fils et héritier du maréchal d'Aumont, pour les autres communes du Boulonnais.

Divers documents qui ont été retrouvés par M. L. Breton attestent qu'à cette époque la région d'Hardinghen et de Réty était déjà l'objet d'exploitations sérieuses.

Le 22 septembre 1692, par exemple, le duc d'Aumont s'engage à payer à Antoine Hénichart, laboureur à Hardinghen, la somme de 50 livres par an, pour la concession faite à lui-même ou à ses entrepreneurs, de tirer le charbon dans les terres dépendant de la maison dudit Hénichart.

Le 11 octobre suivant, un accord intervenu entre l'abbé Claude-Philippe du Cavrel de Tagny et Pierre Bernard, ancien échevin de la ville de Calais, porte cession à ce dernier du privilège appartenant au précédent, moyennant une redevance de moitié des produits extraits, et stipule en outre, en faveur de l'abbé de Tagny, le don d'un cheval de la valeur d'environ 30 pistoles, dès que Bernard aurait pris pour sa part 300 barils de houille, en considération de ce que ledit abbé lui avait abandonné tous les outils ayant servi jusqu'alors à exploiter le charbon.

Le 31 du même mois, suivant acte dressé par Moullière, notaire à Guines, Antoine Parizot, architecte et commis du duc d'Aumont à la recette des charbons provenant de la mine d'Hardinghen, s'engage à fournir 105 razières de ces charbons, à Guines, à François-Wuillaume La Grillade, qui devait les conduire immédiatement par bélandre à Dunkerque.

D'autres exemples pourraient être cités.

Il est donc avéré que la houille était connue à Hardinghen, à Réty et à la ferme d'Austruy, dès 1692, et même auparavant.

Et ce qui prouve encore que son exploitation remonte au moins à cette date, c'est que des arrêts subséquents du Conseil des 19 janvier 1694 et 4 janvier 1695 ont confirmé le privilège de la duchesse d'Usez et de ses ayants droit, en statuant au sujet de difficultés occasionnées par la résistance qu'ils éprouvaient de la part des propriétaires des terrains sur lesquels s'étendaient les mines de charbon.

Ce privilège avait en effet ceci d'anormal qu'il ne pouvait s'exercer que de gré à gré des propriétaires du sol, préalablement indemnisés, de sorte que les mines ne pouvaient être exploitées par le privilégié qu'avec le consentement des propriétaires, et par ceux-ci qu'avec l'assentiment du privilégié.

On conçoit qu'une pareille situation devait créer de nombreuses contestations, et engendrer des procès sans cesse renaissants. Elle frappait de stérilité les gisements pour lesquels le privilégié et les propriétaires ne parvenaient pas à se mettre d'accord. Le Conseil d'État se décida à y mettre fin, pour l'avenir, par un arrêt du 16 mai 1698, qui abrogea implicitement celui du 16 juillet 1689, en rendant aux propriétaires du sol la liberté d'exploitation des mines, à laquelle il avait été précédemment porté atteinte.

Les mines du Boulonnais alors existantes n'en continuèrent pas moins à être exploitées en vertu des titres, contrats et arrangements antérieurs.

C'est ainsi que, le 29 novembre 1712, Philippe du Cavrel de Tagny, seigneur de Réty et d'Austruy, loua pour neuf ans ses exploitations à Jean

Bocquet, de Guines, à raison de 400 livres (395 francs) par an, et à charge d'acheter le stock extrait de 2.000 barils moyennant 4.187 livres.

Installation
dans le Boulonnais
de la famille
Desandrouin;
son rôle
dans l'exploitation
des mines
d'Hardinghen
et Réty.

Quelques années après, en 1720, arrivèrent dans le pays deux fils de Gédéon Desandrouin, seigneur d'Heppignies, de Lodelinsart et du Longbois, qui venait d'obtenir, par arrêt du Conseil d'État du 1ᵉʳ février de la même année, l'autorisation de construire une verrerie dans le Boulonnais.

C'étaient Jean-Antoine et François-Joseph, frères du grand Jacques Desandrouin, bien connu par le rôle prépondérant qu'il a joué dans la fondation de la compagnie d'Anzin.

Jean-Antoine mourut peu de temps après, le 18 novembre 1722.

François-Joseph, seigneur du Longbois, resté seul, acquit du duc d'Aumont, marquis de Villequier (fils du duc Louis-Marie-Victor, décédé en 1704), puis, après la mort du marquis de Villequier survenue en 1723, de son frère le duc d'Humières, la jouissance des mines d'Hardinghen, dont il continua l'exploitation.

Le 8 juin 1724, il conclut avec l'exploitant sur Réty un traité commercial réglant les conditions de vente des charbons, tant sur les lieux de production qu'en un dépôt situé à Guines.

Enfin, en 1730, il réunit à ses exploitations celles de Réty, en vertu d'un contrat conclu avec le sieur de Contes d'Esgranges, seigneur de Bucamps, héritier de Philippe du Cavrel de Tagny par sa femme, Henriette-Gertrude de Harchys, cousine germaine de ce dernier.

Il avait acquis ces divers privilèges moyennant une redevance une fois payée de 2.000 livres pour chaque fosse creusée.

François-Joseph Desandrouin mourut le 7 mai 1731. Il eut pour successeur son frère, Jean-Pierre Desandrouin-Desnoëlles.

A partir de ce moment, les mines de Réty et d'Hardinghen restèrent plus d'un siècle dans cette famille.

Elle ne fut pas seule cependant à exploiter le bassin du Boulonnais. Gaspard-Moïse de Fontanieu, seigneur et marquis de Fiennes, qui, en 1730, avait acquis la terre de Fiennes de la comtesse de Valençay, présenta, en effet, une requête au roi en 1735, et entreprit plusieurs fosses, en vertu de son droit de propriétaire du sol, sur le territoire de Fiennes, et même sur celui d'Hardinghen (fosses Leprince, de la Machine, du Réperchoir [ancienne], Gadebled, du Verger-Blondin [ancienne]), faisant ainsi concurrence à Jean-Pierre Desandrouin.

Les limites des territoires sur lesquels les deux rivaux entendaient exercer leurs droits étaient malheureusement mal définies. Aussi furent-elles l'objet d'ardentes contestations qui se terminèrent, après de longs débats, par une transaction en date du 15 mai 1739, laquelle fut homologuée par un arrêt du Conseil du roi du 26 mai suivant. Cet arrêt fixa une ligne de démarcation qui fut la route de Marquise à Hardinghen. A de Fontanieu échut le droit d'exploiter la région située au Nord de cette route, vers Fiennes, jusqu'aux confins du territoire de Réty. Desandrouin conserva la région Sud, comprenant toutes les fosses d'Hardinghen.

Litige et transaction entre Jean-Pierre Desandrouin et Gaspard-Moise de Fontanieu.

François-Joseph, et surtout Jean-Pierre Desandrouin, ouvrirent un grand nombre de fosses, parmi lesquelles nous citerons : 1° sur Hardinghen, fosses Pâture de la Folie, du Courtil-Gouin, Sorriaux, Saint-Bernard, Renaut, du Mont-Perdu, des Écarteries, de la Fourdinière, Célisse, La Routière, Saint-Lambert (ancienne), Claude-Doailles; 2° sur Réty, en y comprenant celles du baron de Contes d'Esgranges, les fosses du Mont-Cornet, Sart, Mathon, Hiart (ancienne) au bois des Roches, du Bois d'Aulnes n° 1, des Espierrots, Delattre, des Rochettes.

Travaux des mines d'Hardinghen et Réty.

Postérieurement à la transaction intervenue entre Jean-Pierre Desandrouin et Gaspard-Moïse de Fontanieu, fut rendu un arrêt du Conseil d'État du 6 juin 1741, portant permission au duc d'Aumont et d'Humières de continuer pendant trente ans l'exploitation des mines de charbon du Boulonnais et du comté d'Ardres, avec exception du village de Fiennes et de son territoire en faveur du sieur de Fontanieu, et des terres de Réty et d'Austruy en faveur du sieur de Bucamps, la faculté étant en outre réservée aux propriétaires du sol d'exploiter eux-mêmes « lorsqu'ils auraient quatre arpents de terre d'une même « contiguité à eux appartenant, et en ouvrant leurs fosses, tant eux, les sieurs « de Fontanieu et de Bucamps, à la distance de 200 perches (1.429 m. 20) de « celles qui seraient ouvertes ou travaillées par ledit sieur privilégié ou ses « représentants, et à la distance de 200 toises (389 mètres) de celles qui « seraient ouvertes par tout autre que ledit privilégié et ses représentants ».

Arrêt du Conseil du 6 juin 1741.

Cet arrêt n'innovait pas; il ne faisait que sanctionner de nouveau la transaction de 1739 entre Jean-Pierre Desandrouin, cessionnaire du duc d'Aumont, et le marquis de Fontanieu.

Comme, d'autre part, le baron de Contes d'Esgranges, seigneur de Bucamps, s'était associé à Jean-Pierre Desandrouin dès 1730, il ne restait effectivement en présence que deux grands groupes d'exploitations, appartenant à Desandrouin et à de Fontanieu, les propriétaires gardant toutefois le pouvoir d'extraire du charbon sur leurs terres, sous réserve des restrictions édictées par l'arrêt du Conseil d'État.

Réglementation générale de l'exploitation des mines en France. Arrêt du Conseil du 14 janvier 1744.

L'exploitation des mines en France fut réglementée peu de temps après, par un arrêt du Conseil du 14 janvier 1744, soumettant explicitement leur ouverture au régime de la permission préalable.

Jean-Pierre Desandrouin mourut sans postérité le 29 mai 1764. Il légua ses exploitations à son neveu le vicomte François-Joseph-Théodore, fils du célèbre Jacques, qui fut député aux États Généraux en 1789, et mourut à son tour célibataire le 21 juillet 1801.

Celui-ci fit creuser les fosses du Réperchoir ou du Privilégié, du Bois de Saulx n° 1, Saint-Ignace, du Privilège, Sainte-Marguerite n° 1, etc.

Arrêt du Conseil du 9 juin 1771.

Le 9 juin 1771, le Conseil d'État rendit un arrêté confirmatif du privilège précédemment accordé au duc d'Aumont et d'Humières, pour une nouvelle durée de trente ans, en faveur du duc Louis-Marie d'Aumont, son petit-neveu et héritier, et, après lui, de son fils, le duc de Villequier.

C'était toujours le maintien de l'état de choses existant, en raison des contrats qui avaient assuré à la famille Desandrouin la jouissance des privilèges autres que ceux des hoirs de Fontanieu.

En 1779, fut ouverte, sous ce régime, la fosse du Rocher.

Association Desandrouin-Cazin.

Deux ans après, par acte du 23 décembre 1781, François-Joseph-Théodore Desandrouin s'associa avec Cazin-Cléry d'Honincthun. Ce fut la période de l'ouverture de la fosse Petite-Société, sur Hardinghen, et ensuite des fosses Hénichart, du Vieux-Rocher, du Gouverneur, Lefebvre, Pâture-Grasse, du Rocher (nouvelle) et du Verger-Blondin.

Arrêts du Conseil des 14 mars et 31 juillet 1784.

Les 14 mars et 31 juillet 1784, des arrêts du Conseil d'État précisèrent les limites et conditions dans lesquelles il pouvait être fait usage du privilège confirmé en dernier lieu par l'arrêt de 1771, et définirent plus exactement les droits réservés aux propriétaires du sol. Ces arrêts furent rendus à propos de contestations survenues entre la société Desandrouin-Cazin, Pierre-Élisabeth de Fontanieu, fils de Gaspard-Moïse, et le sieur Desbarreaux, possesseurs : 1° dans le bassin du bois des Roches, la première des fosses Hénichart, le deuxième de celles de Noirbernes, le troisième de celles de la Tuilerie ; 2° dans le bassin principal d'Hardinghen, la première des fosses du Privilège et du Bois de Saulx n° 1, le deuxième des fosses du Riez-Marquin et Sans-Pareille, le troisième de celle du Riez-Broutta. C'est qu'alors certains propriétaires faisaient usage de leur droit d'exploiter sur leurs terrains ; nous citerons entre autres, outre Desbarreaux, la société de Sesseval, qui ouvrit les fosses Suzette et Hiart n° 1 du bois des Roches.

Après la dissolution de la société Desandrouin-Cazin, survenue le 23 juin 1793, François-Joseph-Théodore Desandrouin passa un nouveau contrat, le 29 juin suivant, avec les deux fils Cazin-Cléry : Pierre-Élisabeth et Joseph-Alexis-Félix-Martin. C'est dans ces conditions que fut sollicitée, sous le régime de la loi du 28 juillet 1791, par pétition du 3 complémentaire an VI (19 septembre 1798), la concession des mines de houille d'Hardinghen. Elle fut accordée le 11 nivôse an VIII (1er janvier 1800), et confirmée par un arrêté des consuls du 19 frimaire an IX (10 décembre 1800).

Institution de la concession d'Hardinghen.

Mais auparavant, en 1792 et 1793, le Gouvernement, poussé par la pénurie du combustible résultant de la suspension des importations de charbons étrangers en France, avait chargé le représentant du peuple Le Bon d'exploiter pour ses besoins les mines d'Hardinghen, en payant. Cette exploitation fut faite sous la conduite et la direction d'un nommé Delaplace, commissaire du Gouvernement ; elle servit à approvisionner les villes frontières. A cet effet, une souscription patriotique fut ouverte pour la recherche des mines de houille dans le district de Boulogne. Les fosses de l'An, Fédération, Patriote, Pré-Moyecque, Brunet, datent de cette époque. La fosse des Sans-Culottes a de même été creusée, sous la Terreur, dans le bois des Roches, par une société qui ne semble pas avoir possédé de titres réguliers d'exploitation, et était dirigée par un sieur Mathieu, ancien conducteur des travaux des ayants droit de la famille de Fontanieu.

Exploitation par l'État sous la Révolution.

A signaler aussi, dans les dernières années du XVIIIᵉ siècle, et les premières du XIXᵉ, l'ouverture ou la mise en activité des fosses Patrie, Concession, à Lions, Dhieux, Bellevue n° 3, du Bois des Roches nᵒˢ 1 et 2, Taverne, de l'avaleresse Dubus (reprise), des fosses Pâture à Roquet, Lamarre, Warnier, Propriété, Triquet, Playe, Pâture-Lefebvre, des Verreries (reprise), du Bois de Saulx n° 2, Pré-Vauchel, du Bois des Roches nᵒˢ 3 à 6, du Chemin, etc.

Un peu plus tard, la concession Desandrouin-Cazin devint perpétuelle, conformément à l'article 51 de la loi du 21 avril 1810. La fosse des Limites sur Réty, et celles du Bois d'Aulnes nᵒˢ 2 et 3 datent de cette époque.

Après le décès de François-Joseph-Théodore Desandrouin, ses intérêts dans les mines d'Hardinghen passèrent à Pierre-Benoit Desandrouin et à ses sœurs,

Constitution de la première société de Fiennes.

autres enfants de Jacques. Pierre-Benoît mourut en 1811. Son gendre, le
comte Hilarion de Liedekerque-Beaufort, racheta alors toutes les parts de la
famille Desandrouin qui n'avaient pas été dévolues à sa femme. Enfin, le fils
de ce dernier, Florent-Charles-Auguste, et sa fille, Mme de Cunchy, vendirent,
en 1838 et 1839, conjointement avec les héritiers Cazin d'Honincthun ou
leurs ayants droit, leurs propriétés minières aux sieurs Carpentier-Podevin,
Théophile Brongniart-Bailly et Hyacinthe-François Chartier-Lahure, créateurs
d'une société déjà formée sous le nom de société de Fiennes. Le prix fut d'environ 840.000 francs.

Dans cette dernière phase de l'ancienne histoire des mines d'Hardinghen,
on avait ouvert ou repris les fosses du Ruisseau, du Bois d'Aulnes n°s 4 à 12,
Saint-Louis, Saint-Joseph, Sainte-Marguerite n°s 2 et 3, du Bois des Roches
n° 4 (reprise), Deulin, Saint-Victor, du Grand-Courtil, Saint-Lambert, Saint-
Jean, Coquerel, Saint-Ignace (reprise), Saint-Étienne, Dhieux (reprise), Hiart
n° 2, de l'Eau-Courte, Blondin, Concession (reprise), John, Delattre (reprise),
Pâture-Dubois, Saint-Rémi, du Bois de Saulx n° 2 (reprise), Petite-Société
(reprise), du Nord, du Sud, Marquisienne et de Locquinghen.

Travaux
des mines de Fiennes,
jusqu'à
la constitution
de
la première société
de Fiennes.

Quant aux mines de Fiennes, appartenant à Gaspard-Moïse Fontanieu,
seul ou en société, elles furent exploitées pendant quarante ans environ,
après la transaction de 1739, sous la direction de François Brunet, receveur
général du marquisat de Fiennes.

C'est dans cette période que furent creusées les fosses Ségard, du Fort-
Rouge, La Hurie et Sans-Pareille.

Gaspard-Moïse de Fontanieu, mort en 1757, eut pour successeur son fils
Pierre-Élisabeth.

Celui-ci fit ouvrir, en 1782, la fosse du Riez-Marquin, et, en 1783, celles
de Noirbernes. Il mourut en 1784.

Ses héritiers, Antoine-Louis, marquis de Belsunce, et Michel Doublet,
marquis de Bandeville, cédèrent temporairement la jouissance de leurs mines
à Mme veuve François Brunet et à son fils, moyennant une redevance annuelle
de 20.000 francs.

François Brunet fils ouvrit alors la fosse Espoir n° 1, après l'arrêt de la fosse
Sans-Pareille; il en dirigea les travaux jusqu'en 1791, époque vers laquelle
fut encore exécutée la fosse de la Commune.

Le 1er juillet 1791, le marquis de Belsunce et les héritiers du marquis de
Bandeville vendirent leur terre de Fiennes et le droit d'en extraire le charbon

à Jean-Baptiste-André Gallini, chevalier toscan, qui prit comme directeur Mathieu, dont nous avons parlé plus haut. Il était stipulé que, sur la somme de 700.000 francs, montant de cette vente, 100.000 francs s'appliquaient aux mines de Fiennes.

Gallini résidait à Londres et ne s'occupait guère de son domaine du Boulonnais; son régisseur David laissa les affaires de son maître dans un désordre complet; les relations entre la France et l'Angleterre étant en outre très difficiles, il fallut nommer un curateur. Le 26 pluviôse an VIII, le juge de paix d'Hardinghen choisit pour cette fonction le notaire Leducq, de Marquise. Enfin, le 29 avril 1803, la terre de Fiennes fut vendue à Pierre-Paul Jurquet, par jugement du tribunal de Boulogne.

Gallini avait négligé de se prévaloir de la loi du 28 juillet 1791, de sorte que les mines de Fiennes cessèrent d'avoir une existence régulière. Elles continuèrent néanmoins à être exploitées par lui (fosse des Limites sur Fiennes), puis par Jurquet; mais leurs travaux ne tardèrent pas à décroître. En 1811, elles étaient complètement en chômage, et elles furent l'objet d'un procès-verbal officiel d'abandon en juin 1812.

Jurquet s'était, sur les entrefaites, laissé poursuivre pour non-paiement, et, par jugement du tribunal de Boulogne du 15 juin 1810, la terre de Fiennes fut adjugée à Pierre Ters, médecin à Paris, moyennant la somme de 560.000 francs.

Celui-ci présenta peu de temps après une demande en concession. Il attendait, disait-il, pour entreprendre de nouveaux travaux, le titre qui devait régulariser sa situation. Mais il mourut en juin 1825 sans l'avoir obtenu, et cela sans doute par sa faute, car, le 22 décembre 1813, l'ingénieur des Mines annonçait à son administration que, malgré ses instances, Ters ne lui avait pas renvoyé le cahier des charges qu'il avait soumis à son examen; en outre, les années suivantes, aucune redevance ne fut payée à l'État au sujet des mines de Fiennes.

Ters laissa pour unique héritière sa nièce Marie-Adélaïde Ters, qui avait épousé Charles-François Rottier, baron de Laborde.

Après le décès de son mari, la baronne de Laborde céda, par acte du 10 décembre 1837, ses droits éventuels à la concession sollicitée par son oncle aux sieurs Carpentier-Podevin, Brongniart-Bailly et Chartier-Lahure, fondateurs de la société de Fiennes, moyennant deux rentes de 1.500 francs et de 2.500 francs, la première payable pendant le temps où l'exploitation aurait

lieu dans une étendue de 38 hectares 71 ares 24 centiares alors demandée en extension par les propriétaires de la concession d'Hardinghen, l'autre pendant le temps d'exploitation de la future concession de Fiennes.

Institution de la concession de Fiennes.

Et c'est seulement par ordonnance royale du 29 décembre 1840, que fut instituée, en faveur de la baronne de Laborde, la concession de Fiennes, en vertu de l'article 53 de la loi du 21 avril 1810.

Réunion des concessions d'Hardinghen et de Fiennes.

De cette façon, les deux concessions d'Hardinghen et de Fiennes se trouvèrent réunies dans les mêmes mains et devinrent la propriété de la société de Fiennes. Auparavant les deux groupes, Hardinghen et Fiennes, avaient été continuellement en conflit, le premier réclamant une extension de la concession d'Hardinghen et s'opposant à l'institution de la concession de Fiennes; l'accord fut rétabli par leur fusion.

Institution de la concession de Ferques.

Enfin, la houille ayant été découverte en 1835 dans la commune de Ferques, une troisième concession, dite concession de Ferques, fut instituée par ordonnance royale du 27 janvier 1837 en faveur de MM. Frémicourt père et fils, Parizzot, Richardson et Davidson.

II. PÉRIODE MODERNE.

Concessions d'Hardinghen et de Fiennes réunies.

La société de Fiennes a vécu de 1838 à 1870. Dans cet intervalle, les concessions d'Hardinghen et de Fiennes ayant été réunies sous la même administration, leur histoire ne saurait être divisée. Nous les considérerons donc tout d'abord ensemble, sauf à les envisager ensuite séparément, pour la période postérieure à 1870.

Travaux de la première société de Fiennes.

Concessions d'Hardinghen et de Fiennes (1838-1870). — La société de Fiennes fut constituée le 10 décembre 1837, au capital de 1.800.000 francs, divisé en 600 actions de 3.000 francs.

En 1838, il n'existait aucune fosse en activité sur Fiennes. Dans Hardinghen, il n'y en avait que trois : celles du Nord, du Sud et de Locquinghen; on n'y exploitait que quelques lambeaux de veines à de faibles profondeurs; celles du Nord et de Locquinghen devaient être prochainement abandonnées.

De plus, la fosse Marquisienne était en préparation.

On entreprit, cette même année, dans la concession de Fiennes, quatre nouvelles fosses : Vieille-Garde, Sainte-Barbe, Boulonnaise et Espoir n° 2, celle-ci voisine de l'ancienne fosse Espoir n° 1.

Boulonnaise et Espoir n° 2 atteignirent seules le terrain houiller.

Leur mise en exploitation, particulièrement celle de la fosse Espoir n° 2, où l'on monta de suite, pour l'épuisement et l'extraction, une machine de 35 chevaux, permit de porter rapidement la production annuelle du groupe Hardinghen-Fiennes de 50.000 à 200.000 hectolitres, et il n'y eut aucune difficulté pour la vendre, un permis administratif ayant été accordé pour cet objet à Mme de Laborde, avant l'institution de la concession de Fiennes.

En 1840, les fosses Marquisienne, de Locquinghen et Boulonnaise, furent abandonnées. D'autre part, le champ d'exploitation de la fosse du Nord fut réservé exclusivement à celle du Sud.

En 1841, on exécuta sans succès la fosse Bouchet.

En 1845, on exploitait cinq veines par les fosses Espoir n° 2 et du Sud, avec retour d'air par la Boulonnaise, et l'on en tirait 600 à 700 hectolitres de charbon par jour. Les travaux étaient alors limités, du côté de l'Ouest, par le calcaire carbonifère, et par suite peu étendus. Mais le prolongement du bassin vers le Couchant ayant été découvert en juin 1847 au delà de la faille de Locquinghen, on résolut d'ouvrir une nouvelle fosse dans cette direction.

Ce fut la fosse Renaissance n° 1. Commencée le 15 novembre 1847, elle atteignit le terrain houiller sous 111 mètres de terrains supérieurs, dont 92 m. 50 de calcaire carbonifère.

Un peu plus tard, en 1850, on entreprit, au Sud de la Renaissance n° 1, une autre fosse que l'on appela fosse du Souich. Le puits traversa 52 mètres de terrains supérieurs, dont 34 mètres de calcaire, avant d'entrer dans le terrain houiller. Ayant rencontré celui-ci au sommet d'une selle, il n'y trouva que des couches amincies par places, brisées et très irrégulières.

Pour corriger l'effet de ce mécompte et se procurer du charbon en quantité suffisante, on creusa en toute hâte les fosses de la Verrerie (1852), dans l'ancien bassin.

D'autre part, la fosse Renaissance n° 1, après avoir subi des fortunes diverses, avait été remise en exploitation, lorsque, en janvier 1852, elle fut envahie par une venue d'eau ayant son origine dans le toit de la veine à Cuerelles.

On l'abandonna pour ce motif, l'exploitation restant concentrée à la fosse Espoir n° 2, aidée pendant quelque temps par les fosses du Souich et de la Verrerie.

Puis, l'on commença en 1853, au Nord de la Renaissance n° 1, une fosse dite fosse Providence. Le creusement du puits fut laborieux, à cause de la

13.

dureté des terrains et de l'abondance des eaux. Toutefois, après avoir traversé
163 mètres de calcaire, il entra dans le terrain houiller, en juillet 1858, au
niveau de 177 mètres.

En 1860, la fosse Providence atteignait la profondeur de 270 mètres; elle
avait traversé plusieurs couches de houille, dont deux furent immédiatement
mises en exploitation. L'extraction annuelle du groupe d'Hardinghen et de
Fiennes, qui avait été considérablement réduite en 1858, par suite de l'inondation de la fosse Espoir n° 2, et malgré l'ouverture précipitée des petites fosses
Hibon et Jasset, à l'Est de la faille de Locquinghen, put ainsi remonter bientôt
au-dessus de 200.000 hectolitres.

En outre, les travaux furent repris à la Renaissance n° 1 en 1862, et l'on
ouvrit, au commencement de la même année, la fosse n° 1 des Plaines.

Malheureusement, au mois de novembre 1864, ce fut au tour de la fosse
Providence de subir l'invasion des eaux. Un décollement se produisit entre le
calcaire et le terrain houiller, et il se déclara une venue d'eau de 3.500 mètres
cubes par 24 heures, dont l'épuisement réclamait l'installation d'une puissante
machine.

Cet accident rendit très critique la situation de la compagnie. De 1842
à 1858, elle avait fait quelques bénéfices, et elle avait pu distribuer
628.000 francs de dividendes dans cet intervalle; mais son compte de premier
établissement n'avait cessé de s'accroître; à la fin de 1864, son capital était
entièrement immobilisé; elle était endettée de près de 400.000 francs, et
avait perdu tout crédit. Elle suspendit de nouveau, à cette époque, les travaux
de la Renaissance.

Une consultation fut demandée à Callon, de Bracquemont et Cabany.
Dans leur rapport du 28 mars 1865, ces ingénieurs conclurent à la reprise de
l'exploitation, après établissement d'une puissante machine d'épuisement au
puits de la Providence; les dépenses étaient évaluées à 754.000 francs, et le
temps nécessaire à l'exécution des travaux à trois ans.

Pour continuer l'extraction pendant ce temps, on reprit, en 1865, la fosse
Renaissance, où l'on avait installé en 1862 une machine d'épuisement de
200 chevaux, et, la fosse des Plaines n° 1 ayant été inondée en 1864, on
ouvrit immédiatement la fosse des Plaines n° 2, où l'on établit une machine
d'épuisement de 80 chevaux.

D'autre part, on fit, à la fin de 1865, une nouvelle tentative d'exploitation
à la fosse du Souich, et on creusa la fosse du Bois-Lannoy.

Ces artifices permirent d'obtenir une production encore appréciable, mais très variable, et incomparablement plus faible que celles des années antérieures à 1864.

Mais l'installation d'une machine d'exhaure de 700 chevaux à la fosse Providence devait, selon les espérances que l'on avait conçues, rétablir les affaires de la société. En avril 1869, on pouvait déjà extraire de cette fosse 500 hectolitres de charbon par jour. La production alla ensuite en augmentant; elle atteignit 1.000 hectolitres en août, et 2.000 en décembre.

C'est alors que la rupture d'un retour d'eau à la machine d'épuisement entraîna une inondation nouvelle, et par conséquent une suspension des travaux qui devait durer au moins six mois.

La société était incapable de supporter cette nouvelle épreuve. La remise en état de la fosse Providence, qui avait été évaluée à 754.000 francs, avait, en réalité, coûté 2.000.000 francs. Il avait fallu faire les plus grands efforts pour se procurer cette somme à des conditions extrèmement onéreuses. On était à bout de forces; les dettes s'élevaient à environ 3.000.000 francs; il aurait encore fallu emprunter 500.000 francs; après de vaines tentatives, une assemblée générale du 30 mai 1870 décida la liquidation de la société.

Concession d'Hardinghen (1870-1904). — Mise en adjudication devant le tribunal de Boulogne le 24 juin 1870, la concession d'Hardinghen fut vendue 121.000 francs au sieur Broquet-Daliphard; mais une surenchère ayant été mise par MM. Bellart et fils, banquiers à Calais, et d'autres créanciers de la société de Fiennes, elle fut définitivement adjugée, le 22 juillet suivant, à un syndicat d'anciens actionnaires de cette société, moyennant le prix de 550.000 francs.

Concession d'Hardinghen, séparée de celle de Fiennes.

Ce syndicat forma, le 5 décembre 1871, une société anonyme qui prit la dénomination de compagnie des charbonnages de Réty, Ferques et Hardinghen. Son capital, qui était originairement de 1.200.000 francs, fut porté, en septembre 1874, à 2.000.000 francs, correspondant à 4.000 actions de 500 fr.

On fit, en outre, à partir de la fin de 1876, l'émission de 2.000.000 francs environ d'obligations.

Constitution de la compagnie de Réty, Ferques et Hardinghen. Travaux de cette société.

En 1871-1872, la machine d'épuisement de la fosse Providence fut réparée, le puits remis en état, approfondi à 317 mètres, et pourvu d'une machine d'extraction de la force de 250 chevaux.

A la Renaissance, on monta une nouvelle pompe de 250 chevaux.

Un chemin de fer fut construit pour relier ces fosses à la gare de Caffiers.

L'extraction se développa ainsi progressivement; elle atteignit en 1876 94.000 tonnes, et, en 1880, 95.000 tonnes. Cette même année, on découvrit la faille d'Élinghen, au delà de laquelle on retrouva le prolongement du bassin d'Hardinghen, renfermant de grandes ressources en houille.

Mais les pertes étaient considérables, en raison des charges financières et de l'élévation du prix de revient, grevé de frais d'épuisement très lourds, au moins 3 francs par tonne de charbon extrait.

Aussi, les ressources créées en 1876 furent-elles insuffisantes. On décida de porter le capital de 2.000.000 francs à 5.000.000 francs, et le nombre des actions de 4.000 à 10.000 (assemblée générale du 5 mai 1881); mais cette combinaison échoua.

En même temps, la production retombait, après 1880, aux environs de 60.000 tonnes, quoi que l'on fit pour l'augmenter; les déficits ne cessaient de s'accroître; on n'avait plus comme moyens de trésorerie, très précaires, que les avances faites par les banquiers. Enfin l'inondation des travaux était toujours imminente; en 1881 et 1882, plusieurs invasions d'eau se produisirent à la Providence et à la Renaissance, et l'on se décida à installer une nouvelle pompe d'épuisement de 500 chevaux à cette dernière fosse, dont les tailles s'étaient trop approchées, vers l'Est, des anciens travaux de l'Espoir n° 2 [1]; elle commença à fonctionner à la fin de 1882.

Pour comble de malheur, le sondage des Moines, entrepris pour explorer la partie centrale de la concession d'Hardinghen, ne donna aucun résultat.

Une pareille situation ne pouvait manquer d'aboutir à une catastrophe. En 1885, la dette flottante s'élevait à plus de 4.600.000 francs; la compagnie dut entrer en liquidation.

Le 16 décembre 1885, la concession d'Hardinghen était vendue 320.100 francs à M. Louis Bellart père, banquier à Calais, ancien président du Conseil d'administration de la compagnie de Réty, Ferques et Hardinghen. Mais, le 2 février 1886, M. Bellart père était obligé de suspendre ses paiements. La mine fut alors abandonnée.

Achat de la concession d'Hardinghen par M. L. Breton. Ses travaux. Elle fut rachetée, le 22 août 1888, par M. Ludovic Breton, ingénieur civil des Mines, à Calais, pour le prix de 17.100 francs, y compris le chemin de fer aboutissant en gare de Caffiers, mais non les maisons ouvrières. Il y ouvrit

[1] MONCKAU. — Rapport à l'assemblée générale du 8 mai 1883.

une fosse d'extraction (Glaneuse n° 1), et y exécuta quelques autres travaux (fosses Glaneuse n° 2 et de la rue des Maréchaux). La fosse Glaneuse n° 1 fut mise en chômage le 1er novembre 1901, après avoir fourni 23.000 tonnes de charbon.

Concession de Fiennes (1870-1904). — La concession de Fiennes, appartenant à l'ancienne société de Fiennes, mise en liquidation en 1870, ne fut vendue par adjudication publique que le 23 février 1875. Elle fut acquise, moyennant le prix de 100.000 francs environ, par un groupe qui se constitua définitivement sous le nom de société civile des houillères de Fiennes (Pas-de-Calais), par acte du 24 octobre suivant.

Transformée le 24 juillet 1877 en société anonyme, cette compagnie fut mise au capital de 1.525.000 francs, divisé en 3.050 actions de 500 francs.

La concession de Fiennes était effectivement en chômage depuis l'année 1849, époque à partir de laquelle la fosse Espoir n° 2 n'avait plus extrait de charbon que de la concession d'Hardinghen. La nouvelle société n'y exécuta aucun travail d'exploitation; mais elle entreprit, de 1875 à 1877, trois sondages dans sa concession. De plus, elle commença, à l'Ouest de la concession de Ferques, au delà de la route de Boulogne à Calais, un autre sondage, appelé sondage de Witerthun, qui fut alors abandonné à la profondeur de 599 m. 70 dans le calcaire carbonifère, et qui fut continué, en 1900, par une autre société, dite société de recherches du Bas-Boulonnais.

En 1878, la société des houillères de Fiennes avait épuisé toutes ses ressources. Elle dut entrer en liquidation, et fut dissoute le 22 avril 1879; la concession fut vendue à M. Ch. Lalou, ainsi que le sondage de Witerthun, pour 53.000 francs, par acte passé devant M. Bauduin, notaire à Paris, le 12 août suivant. Depuis cette époque, elle est restée en chômage.

Concession de Ferques. — Les propriétaires de la concession de Ferques, instituée par ordonnance royale du 27 janvier 1837, constituèrent, par acte des 17 mars et 19 avril suivants, une société en commandite par actions, au capital de 2.400.000 francs, divisé en 480 actions de 5.000 francs.

Cette société poursuivit dans la petite bande houillère de Ferques, à peu près à égale distance des clochers de Ferques et de Leulinghen, le creusement d'un puits (Frémicourt n° 1), qui avait été commencé par ses fondateurs, les sieurs Frémicourt et consorts. Les travaux de ce puits ayant échoué, et d'autres recherches exécutées à l'Est et à l'Ouest de la fosse n'ayant pas donné de résultats encourageants, la société, qui avait d'autre part éprouvé des échecs à des puits situés à Caffiers et à Landrethun, fut amenée à se dissoudre, bien qu'elle n'eût pas épuisé son capital. Elle entra en liquidation le 5 septembre 1842, et, le 22 octobre 1843, ses liquidateurs adressèrent au préfet du Pas-de-Calais une déclaration de renonciation à la concession.

Un peu plus tard, au commencement de 1845, un sieur Bonvoisin, propriétaire à Leulinghen, découvrit de la houille en labourant son champ ; il fit ensuite quelques fouilles heureuses dans la même région. De son côté, la première société de Fiennes vint entreprendre, non loin de la propriété Bonvoisin, des recherches qui lui firent reconnaître l'existence du terrain houiller et de la houille le 7 septembre 1845.

A la suite de sa découverte, Bonvoisin présenta, le 30 août 1845, une demande en concession, et constitua, le 17 septembre suivant, une société dite des mines de Leulinghen.

De son côté, la société de Fiennes sollicita, à la date du 15 septembre 1845, une extension de sa concession d'Hardinghen vers Leulinghen.

Mais la renonciation de la société de Ferques n'ayant pas encore été acceptée, cette société s'empressa de la retirer par lettre du 29 septembre 1845, et elle fut maintenue dans la propriété de la concession de Ferques par décision ministérielle du 26 juin 1847. Les demandes ci-dessus restèrent ainsi sans effet, malgré les protestations de leurs auteurs.

Après cette décision, la mine de Ferques fut vendue à une nouvelle société qui se constitua, en 1847, au capital de 3.600.000 francs, divisé en 7.200 actions de 500 francs, pour entreprendre des travaux dans la région récemment explorée.

En 1848, elle ouvrit le puits de Leulinghen, qui servit à exploiter, par une succession de travers-bancs horizontaux et de bures verticaux, un petit gisement houiller compris entre le calcaire carbonifère du Nord et la faille de Ferques ; ces travaux ne découvrirent que du terrain houiller broyé, renfermant des amas irréguliers de houille.

Cette société entreprit aussi le sondage de Guines, qui atteignit le Dévonien supérieur (Schistes et grès de Fiennes), et celui d'Hallines, non loin de Saint-Omer, qui fut arrêté dans les schistes de Beaulieu (Frasnien).

Aucune de ces tentatives n'ayant réussi, la deuxième société de Ferques suspendit ses travaux en 1852 ; elle entra en liquidation en 1866.

Ayant été vainement mise en demeure de les reprendre, elle fut déclarée déchue de sa concession par arrêté du ministre des Travaux publics du 21 janvier 1874. La mine, mise en vente publique, fut adjugée le 9 janvier 1875, moyennant le prix de 200.000 francs, à MM. Constantin Descat, propriétaire à Roubaix, et Charles Deblon, propriétaire à Lille.

Les nouveaux acquéreurs exécutèrent à Blecquenecques et à Hidrequent deux sondages qui démontrèrent l'existence d'un gisement houiller très intéressant. Ils sollicitèrent une extension de leur concession vers le Sud qui, ayant été l'objet d'une demande en concurrence de la compagnie de Réty, Ferques et Hardinghen, leur fut refusée par un décret du 15 avril 1886.

Syndicat Descat-Deblon. Recherches exécutées par lui.

Puis, quand il s'agit de constituer une société d'exploitation, ils furent impuissants.

Déchus à leur tour par arrêté ministériel du 23 juillet 1894, ils virent leur concession adjugée le 23 mars 1895 à la société de Calais-Boulogne, pour la somme de 2.055 francs. L'adjudication fut approuvée par décision ministérielle du 20 avril suivant. La société de Calais-Boulogne, en liquidation, vendit enfin la concession de Ferques à M. A. Tellier, propriétaire à Louvroil, par acte du 16 février 1898, pour le prix de 200.000 francs.

M. A. Tellier constitua, à la date du 21 septembre 1898, une société anonyme, dite des mines de houille de Ferques, au capital de 3.000.000 de francs, divisé en 6.000 actions de 500 francs. Cette société a entrepris, vers la limite Sud de la concession, entre les méridiens des sondages de Blecquenecques et d'Hidrequent, deux puits qui ont atteint le calcaire carbonifère, et dont on a renoncé à poursuivre le fonçage à niveau vide, à cause de l'affluence des eaux. On est en train actuellement de continuer le creusement de l'un d'eux, à niveau plein, par le procédé Kind-Chaudron.

Constitution de la troisième société de Ferques. Ouverture de deux puits.

Travaux en dehors des concessions. — En dehors des travaux entrepris par les sociétés propriétaires des concessions d'Hardinghen, de Fiennes et de Ferques, il a été exécuté un grand nombre de recherches ayant eu pour but, les unes de découvrir des extensions locales du bassin du Boulonnais, d'autres de relier ce bassin à celui du Pas-de-Calais, d'autres enfin de le raccorder avec les bassins anglais.

Exploration de la région comprise entre le bassin du Pas-de-Calais et la mer.

De nombreux sondages ont été ouverts pour ce triple objet. Nous ferons connaître ultérieurement leurs résultats, dans la mesure où nous avons pu nous les procurer. Ils remontent à des dates très variées, mais un grand nombre d'entre eux correspondent à quelques époques où une véritable fièvre de recherches de mines s'est manifestée, pour divers motifs, dans le Nord de la France.

Principales
campagnes
de recherches.

Nous citerons d'abord la période d'engouement de 1834 à 1840, due surtout au succès inouï alors obtenu dans le département du Nord par la compagnie des mines de Douchy. On vit naître, pendant cette période, la première société de Fiennes et la première société de Ferques. C'est à ce moment aussi que la compagnie de Douchy entreprit le sondage de Boursin n° 1, que l'on exécuta des sondages à Audinghen, à Lumbres (n° 1) et à Licques, et que l'on fit, pour la première fois, de nouvelles recherches à Fouquexolle.

La hausse du prix des houilles et l'augmentation considérable des bénéfices des charbonnages en 1854 eurent pour conséquence une nouvelle poussée de recherches qui dura plusieurs années. Il en résulta la création de nombreuses sociétés d'exploration, telles que celles du Couchant de Lumbres (sondage de Bouvelinghem), d'Aire (sondages de Nielles-lès-Bléquin [ancien], Beaumetz-lès-Aire, Aire n° 1, Blessy, Clarques, Herbelle, Hesdin-l'Abbé, Inghem, Steenbecque, Vaudringhem), de Sainte-Isbergues (sondages de Rebecq, Aire n° 2, Molinghem, Morbecque), de Setques (sondages de Setques, de Liauwette), d'Arques (sondages d'Arques), de Racquinghem (sondages d'Ebblinghem, du Pont-Asquin), Crespel-Dellisse et Cie (sondages de Delette S.-E., de Nielles-lès-Thérouanne, de Bomy), le syndicat d'Hérambault, Pollet, de Saint-Paul et Cie (sondages de Delette nos 1 à 3, de Wizernes, de Dohem, de Wismes), Podevin et Cie (sondages de Rebergues, de Surques n° 1, d'Escœuilles n° 1), la compagnie de la Lys (sondage de Coyecque n° 2), Dellisse-Engrand et Cie (sondages de Longuenesse, de Saint-Martin-au-Laert).

La crise houillère de 1873 fut la cause d'une troisième campagne de recherches, aussi ardente que la précédente. Les sociétés l'Espoir et la Confiance (Défernez et fils) exécutèrent alors des sondages à Lumbres (n° 2) et à Nielles-lès-Bléquin, tandis que celle d'Alembon en ouvrait à Alembon et à Sanghen, et celle de Montataire à Surques, Quesques et Escœuilles. De son côté, la société de recherches du prolongement du bassin houiller du Pas-de-Calais (Hermary et Daubresse) explorait par sondages la région de Quesques, Fouquexolle, Licques (Le Breuil) et Cauchy.

Il faut rattacher à cette même période la constitution de la deuxième société de Fiennes, qui exécuta trois sondages à Fiennes et commença celui de Witerthun, ainsi que celle du syndicat Descat-Deblon, auquel on doit les sondages de Blecquenecques et d'Hidrequent.

Enfin, la découverte du terrain houiller à Douvres, en 1891, a réveillé de nouveau la passion des recherches. De nombreux sondages ont été distribués le long du littoral du détroit du Pas-de-Calais, depuis Boulogne jusqu'à la frontière belge, et dans l'intérieur des terres, jusque vers Guines, Ardres et Watten. Nous avons déjà parlé de ces sondages, et nous y reviendrons encore. Pour le moment, nous rappellerons seulement que la plupart d'entre eux ont été exécutés par les sociétés de Calais-Boulogne (Coquelles), de Calais-Dunkerque (Gravelines, Bray-Dunes), de la Colme (Hervelinghen, Saint-Pierre-Brouck n° 2, Sangatte, Strouanne, Wissant), de l'Yser (Escalles n° 2, Pas-de-Gay, Peuplingue), de Dunkerque-Cassel (l'Anglaise, Noord-peene, Petite-Synthe, Pihen, Tardinghen), de l'Aà (Audruicq, Bourbourg-Campagne, Craywick, Escalles n° 1, Folle-Emprise, Marck, Offekerque, Pont-d'Oye, Saint-Omer-Capelle, Saint-Pierre-Brouck n° 1, Vieille-Église), des Flandres (Bonningues-lès-Calais, le Colombier, Guemps), du Cap Gris-Nez (Framzelle).

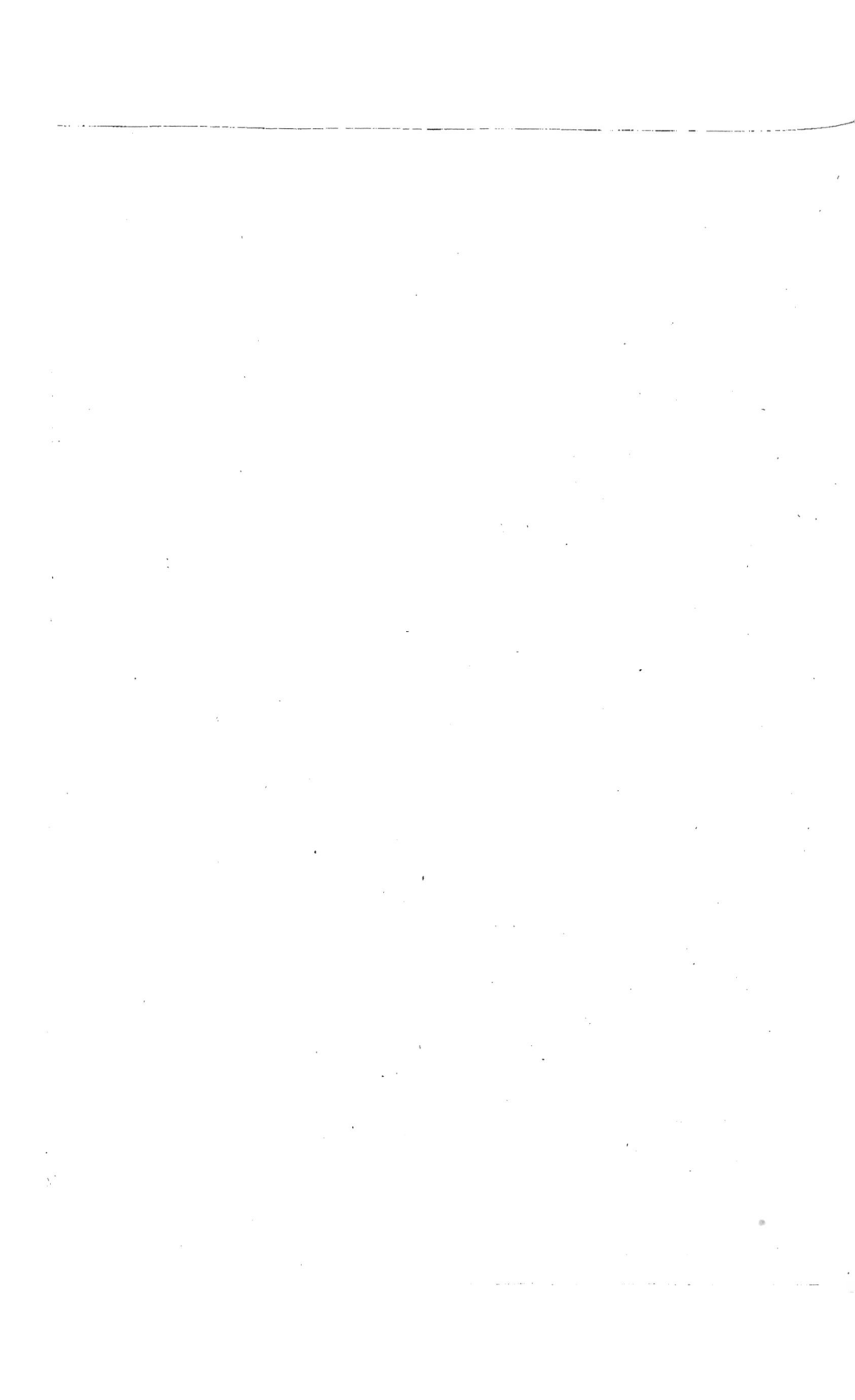

CHAPITRE VI.

LIMITES DES CONCESSIONS.

Les concessions de mines de houille du Boulonnais sont au nombre de trois seulement : Hardinghen, Ferques et Fiennes.

Leurs limites, définies par leurs actes constitutifs, sont indiquées ci-après, et représentées fig. 20.

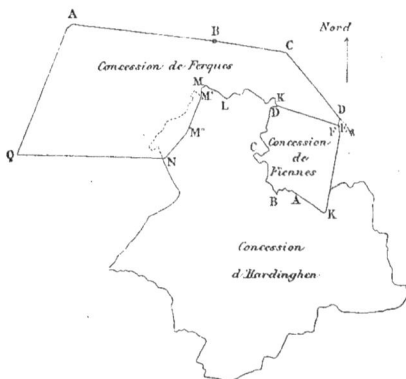

Fig. 20. — Limites des concessions d'Hardinghen, de Ferques et de Fiennes.

(Échelle : 1/120.000°.)

Hardinghen. — Arrêté de l'administration centrale du département du Pas-de-Calais, du 11 nivôse an VIII, confirmé par arrêté des consuls du 19 frimaire an IX (10 décembre 1800).

« Étendue des communes d'Hardinghen, Réty et Élinghen, section de la « commune de Ferques ».

Cette concession a été accordée aux sieurs Cazin et société, en exécution des articles 8 et 9 de la loi du 28 juillet 1791, pour une durée de 50 années à partir du 11 messidor an IX; elle est ensuite devenue perpétuelle, en vertu de l'article 51 de la loi du 21 avril 1810.

D'après un plan dressé le 10 juillet 1811 par le géomètre Hache, de Guines, et fourni par les sieurs Cazin et société, conformément à l'article 3 de l'arrêté des consuls, la superficie de cette concession ne serait que de 2.824 hectares, dont 1.643 sur Réty, 759 sur Hardinghen et 422 sur Elinghen. Mais, selon des renseignements fournis par la direction des Contributions directes du Pas-de-Calais, cette superficie atteindrait, en réalité, 3.067 hectares, dont 1.783 sur Réty, 804 sur Hardinghen et 480 sur Élinghen. Toutefois, l'impôt de la redevance fixe des mines n'est perçu que sur une superficie de 3.000 hectares.

Concession
de
Ferques.

Ferques. — Ordonnance royale du 27 janvier 1837.

Polygone ABCDEKLMNQ, délimité de la manière suivante :

« Au Nord, par une ligne droite ABC, partant du moulin de Leubringhen A, « menée depuis la route nationale de Boulogne à Calais sur l'église de Lan- « drethun-le-Nord B, et de cette église au lieu dit le Ventu de Caffiers C;

« Au N.-E., par une ligne droite CD, partant du lieu dit le Ventu « de Caffiers C, et se dirigeant sur le moulin du sieur Lemaitre, territoire de « Fiennes, mais s'arrêtant en D à la grande route départementale de Marquise « à Guines, puis continuant le long de cette route jusqu'à son intersection » en E avec une ligne droite partant du moulin du sieur Lemaitre, et se diri- » geant au point de concours K des territoires de Fiennes, Caffiers et « Élinghen;

« Au Sud, à partir du point E, par cette même ligne droite jusqu'au point K « où elle se termine; du point K par une série de lignes brisées KLMN, sépa- « ration des territoires d'Élinghen d'avec ceux de Caffiers, Landrethun et « Ferques, jusqu'à l'angle S.-E. de la maison N du sieur Lacaille; du point N, « S.-E. de ladite maison, par une ligne droite aboutissant au point Q, inter- « section du chemin du Mont-de-Cap et de la route nationale de Boulogne à « Calais;

« Au N.-O., par la partie de cette route qui est comprise entre le point Q, » et le moulin de Leubringhen A, point de départ ».

Cette concession, d'une étendue superficielle de 1.795 hectares, s'étendant sur les communes de Leubringhen, Marquise, Rinxent, Ferques, Landrethun-de-Nord, Caffiers et Fiennes, a été accordée à MM. Alexandre-Désiré-Joseph

Frémicourt, Charles-Louis-Marie Parizzot, Alexandre Richardson, Robert Davidson et Alexandre-André-Joseph Frémicourt fils.

Fiennes. — Ordonnance royale du 29 décembre 1840.

Concession de Fiennes.

Polygone DFKABC, délimité de la manière suivante :

« Au Nord, par une ligne droite dirigée du point D, rencontre des territoires
« de Fiennes, Caffiers et Ferques, sur le moulin Lemaitre, mais en l'arrêtant
« au point F, où elle coupe la route départementale de Marquise à Guines;

« A l'Est, par la portion de cette route comprise entre ledit point F et le
« point K, où cette route se contourne vers le Sud;

« Au Sud, par la portion de la même route située entre ledit point K et la
« barrière du bois de Fiennes, au point A; puis, à partir de ce dernier point,
« par la limite séparative des territoires d'Hardinghen et de Fiennes jusqu'à
« la rencontre du territoire de Réty au point B, et, à partir du point B, par la
« limite séparative des territoires de Fiennes et de Réty, jusqu'à la rencontre
« de Ferques, au point C;

« A l'Ouest, par la limite séparative des territoires de Ferques et de Fiennes,
« à partir du point C, jusqu'à la rencontre du territoire de Caffiers, au
« point D ».

Cette concession, d'une étendue superficielle de 431 hectares, a été accordée à la baronne Marie-Adélaïde Ters, veuve de François Rottier, baron de Laborde. Elle s'étend exclusivement sur la commune de Fiennes.

Litige au sujet de la partie commune des limites des concessions d'Hardinghen et de Ferques.

La partie de la limite commune aux concessions d'Hardinghen et de Ferques constituée par la ligne séparative des sections d'Élinghen et de Ferques, de la commune de Ferques, a été, en 1880, l'objet d'une contestation entre la compagnie de Réty, Ferques et Hardinghen, et le syndicat Descat-Deblon, alors propriétaire de la concession de Ferques. Le bornage de cette ligne avait été effectué par du Souich le 30 mai 1837, à partir du point M, suivant le contour MM'M"N, indiqué en traits pleins à la fig. 20, d'après le plan annexé à l'ordonnance du 27 janvier précédent, institutive de la concession de Ferques. Ce plan était lui-même conforme au plan originel de la concession d'Hardinghen, dressé le 10 juillet 1811 par le sieur Hache, arpenteur-juré à Guines, et visé par l'ingénieur des Mines Frambourg-Garnier. En même temps, la limite de la section d'Élinghen avait été marquée sur le terrain, au moyen de bornes, telle que, d'après du Souich, elle se comportait le 19 frimaire an IX. Mais la compagnie de Réty, Ferques et Hardinghen prétendit, malgré les protestations du syndicat Descat-Deblon, qu'il convenait de substituer à cette limite MM'M''N celle de la section B de la commune de Ferques, dite d'Élinghen, passant, entre les points M' et N, par les chemins de Rinxent à l'église de Ferques, et de l'église de Ferques à Landrethun (voir le trait pointillé de la fig. 20), ainsi qu'elle figure au plan cadastral établi conformément à des procès-verbaux de division des territoires de Ferques et Élinghen en sections, en date des 27 septembre 1831 et 15 septembre 1833. La concession d'Hardinghen se serait ainsi trouvée agrandie, et celle de Ferques diminuée.

Ce différend est resté quelque temps en suspens; mais il a été ultérieurement résolu par une lettre de M. L. Breton, propriétaire actuel de la concession d'Hardinghen, en date du 11 juin 1898. Dans un but de conciliation, M. L. Breton a formellement accepté le tracé indiqué et borné par du Souich. Nous l'avons dès lors adopté nous-même, aux planches I à III, pour la représentation de la limite séparative des concessions d'Hardinghen et de Ferques.

Étendue
du terrain houiller
exploitable.

Si restreints que soient les territoires concédés dans le Boulonnais, il convient encore de les réduire beaucoup pour calculer l'étendue superficielle du terrain houiller exploitable. Il y a lieu d'abord d'éliminer la partie des trois concessions située au Nord de la faille de Ferques, à l'exception de l'étroite bande de Ferques-Leulinghen. On fait ainsi perdre à la concession de Ferques 1.350 hectares environ, à celle de Fiennes 380 hectares, et à celle d'Hardinghen 500 hectares; en tout : 2.230 hectares. D'autre part, dans la concession d'Hardinghen, on doit retrancher toute la surface située au Midi d'une ligne E. S.-E. — O. N.-O. menée un peu au Sud des fosses Hénichart et au Nord du sondage des Moines; c'est une nouvelle perte d'environ 1.400 hectares. Enfin, dans la même concession, il faut encore enlever, au Midi de la faille de Ferques, et au Nord de la ligne ci-dessus, 300 hectares environ situés à l'Est du méridien d'Hardinghen. Il ne reste plus ainsi que 1.300 à 1.400 hectares de terrain houiller utilement concédé. Cette étendue, relativement faible, pourra être augmentée ultérieurement par l'attribution d'une bande de terrain houiller qui s'étend vraisemblablement au Sud de la concession de Ferques, et peut-être aussi du prolongement du bassin d'Hardinghen, s'il existe, à l'Ouest de cette concession, vers les sondages du Bail et de Witerthun. Enfin, il n'est pas impossible que le bassin du sondage n° 3 de Fiennes vienne un jour apporter un contingent supplémentaire aux ressources houillères de la région.

CHAPITRE VII.

PRODUCTION.

Quantité
de houille extraite
des territoires
concédés.

La concession de Ferques peut être considérée comme n'ayant jamais été en exploitation proprement dite. L'extraction qui y a été opérée dans la petite bande de Ferques-Leulinghen, au Nord de la faille de Ferques, a toujours été très faible, et on peut la négliger.

La concession de Fiennes a été très anciennement exploitée; mais, après la constitution de la première société de Fiennes, en décembre 1837, on l'a regardée comme ne faisant plus qu'un avec celle d'Hardinghen. Les travaux de sa fosse la plus importante, Espoir n° 2, se sont étendus à la fois sur l'une et sur l'autre, et il devient impossible, dans ces conditions, de discerner la part qui revenait à chacune d'elles. Après la mise en liquidation de la première société de Fiennes, la concession de Fiennes n'a plus été exploitée.

Production
depuis 1834.

Dans ces conditions, nous nous bornerons à faire connaître, dans le tableau ci-après, la production globale du bassin du Boulonnais pour chacune des années écoulées depuis 1834. Il doit être entendu que la plus grande partie de cette production a été fournie par Hardinghen, que Fiennes n'y a contribué que dans une faible mesure, car, à partir de 1849, la fosse Espoir n° 2 a cessé d'en extraire du charbon, cette concession restant alors inexploitée, et que Ferques n'y a apporté qu'un appoint négligeable.

ANNÉES.	PRODUCTION.	ANNÉES.	PRODUCTION.	ANNÉES.	PRODUCTION.
	tonnes.		tonnes.		tonnes.
1834.........	4.461	Report.....	112.739	Report.....	288.543
1835.........	4.205	1845.........	20.723	1855.........	15.687
1836.........	5.524	1846.........	19.691	1856...	16.677
1837.........	4.505	1847.........	20.403	1857.........	14.904
1838.........	5.241	1848.........	16.622	1858.........	6.600
1839.........	8.325	1849.........	16.739	1859.........	14.697
1840.........	7.291	1850.........	19.058	1860.........	15.912
1841.........	21.578	1851.........	16.803	1861.........	21.006
1842.........	18.509	1852.........	13.788	1862.........	18.468
1843.........	13.693	1853.....·.....	15.120	1863.........	20.457
1844.........	19.407	1854.........	16.857	1864.........	18.837
A reporter..	112.739	A reporter..	288.543	A reporter..	451.788

ANNÉES.	PRODUCTION.	ANNÉES.	PRODUCTION.	ANNÉES.	PRODUCTION.
	tonnes.		tonnes.		tonnes.
Report.....	451.788	Report.....	867.333	Report.....	1.432.946
1865.........	2.047	1878.........	77.733	1891.........	4.151
1866.........	6.906	1879.........	93.817	1892.........	3.007
1867.........	2.101	1880.........	95.215	1893.........	2.530
1868.........	1.805	1881.........	57.329	1894.........	2.422
1869.........	8.130	1882.........	54.718	1895.........	1.529
1870.........	4.873	1883.........	61.216	1896.........	1.276
1871.........	15.103	1884.........	66.147	1897.........	1.121
1872.........	29.449	1885.........	55.027	1898.........	752
1873.........	32.488	1886.........	"	1899.........	922
1874.........	52.771	1887.........	"	1900.........	745
1875.........	77.948	1888.........	"	1901.........	954
1876.........	94.273	1889.........	1.134	1902.........	"
1877.........	87.651	1890.........	3.277	1903.........	"
A reporter..	867.333	A reporter..	1.432.946	TOTAL.....	1.452.355

Le total des chiffres inscrits au tableau ci-dessus s'élève en chiffres ronds à 1.452.000ᵗ

Production antérieure à 1834. Pour obtenir la production du bassin, depuis l'origine, il convient, faute de renseignements précis, d'avoir recours à des hypothèses.

Pendant le XVIIe et le XVIIIe siècle, l'extraction a été relativement faible. Elle paraît avoir été plutôt inférieure que supérieure à 5.000 tonnes par an. Nous nous rapprocherons donc de la vérité en négligeant le tonnage obtenu antérieurement à l'année 1701, et en admettant, pour le XVIIIe siècle, une moyenne annuelle de 5.000 tonnes qui, pour 100 ans, donne.. 500.000

Enfin, pour les années 1801 à 1833, l'extraction a vraisemblablement pu atteindre environ 8.000 tonnes par an. Nous nous baserons sur ce chiffre qui, pour 33 ans, donne encore.. 264.000

Production totale. Nous arrivons ainsi à un total de............... 2.216.000ᵗ

CHAPITRE VIII.

DESCRIPTION GÉNÉRALE DES GISEMENTS ET DES EXPLOITATIONS.

Pour donner une description aussi claire que possible des gisements et des exploitations, nous distinguerons, dans le Bas-Boulonnais, deux groupements houillers ayant des caractères très distincts. Le premier, situé au Nord de la faille de Ferques, comprend l'étroite bande de Ferques et de Leulinghen, qui repose en stratification concordante ou très légèrement transgressive sur le calcaire carbonifère du Nord; le second, situé au Sud de ladite faille, constitue le bassin proprement dit d'Hardinghen.

Division
des gisements
en
deux groupes.

I. BANDE DE FERQUES ET DE LEULINGHEN.

Cette bande, connue seulement dans la concession de Ferques, et super-posée au calcaire à *Productus giganteus,* présente, à sa base, le niveau du grès des Plaines, surmonté par le terrain houiller proprement dit.

Composition
de la bande
de Ferques
et de Leulinghen.

Elle comprend deux parties qui ont été l'objet de tentatives d'exploitation, l'une à la fosse Frémicourt n° 1, l'autre à la fosse de Leulinghen. Dans l'intervalle de ces deux fosses, elle disparaît sur un certain parcours; elle est partout très étroite.

Au puits Frémicourt n° 1, on lui a trouvé en affleurement une largeur de 75 à 80 mètres. Ce puits, dont les travaux sont représentés en coupe verticale et en plan par les figures 21 et 22, a été ouvert à 10 mètres en-viron au Nord de la faille de Ferques. Il est sorti du terrain houiller, pour entrer dans le calcaire à *Productus giganteus,* vers la profondeur de 78 mètres, et il a été arrêté dans ce terrain à celle de 95 mètres.

Fosses
Frémicourt
n° 1 et 2.

Au Sud, il a servi à explorer sous les sables oolithiques, jusqu'à la pro-fondeur d'environ 39 mètres, au moyen de galeries horizontales reliées par deux bures verticaux et formant avec ces derniers une série de gradins, le terrain houiller composé de schistes et de grès. Il ne paraît y avoir rencontré que quelques petites veinules inexploitables.

A une profondeur plus grande, il a traversé, dans des schistes gris calca-reux mélangés de lits calcaires, trois veinules de houille appartenant à l'étage

15.

du grès des Plaines, dont les deux inférieures, très rapprochées, ont été l'objet d'une tentative d'exploitation, au Nord du puits, niveau de 62 mètres.

Enfin, vers la rencontre du calcaire carbonifère du Nord, niveau de 78 mètres, on a poussé vers le Midi un travers-bancs qui, à une distance d'une vingtaine de mètres, a servi de point de départ à un puits intérieur que l'on a continué jusqu'à la rencontre du calcaire à la profondeur de 108 mètres. Ce puits a traversé des alternances de grès et de schistes calcareux, avec bancs calcaires, formant la partie inférieure de l'étage du grès des Plaines. Un lit d'argile était situé au contact de cette formation et de celle du calcaire à *Productus giganteus*.

FOSSE FRÉMICOURT N° 1.
(Échelle : 1/2.000°.)

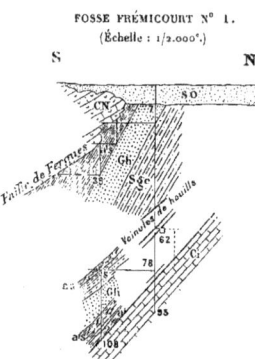

Fig. 21. — Coupe verticale.
So. Sable oolithique. — a's. Argile schisteuse non stratifiée. — Gh. Grès houiller. — Sgc. Schistes gris calcareux. — as. Argile schisteuse. — S. Schistes. — a' Argile. — Ci. Calcaire inférieur. — CN. Calcaire Napoléon.

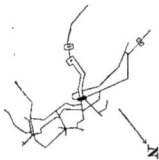

Fig. 22. — Plan.

On n'a tiré de ce puits, commencé en 1835 et abandonné en 1839, que 217 tonnes de houille qui ont été extraites en 1837.

Vers la fin de 1839, un second puits (Frémicourt n° 2) a été ouvert à 150 mètres à l'Est du précédent. Après avoir effleuré le calcaire Napoléon du Sud au-dessous d'une mince couche de terre végétale et d'argile ferrugineuse, il a traversé une petite épaisseur de terrain houiller disloqué renfermant des morceaux de calcaire et des fragments de charbon; puis, vers la profondeur de 18 mètres, il est entré dans le calcaire, pour y rester jusqu'à celle de 32 m. 80.

Au fond du puits, on a pratiqué un sondage de 19 mètres, qui est également resté dans le calcaire. Au niveau de 18 mètres, une petite bowette, dirigée vers le Sud, n'a pas quitté le terrain houiller, sur un parcours de 9 mètres. On n'a trouvé, à ce puits, aucune veine de houille, et il semble que la formation houillère y disparaît en profondeur, par suite du rapprochement des deux calcaires entre lesquels se développe son affleurement. De même, en plan, l'affleurement houiller contigu à la faille de Ferques semble s'amincir de plus en plus vers l'Est. Au puits de la Hayette, on ne l'a plus rencontré qu'à l'état de terrain de faille, comme une sorte de témoin du passage de la faille de Ferques, et, dans les carrières d'Élinghen, il cesse complètement d'exister.

Il se perd également du côté de l'Ouest, à en juger par les résultats d'un sondage infructueux qui a été exécuté sur la faille de Ferques, à 150 mètres du puits Frémicourt n° 1, dans cette direction.

Nous avons vu qu'en raison de ces échecs la première société de Ferques renonça à poursuivre ses travaux et entra en liquidation à la fin de l'année 1842 ; mais la découverte de la houille, faite en 1845 par Bonvoisin, à Leulinghen, eut pour conséquence la constitution d'une nouvelle société qui entreprit, en 1848, le puits de Leulinghen.

Ce puits, situé à 1.100 mètres environ à l'Ouest du puits Frémicourt n° 1, a été ouvert sur le bord méridional d'un autre affleurement houiller de 35 à 40 mètres de large, situé dans le prolongement de celui des puits Frémicourt, et qui paraît formé de terrains en place broyés entre le calcaire du Nord et la faille de Ferques (fig. 23 et 24). Sa profondeur jusqu'au calcaire du Nord a été de 72 mètres. Au fond, on y a percé vers le Midi une bowette jusqu'à la faille ; puis, à l'extrémité de cette galerie, on a ouvert un bure vertical jusqu'au calcaire du Nord, niveau de 130 mètres ; une deuxième bowette

FOSSE DE LEULINGHEN.

Échelle : 1/3.000ᵉ.)

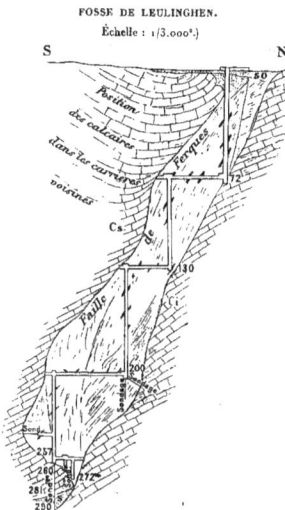

Fig. 23. — Coupe verticale.

So. Sable oolithique. — S. Sable. — Ci. Calcaire inférieur. — Cs. Calcaire supérieur.

Fosse de Leulinghen.

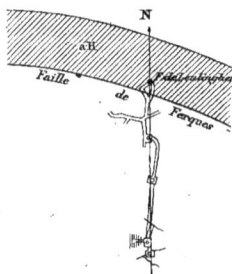

Fig. 24. — Plan.

aH. Affleurement du terrain houiller.

Sud et un deuxième bure ont permis d'atteindre le niveau de 200 mètres; enfin, par une troisième bowette et un troisième bure, on est arrivé derechef à la faille, infléchie dans cette région vers le Nord, à la profondeur de 260 mètres. Par suite de cette inflexion, la faille de Ferques vient rejoindre le calcaire du Nord vers le niveau de 272 mètres, et l'on a atteint ce point bas par un quatrième bure, percé un peu au Nord du troisième. On est même descendu par un sondage, dans la verticale du troisième bure, jusqu'à la profondeur de 290 mètres; ce sondage a traversé une couche de sable, de 281 à 290 mètres.

Dans ces travaux, on n'a rencontré que des lambeaux de veines interstratifiés dans des schistes houillers broyés. L'allure générale des terrains était parallèle à la fois à la faille et à leur surface de séparation avec le calcaire du Nord, c'est-à-dire très inclinée (70° environ vers le S. S.-O.).

Le puits de Leulinghen a été abandonné en 1852 après avoir fourni une extraction d'environ 10.000 tonnes de houille. En dernier lieu seulement, on y a éprouvé quelques difficultés pour l'épuisement des eaux. L'affleurement houiller paraissait d'ailleurs, comme celui des puits Frémicourt, s'atténuer à l'Est et à l'Ouest.

En résumé, les tentatives d'exploitation faites aux puits Frémicourt et à celui de Leulinghen n'ont donné aucun résultat industriel, bien qu'on y ait été relativement peu gêné par les eaux. Les recherches qui ont été faites ailleurs, sur les deux parties de la bande houillère explorée par ces fosses, ont également échoué. Sa faible largeur, l'irrégularité des terrains qu'elle renferme, son peu de richesse en houille, sont autant de circonstances qui doivent faire définitivement considérer cette zone comme absolument inexploitable.

II. BASSIN PROPREMENT DIT D'HARDINGHEN.

Situation du bassin proprement dit d'Hardinghen.

Ce bassin est entièrement situé au Midi de la faille de Ferques; il a été exploité dans les concessions de Fiennes et d'Hardinghen. Il affleure, de l'Est à l'Ouest, depuis Hardinghen jusqu'à Locquinghen; mais, comme nous l'avons déjà démontré, il s'étend en profondeur à une distance beaucoup plus grande au Couchant, jusqu'au sondage de Blecquenecques, et même au delà.

Sa division en trois régions.

Au point de vue de l'exploitation, nous le diviserons en trois régions.

La première, formant une bande contiguë à la faille de Ferques, est la plus importante; elle affleure et a été exploitée au voisinage de cette faille depuis

Hardinghen jusqu'à l'Ouest de Locquinghen; nous l'appellerons *bassin principal d'Hardinghen*. Pour peu que l'on s'éloigne à une certaine distance au Midi de la faille, on y observe un plongement général des veines vers le Nord, ou, plus exactement, vers le N. N.-O. Mais ce plongement paraît se modifier et revenir peu à peu vers le Sud, lorsqu'on arrive au contact de la faille de Ferques; il en est surtout ainsi du côté de l'Ouest, où, d'après M. É. Chavatte, la pente vers le Midi a été nettement constatée au sondage d'Hidrequent.

La deuxième est située sur le flanc méridional de la selle calcaire qui, sur son versant Nord, constitue le substratum du bassin principal d'Hardinghen. L'arête supérieure de cette selle passe, en plan, un peu au Sud de la fosse du Souich, et plonge dans la direction de l'Ouest; d'où il résulte que, vers l'Est, son effet est de ramener le calcaire carbonifère formant le fond du bassin jusqu'à la surface du sol ou à une faible profondeur. Elle détache ainsi du bassin principal la deuxième région du bassin proprement dit d'Hardinghen que l'on appelle aussi *région d'Hénichart et du bois des Roches*. Les terrains y plongent vers le Sud ou le S. S.-O. Dans la direction de l'Ouest, ce gisement vient rejoindre le bassin principal, en se raccordant avec lui au-dessus de la selle calcaire.

Enfin, la troisième région, dénommée *région des Plaines*, est constituée par le sommet de cette selle, dans la partie où, au Levant de l'affleurement de la formation houillère d'Hardinghen, recouverte ou non par les morts-terrains, cette selle vient apparaître à la surface du sol ou sous les terrains secondaires. Les veines qu'elle renferme appartiennent à la zone supérieure de l'étage du Calcaire carbonifère, niveau du calcaire à *Productus giganteus*. On les a exploitées aux deux fosses des Plaines.

A. Bassin principal d'Hardinghen.

Ce bassin n'a été exploité, jusqu'en 1847, qu'au Levant de la faille de Locquinghen, dans une partie appelée souvent le *vieux bassin d'Hardinghen*. De 1847 à 1880, on a poursuivi son exploitation dans une *région intermédiaire* comprise entre les failles de Locquinghen et d'Elinghen. Enfin, à partir de 1880, on l'a en outre exploré et exploité au Couchant de cette dernière faille, dans une partie que l'on appelle parfois le *nouveau bassin d'Hardinghen*.

Division
du
bassin principal
d'Hardinghen
en trois parties.

1° VIEUX BASSIN D'HARDINGHEN.

Multiplicité
des puits
qui ont servi
à exploiter
le vieux bassin
d'Hardinghen.

Le vieux bassin d'Hardinghen s'étend dans l'angle formé par la faille de Ferques et la faille de Locquinghen, à l'Est de cette dernière. Il a été fouillé, après la découverte du terrain houiller dans le Boulonnais, par un grand nombre de fosses, très anciennes pour la plupart, et au sujet desquelles on ne possède plus que des renseignements vagues et incomplets. L'affleurement houiller situé au Midi de la faille de Ferques en est pour ainsi dire criblé, et l'on s'explique leur multiplicité par l'extrème facilité de leur creusement.

En effet, à l'exception d'une superficie assez restreinte délimitée par les affleurements des failles de Ferques, de Locquinghen et du Nord, où la formation houillère est surmontée, sous les morts-terrains, par une faible épaisseur de marbre, c'est-à-dire de calcaire carbonifère, le vieux bassin peut être atteint, sinon directement, du moins en ne traversant qu'une faible épaisseur de terrain crétacé qui diminue de plus en plus vers l'Ouest, direction dans laquelle viennent prendre naissance, au contact des terrains primaires, les assises inférieures du Jurassique.

Et comme, d'autre part, la formation crétacée a pour terme inférieur, à cet endroit, les argiles du Gault et les sables subordonnés, secs et faciles à franchir, on est arrivé à y forer des puits moyennant une dépense insignifiante, de 6 francs à 8 francs par toise, soit de 3 francs à 4 francs par mètre, boisages non compris.

Ces prix ont été pratiqués, par exemple, aux fosses Taverne, Triquet, Warnier, etc.

On pouvait donc, sans grands sacrifices d'argent, ouvrir incessamment de nouvelles fosses. Aussi n'hésitait-on pas à abandonner celles dans lesquelles il arrivait un peu d'eau, car les moyens d'épuisement extrèmement primitifs dont on disposait alors étaient relativement onéreux. On creusait donc d'autres puits à côté des premiers, sauf à les abandonner à leur tour quand les eaux de la surface ou celles des travaux voisins venaient y affluer en quantité notable.

Constitution
habituelle
d'un siège
d'exploitation.

Les anciens sièges d'exploitation, ou fosses, comportaient le plus souvent un puits d'extraction de forme rectangulaire et un puits rond servant à l'aérage et à l'épuisement; parfois même, il y avait trois puits affectés séparément à l'extraction, à la ventilation et à l'exhaure.

Le puits d'extraction descendait à une profondeur toujours assez faible, mais était continué par une succession de bures ou tourets verticaux, communiquant entre eux par des galeries horizontales ou des descenderies, de manière à former une série de gradins. Cette disposition, à l'époque où l'on remontait habituellement le charbon à l'aide de treuils manœuvrés à bras, se prêtait plus facilement à cette remonte qu'un puits unique, parce qu'elle permettait d'opérer à la fois dans les divers tourets. Elle n'a été abandonnée que vers 1837 ou 1838.

Emploi des tourets ou bures verticaux.

On conçoit que l'exploitation ainsi faite devait être assez défectueuse. Les chantiers étaient disposés d'une façon très irrégulière au fond d'un grand nombre de puits; on suspendait souvent les travaux avant d'avoir exploité les veines inférieures, tantôt à cause de l'invasion des eaux, comme nous l'avons dit plus haut, tantôt parce que l'on y rencontrait des accidents stérilisant les veines ou altérant leur continuité, que l'on hésitait alors à franchir. Et comme les excavations pratiquées dans des puits voisins étaient généralement loin d'être contiguës, on perdait ainsi, au milieu des vieux travaux, de grandes quantités de charbon.

Gaspillage du gîte.

Aussi, Promper père, directeur des mines d'Hardinghen, écrivait-il le 28 juin 1828 :

« L'expérience a démontré, tant à la fosse Saint-Ignace, qu'aux fosses de « la Pâture à Briques, du Bois d'Aulnes, Saint-Étienne, Hiart, etc., que les « anciens travaux, faute de moyens pour épuiser les eaux, ont délaissé au « moins la moitié des charbons dans leurs exploitations ».

Cette perte a été d'autant plus considérable que, pendant longtemps, on a exploité sans plans, ou avec des plans mal faits ou inexacts.

Insuffisance des plans des travaux.

Les ingénieurs des Mines s'en sont plaints à maintes reprises.

Dans un procès-verbal du 26 juillet 1818, Garnier, alors ingénieur des Mines du Pas-de-Calais, s'exprimait de la manière suivante :

« Quant aux plans intérieurs des travaux, on n'a pu les présenter à l'ingé- « nieur des Mines, parce que les concessionnaires n'ont pu trouver dans « ce département aucun arpenteur qui pût les confectionner. Cela étant, le « registre dont fait mention ce procès-verbal ne peut remplir que très impar- « faitement les vues du décret du 3 janvier 1813. Il a rappelé aux conces- « sionnaires qu'il était urgent qu'ils se conformassent dans le plus bref délai « aux conditions prescrites par ce décret ».

Cette injonction ne semble pas avoir été suivie d'effet, car de nouvelles plaintes ont été formulées dans d'autres rapports de Garnier, de dates plus récentes :

15 mai 1828. — « Rien n'est certain relativement à la durée de la partie « d'exploitation qu'on se propose d'entreprendre de ce côté (fosse John), et « l'on ne marchera encore ici, comme au reste on est obligé de le faire depuis « quelques années, qu'en aveugle, puisqu'aucuns plans n'ont été dressés. « Je crois qu'il n'existe point d'exploitation de mines en France où l'on ait « conservé aussi peu de traces des travaux anciens qu'on l'a fait dans l'exploi- « tation d'Hardinghen, et cet exemple suffirait pour prouver combien l'Admi- « nistration est sage et prévoyante en exigeant, dans l'intérêt public comme « dans l'intérêt privé, que des plans et des registres soient constamment tenus « à jour, pour constater la nature et l'emplacement invariables des travaux « exécutés ».

26 août 1832. — « Les seules espérances de MM. les concessionnaires « dépendent de la prolongation des travaux des fosses Delattre et Blondin, « entrepris sur des massifs de houille faisant partie des mines à Curière et à « Deux laies; mais, combien de temps dureront ces deux exploitations? C'est « ce qu'on ne peut préciser, parce qu'aucun plan n'indique les limites exactes « de ces massifs de charbon. Il faut donc marcher, comme on le fait depuis « plus de douze ans, au hasard ».

Ces observations du service des Mines ont cependant fini par être écoutées. Quelques années après, des plans détaillés des travaux du fond existaient, convenablement tenus pour l'époque; mais ils ne pouvaient naturellement représenter que les travaux les plus récents. De plus, beaucoup d'entre eux ont été perdus, de sorte que les éléments d'étude concernant le vieux bassin d'Hardinghen présentent de nombreuses lacunes. Ceux qui ont été conservés permettent toutefois d'en donner, au moins dans les grands traits, une idée suffisante; mais on s'explique, pour ce motif, que nous n'ayons pu reporter à la planche I qu'une faible partie des anciens travaux de ce bassin.

Faiblesse des prix de revient. D'autre part, il convient de remarquer que le gaspillage de houille dont il a été le théâtre a eu pour contre-partie une réduction du prix de revient, qui n'était grevé d'aucune charge sérieuse du fait des épuisements et du percement des voies dans les parties de veines inexploitables ou dans les accidents. On gaspillait, mais on gagnait de l'argent. Plus tard, quand on a cherché à lutter contre l'envahissement des eaux, devenues très abondantes, il en a été tout autrement, ainsi que nous le verrons bientôt. Dans cette

seconde période, lorsque les travaux en cours à l'Ouest de la faille de Locquinghen ont dû être momentanément abandonnés, par suite d'inondations que
l'on était impuissant à combattre, on est revenu, à plusieurs reprises, dans le
vieux bassin, pour y installer à la hâte des exploitations de fortune permettant
de réduire le déficit de la production. C'est ainsi que les fosses de la Verrerie,
Hibon et Jasset, y ont été ouvertes à des dates relativement récentes. Enfin,
dans ces derniers temps, c'est encore dans le vieux bassin que M. L. Breton est
venu établir sa fosse Glaneuse n° 1, qui a été en exploitation de 1889 à 1901.

Voyons maintenant en quoi consiste le gisement de l'ancien bassin d'Hardinghen.

En 1780, Monnet[1] écrivait déjà que les mines du Boulonnais, appartenant à ce bassin, comptaient cinq couches plongeant du Midi au Nord.

D'après d'Huamel ou Duhamel[2], ces mines présentaient, sur les communes
d'Hardinghen, de Réty et de Fiennes, dans une étendue d'environ 900 toises
du Sud au Nord, et 600 toises de l'Est à l'Ouest, des veines de charbon avec
des pentes contraires, du Sud au Nord dans la région Nord, et du Nord au
Sud dans celle du Midi. La première de ces régions correspondait sans nul
doute au vieux bassin d'Hardinghen, et la seconde à la région d'Hénichart et
du bois des Roches.

Dans la première, qui est celle dont nous nous occupons actuellement, on
comptait, suivant lui, cinq veines en exploitation dirigées du Levant au
Couchant, et ayant leurs têtes ou affleurements à des distances moyennes de
25 à 35 toises les uns des autres. Elles allaient buter au Nord à une grande
faille (faille de Ferques), dont on ne connaissait pas encore bien l'allure,
car on lui attribuait à tort, en plan, la forme d'un croissant, mais que l'on
savait plonger, en général, du Nord au Sud. Derrière cette faille, on trouvait
des marbres, superposés à une formation schisteuse.

Les cinq veines (fig. 25) étaient appelées *Vieille-Maison*, veine *à Boulets*,
veine *à Carière* (à Cuerelles), veine *à Maréchal* (Maréchale) et veine *à Laye de
terre* (Deux laies). Plusieurs autres veines ultérieurement reconnues faisaient
défaut ou étaient inexploitables.

Vieille-Maison était de composition irrégulière, c'est-à-dire présentait une
succession de renflements et d'étreintes. Son épaisseur variait le plus souvent

*Consistance
du
gisement.*

*Coupes des veines
d'après
Duhamel.*

---

[1] MONNET, *Atlas et description minéralogique de la France.*
[2] Rapport du 23 août 1783. *Description des travaux intérieurs des mines en exploitation du
Boulonnais.*

de o m. 35 à 2 mètres. Elle donnait de l'eau, et était peu exploitée, à cause de son irrégularité.

Veine *à Boulets*, située à la fosse Sans-Pareille à 52 toises au-dessous de la précédente, avait le même aspect, la même puissance, et offrait la même allure en chapelet.

Veine Vieille-Maison et Veine à Boulets.

Veine à Maréchal.

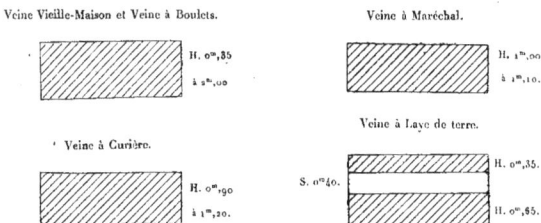

Veine à Curière.

Veine à Laye de terre.

Fig. 25. — Veines du faisceau d'Hardinghen. Composition moyenne, d'après Duhamel.

Veine *à Curière*, qui s'étendait à 16 toises plus bas, avait un toit de cuerelles, qui lui a donné son nom, et montrait une plus grande régularité. Vers l'affleurement, elle avait une puissance en charbon de 1 m. 10 à 1 m. 20; mais elle s'amincissait progressivement en profondeur, de manière à n'avoir plus qu'une épaisseur utile de o m. 90 à 1 mètre près de la grande faille (faille de Ferques), jusqu'au voisinage de laquelle on l'avait suivie.

Veine *à Maréchal*, qui était la meilleure veine du faisceau, à cause de sa régularité et de la nature collante de son charbon, propre à la forge, était appelée, pour ce motif, la *mère des mines*. Elle passait à 17 toises au-dessous de la veine à Curière, et avait une puissance en charbon de 1 mètre à 1 m. 10. Elle était connue, comme la précédente, jusqu'à la grande faille.

Enfin, veine *à Laye de terre* s'étendait à 14 toises au-dessous de la veine à Maréchal; on l'appelait parfois aussi veine *du Bois d'Aulnes* (même nom, comme nous le verrons, que celui d'une des veines supérieures de la fosse Providence). Elle était composée, à la fosse Sans-Pareille, de deux sillons de charbon, l'un de o m. 35 au toit, l'autre de o m. 65 au mur, séparés par un lit de terre de o m. 40. On l'avait suivie également jusqu'à la grande faille.

Vers l'Ouest, cette veine perd souvent son sillon du toit, et n'a plus que celui du mur, qui augmente d'épaisseur. C'est sous cette dernière forme surtout, avec toit de cuerelles, qu'on l'appelait veine *du Bois d'Aulnes*.

On lit dans l'*Annuaire statistique et administratif du département du Pas-de-Calais*, année 1810 :

« Les veines de charbon sont au nombre de cinq. Leur épaisseur varie
« d'un à trois pieds (o m. 35 à 1 mètre), et la distance entre elles de 14
« à 19 toises (27 mètres à 37 mètres). Leur exploitation s'est étendue sur
« 200 toises dans le sens de l'inclinaison et 600 toises dans le sens de la
« direction (390 mètres et 1.170 mètres), et sur une profondeur de 160 toises
« (312 mètres) ».

Les puits étaient au nombre de sept, dont quatre en activité, et l'extraction
journalière de 30 tonnes.

Dans un mémoire couronné par la Société d'agriculture, du commerce
et des arts de Boulogne, Garnier [1], ingénieur en chef des Mines, a fait
connaître que les couches exploitées dans le Boulonnais, en 1827, étaient
encore au nombre de cinq, avec pente vers le Nord.

Dans un rapport du 13 mai 1830, il indique que ces cinq veines s'appellent
Vieille-Maison, veines à Boulets, à Curière, à Maréchal et à Deux layes ou
du Bois d'Aulnes.

Un rapport de du Souich du 31 octobre 1835 confirme ces renseignements.
Le gîte d'Hardinghen, dit-il, présente cinq couches, interrompues par des
failles, dont la principale, appelée *grande chute*, est dirigée de l'O. N.-O. à
l'E. S.-E. et rejette les couches d'une dizaine de mètres (fosse du Rocher).
D'autres couches, ajoute-t-il, existent peut-être au-dessous. Au Midi, se trouve
un autre gisement, séparé du précédent par un pli des terrains inférieurs; ce
dernier ne comprend qu'une seule veine plongeant au Sud.

Les rapports de du Souich font en outre savoir que les fosses en activité
dans le gîte du Nord étaient :

En 1833 : Delattre, John, Hiart n° 2, Blondin et Petite-Société;

En 1834 : Petite-Société, Hiart n° 2, John, Delattre et Bois de Saulx n° 2,
cette dernière servant à l'épuisement;

En 1835 : Petite-Société, Hiart n° 2, John, Delattre et Bois de Saulx n° 2 ;

En 1836 : John, Delattre, Bois de Saulx n° 2 et Bois d'Aulnes n° 12.

John et Delattre ont été abandonnées en 1836, et les deux autres en 1838.

Fosses en activité
de
1833 à 1841.

[1] GARNIER, *Mémoire sur les questions proposées par la Société d'agriculture, du commerce et des arts de Boulogne-sur-Mer, contenant les recherches entreprises à diverses époques dans le département du Pas-de-Calais, pour y découvrir de nouvelles mines de houille, et les dépenses qu'exigeraient, pour être continuées, celles qui présenteraient quelques chances de succès*, 1828.

C'est sur le même gisement que les fosses du Nord et du Sud furent ouvertes en 1837, et celles de Locquinghen, Marquisienne, Espoir n° 2 et Boulonnaise, en 1838. Mais la plupart de ces fosses furent bientôt abandonnées, et, dès l'année 1841, l'Espoir et le Sud servaient exclusivement à l'extraction.

Veines exploitées
aux
diverses fosses. Des cinq veines ci-dessus relatées, deux, Vieille-Maison et veine à Boulets, paraissent n'avoir été anciennement exploitées que dans des cas relativement rares. Les trois autres, que nous appellerons désormais veines à Cuerelles, Maréchale et à Deux laies, ont été l'objet de travaux réguliers à un grand nombre de fosses.

D'après nos relevés, elles ont donné lieu à une extraction suivie aux fosses ci-après :

Veine à Cuerelles. — Fosses du Fort-Rouge, La Hurie, Boulonnaise, Sans-Pareille, Espoir, Glaneuse n° 1, de la Fourdinière, Deulin, Hibon, du Nord, du Sud, du Bois de Saulx n°s 1 et 2, du Rocher, Saint-Ignace, du Vieux-Rocher, John, Delattre, Fédération, de l'An, de Locquinghen, des Rochettes, Lefebvre, Dhieux;

Veine Maréchale. — Fosses du Fort-Rouge, La Hurie, Boulonnaise, Sans-Pareille, Espoir, Glaneuse n° 1, des Sarts, du Réperchoir, du Verger-Blondin, Jasset, Blondin, Petite-Société, Deulin, Marquisienne, Hiart n° 2, Hibon, du Sud, du Bois de Saulx n°s 1 et 2, Pré-Vauchel, des Verreries, Saint-Étienne, Pâture à Briques, Saint-Ignace, du Vieux-Rocher, John, à Lions, Delattre, de la Verrerie, de Locquinghen, Propriété;

Veine à Deux laies. — Fosses du Fort-Rouge, La Hurie, Boulonnaise, Sans-Pareille, Espoir, Ségard, Glaneuse n° 1, des Sarts, Blondin, Jasset, Gadebled, Célisse, Sainte-Marguerite n° 1, du Privilège, Hiart n° 2, du Sud, Pâture à Briques, du Bois de Saulx n°s 1 et 2, de la Verrerie, du Gouverneur, à Lions, du Chemin, du Bois d'Aulnes n°s 1, 8, 9 et 12, Mouquette, Taverne, Pâture-Lefebvre, Lamarre, Warnier, Lefebvre, de l'An.

Incertitude
de
leurs dénominations. Mais ces indications ne sont qu'approximatives. En effet, dans le vieux bassin d'Hardinghen, on a toujours eu une tendance instinctive à dénommer les veines rencontrées d'après leur ordre de superposition, en les supposant au nombre de cinq, et en prenant pour point de départ l'une d'elles, à laquelle on se croyait fondé à appliquer, d'après certains caractères particuliers, une qualification déterminée. C'est ainsi qu'on retrouve partout les mêmes noms de veines. Mais, toutes ces veines à Boulets, à Cuerelles, Maréchale, etc., sont-elles bien identiques? Il est prudent de faire quelques réserves à cet égard.

On n'a pas tardé, en outre, à s'apercevoir que les veines classiques du vieux bassin n'y existent pas partout, mais que, par contre, d'autres veines, longtemps inconnues, prennent naissance et se développent dans des régions déterminées.

Maréchale, par exemple, ne passe pas au puits Espoir n° 2 ; on la retrouve toutefois, dans son champ d'exploitation, à une certaine distance, et, tout près de là, à la fosse du Sud. Elle a été, en outre, inexploitable aux fosses de l'An, Lefebvre et Pâture-Lefebvre.

La veine à Cuerelles se réduit à une passée aux fosses Concession et Blondin, dont la coupe verticale est représentée par la figure 26.

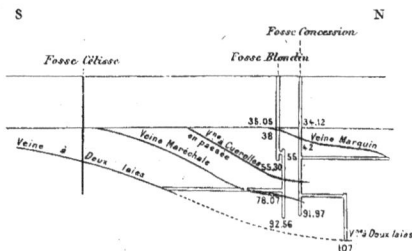

Fig. 26. — Coupe verticale par les fosses Concession, Blondin et Célisse.
(Échelle : 1/3.000°.)

Au contraire, on connaît, en divers points, des couches exploitables qui semblent distinctes de celles dont il a été parlé jusqu'à présent.

Pour nous en tenir aux fosses les plus récentes du vieux bassin d'Hardinghen, nous citerons les faits suivants :

A la fosse du Nord (fig. 27), on a rencontré, aux profondeurs de 65 mètres et de 76 mètres, deux veines de 1 mètre d'épaisseur qui paraissent être à hauteur de celle de la Vieille-Maison et de la deuxième veine de la fosse Providence, que nous désignerons sous le nom de « veine *supérieure* du Bois d'Aulnes », pour éviter de la confondre avec la veine à Deux laies, appelée aussi parfois « veine du Bois d'Aulnes ». Puis on a traversé, au niveau de 100 mètres, une troisième veine de 0 m. 45, supérieure, comme les précédentes, à la veine à Boulets. Cette dernière a été recoupée, avec une épaisseur de 0 m. 66, au niveau de 110 mètres ; elle était précédée, à 104 mètres, par une autre veine de même puissance dans le puits, mais manquant de continuité. Enfin, on a recoupé, à la profondeur de 156 mètres, la veine à Cuerelles.

La troisième veine de la fosse du Nord a été rencontrée, épaisse de 1 mètre, à la fosse du Sud, à la profondeur de 46 mètres (fig. 27). Elle est sans doute assimilable à celle qui a été désignée, comme nous allons le voir, sous le nom de *Marquin* à la fosse Glaneuse n° 1.

A la même fosse du Sud, on a traversé, à la profondeur de 89 mètres, sous la veine à Boulets, une veine appelée *Perdue*. Elle était distante de 23 mètres de la veine à Boulets et ne paraît identifiable à aucune des veines de la fosse du Nord.

Fig. 27. — Coupe verticale passant par les fosses du Nord et du Sud.
(Échelle : 1/3.000°.)

La fosse du Sud n'a recoupé entre Maréchale et veine à Deux laies aucune passée qui puisse correspondre à l'une des veines connues en d'autres points, dans le même intervalle, sous les noms de *veine à Bouquettes* et de *veine à Briques*.

Si, maintenant, nous passons à la fosse Espoir n° 2, nous voyons que la veine à Boulets y est, comme à la fosse du Nord, surmontée par plusieurs autres, en plus grand nombre même, et que la veine à Bouquettes y passe au-dessous du niveau de Maréchale et au-dessus de la veine à Deux laies. Dans la suite, nous démontrerons que la veine à Bouquettes, qui, abstraction faite de sa rencontre à la fosse du Privilège, paraît prendre naissance vers les fosses Delattre et Espoir n° 2, augmente progressivement d'épaisseur du côté de l'Ouest et devient, au delà de la faille d'Élinghen, la plus belle et la plus puissante du faisceau d'Hardinghen. A l'Espoir, elle est suivie, toujours au-dessus de la veine à Deux laies, d'une veine dite *Petite veine à Deux laies*, qui paraît avoir une individualité propre, mais qui, cependant, se confond peut-être avec la veine à Briques. Sa composition moyenne consiste en deux sillons de charbon de 0 m. 15 au toit et de 0 m. 50 au mur, séparés par un lit d'argile réfractaire de 0 m. 50 d'épaisseur.

Composition du faisceau à la fosse Glaneuse n° 1.

A la fosse Glaneuse n° 1, où la veine Vieille-Maison n'affleure pas, le faisceau comprend (fig. 28) :

1° Une veine appelée *Marquin*, supérieure à la veine à Boulets, d'une puissance moyenne en houille de 0 m. 90. Son charbon est à longue flamme et assez gailleteux. La partie supérieure est formée de *cannel-coal* ayant la composition ci-dessous :

Matières volatiles............................	42,00
Carbone fixe.................................	54,00
Cendres.....................................	4,70
TOTAL.....................	100,70

Son mur, de 1 mètre d'épaisseur en moyenne, est constitué par une argile blanche très réfractaire, dont la composition est la suivante :

Silice......................................	60,00
Alumine....................................	27,55
Peroxyde de fer.............................	2,65
Chaux......................................	0,15
Magnésie...................................	1,60
Matières volatiles...........................	7,20
TOTAL.....................	99,15

Nous avons signalé le passage de cette veine aux fosses du Nord et du Sud.

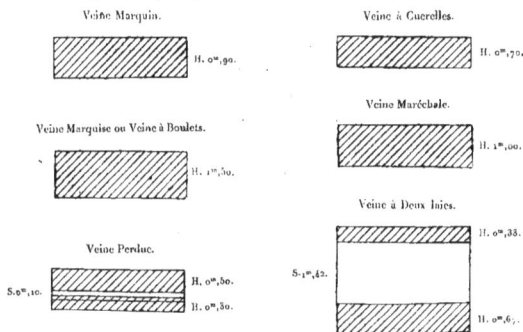

Fig. 28. — Composition moyenne des veines exploitées à la fosse Glaneuse n° 1.

2° Une veine dite *Marquise*, assimilable sans doute à la veine à Boulets. Son épaisseur moyenne est de 1 m. 50. Son charbon est moins gailleteux que celui de Marquin.

Cette veine est parfois divisée en plusieurs sillons de houille séparés par des lits de terre, dont le nombre va jusqu'à quatre; son ouverture atteint alors 3 mètres, et même 4 mètres.

La coupe suivante en a été prise dans un recoupage qui l'a rencontrée au S.-O. du puits, niveau de 58 mètres : charbon, o m. 70; schiste, o m. 60; charbon, o m. 60; schiste, o m. 40; charbon, o m. 20; schiste, o m. 70; charbon, o m. 50. Ensemble : 2 mètres de charbon et 1 m. 70 de schiste. Ouverture totale : 3 m. 70.

3° Veine *Perdue,* connue aussi à la fosse du Sud, mais peu répandue dans le bassin. Ici, elle a parfois 1 mètre à 1 m. 20 d'épaisseur; mais on peut lui assigner une puissance moyenne en charbon de o m. 80, en deux sillons de o m. 50 et o m. 30, séparés par un lit schisteux de o m. 10.

4° Veine *à Cuerelles,* de o m. 70 environ de charbon, avec toit de grès. Cette veine donne de la houille très dure, pure et gailleteuse. Son mur est formé d'un lit d'argile réfractaire qui, du côté de l'Ouest, atteint 1 mètre d'épaisseur, et dont voici la composition :

Silice..	64,80
Alumine......................................	24,65
Peroxyde de fer...............................	1,35
Chaux..	0,10
Magnésie.....................................	1,35
Matières volatiles.............................	6,30
TOTAL.......................	98,55

Cette argile donne, par lavage, qui élimine la silice libre, un produit renfermant plus de 32 p. 100 d'alumine.

5° Veine *Maréchale,* formée souvent d'un sillon de 1 mètre de beau charbon, donnant 70 à 80 p. 100 de gros. Cette veine a bon toit et bon mur.

6° Veine *à Deux laies* (petite ou grande), comprenant deux sillons de charbon d'une nature se rapprochant de celle de la veine Maréchale. On peut admettre, pour donner une idée de sa constitution, une coupe accusant deux sillons de o m. 33 et o m. 67, séparés par 1 m. 42 de schiste.

A la fosse Glaneuse n° 1, qui est située au Levant du bassin, il n'existe aucune veine entre Maréchale et veine à Deux laies.

A la fosse Hibon, située plus à l'Ouest, on a trouvé, entre les veines à

Cuerelles et Maréchale, une veine dite *Retrouvée,* qui semble assimilable à l'une de celles de la fosse Providence.

D'autre part, à la fosse Jasset, il existe, superposée à la veine à Deux laies, une veine, différente de Maréchale, qui est sans doute Petite veine à Deux laies, mais peut aussi être veine à Briques ou veine à Bouquettes.

En somme, abstraction faite de quelques cas particuliers, tels que l'amincissement de Maréchale à plusieurs fosses, le faisceau du vieux bassin d'Hardinghen paraît plus riche au Couchant qu'au Levant. Si on le suppose complet, on le trouve composé, de haut en bas, de la série de veines suivante :

Série complète
des veines.

Vieille-Maison ;	Maréchale ;
Veine *supérieure* du Bois d'Aulnes ;	Veine à Bouquettes ;
Marquin ;	Veine à Briques ;
Veine à Boulets ou Marquise ;	Petite veine à Deux laies ;
Perdue ;	Veine à Deux laies ou du Bois d'Aulnes,
Veine à Cuerelles ;	appelée quelquefois Grande veine à Deux
Retrouvée ;	laies ou Grande veine.

Mais les quatre dernières de ces veines ne sont peut-être pas toutes distinctes.

En 1845 [1], on exploitait par deux puits, Espoir n° 2 et le Sud, cinq veines qui avaient été fouillées auparavant sur un grand nombre de points dans les parties supérieures. A 700 ou 800 mètres au Couchant, elles étaient interrompues par une grande faille (faille de Locquinghen), qui les faisait complètement disparaître. Au Levant, la formation houillère s'amincissait pour faire place enfin au calcaire, que l'on croyait alors entourer le bassin houiller de tous les côtés, de sorte que la largeur N. S. de ce bassin ne paraissait être que de 800 mètres, et sa longueur E. O. que de 1.800 mètres.

État des travaux
de
1845 à 1849.

Cette situation se maintint pendant plusieurs années. En 1849, la fosse du Sud fut à son tour abandonnée.

Mais auparavant, on avait retrouvé, à la fosse Espoir n° 2, au delà du calcaire contre lequel ses travaux venaient buter dans les niveaux supérieurs, le prolongement du vieux bassin d'Hardinghen vers l'Ouest.

Découverte
de la faille
de Locquinghen.
Son aspect.

Depuis longtemps déjà, Garnier avait conseillé de faire des recherches dans cette direction, et, par une lettre du 22 avril 1833, Legrand, conseiller d'État, préfet du Pas-de-Calais, avait exprimé cette idée, en émettant l'hypo-

----

[1] Rapport des ingénieurs des Mines du mois de décembre 1845.

thèse que la disparition des veines vers l'Ouest pouvait tenir à l'existence d'une faille, au delà de laquelle on les retrouverait de nouveau.

Cette découverte, qui produisit une grande sensation, eut lieu, en juin 1847, dans la veine à Deux laies, étage de 266 mètres, à 730 mètres environ au Couchant du puits (voir pl. I). On est arrivé, là, à une faille bien caractérisée, dirigée du N. N.-E. au S. S.-O., et plongeant, en moyenne, de 70° à l'O. N.-O. (faille de Locquinghen).

La veine, d'après du Souich [1], se perdait en s'abaissant brusquement contre cette faille, qui était remplie de débris de diverses couches. On pouvait y remarquer particulièrement, à o m. 50 de distance, dans la galerie qui l'avait atteinte perpendiculairement à sa direction, des fragments d'amandes calcareuses appartenant à la veine à Bouquettes, et, à 8 mètres, des noyaux ferrugineux semblables à ceux qui se trouvent, dans cette région, au toit de la veine Maréchale; ces noyaux étaient situés au toit même de la faille. Au delà de celle-ci, on retrouvait des terrains bien stratifiés qui reprenaient exactement, à une faible distance, la direction qu'ils avaient de l'autre côté. Contre la faille, cette direction s'était modifiée par l'effet du mouvement des terrains qui, dans leur glissement, se sont trouvés légèrement relevés, en tendant à s'adosser contre l'accident.

A 43 mètres de la faille, la galerie, continuée dans les mêmes conditions, a rencontré une veine (Retrouvée) d'une puissance de 1 mètre à 1 m. 30, intermédiaire entre Maréchale et veine à Cuerelles, puis la veine à Cuerelles.

Les anciennes traditions indiquaient que les couches de houille allaient, du côté de l'Ouest, buter contre le marbre, en s'abaissant à son approche. Ce marbre n'était autre que le calcaire de recouvrement du bassin qui, dans les étages supérieurs, avait été affaissé au couchant, de manière à se trouver, au delà de la faille, à hauteur du terrain houiller du vieux bassin d'Hardinghen.

A l'Ouest de cette faille, les schistes formant le toit de la veine à Deux laies s'amincissaient, en permettant aux psammites supérieurs de rejoindre la couche et d'en constituer le toit à leur tour.

Nous avons déjà dit que, suivant la verticale, la faille de Locquinghen affaisse les terrains situés au couchant de 60 à 65 mètres, dans la région où elle a été traversée, et que, suivant l'horizontale, elle les rejette au Sud d'environ 130 mètres.

[1] Du Souich, Rapport du 2 juillet 1847.

Son affleurement passe nécessairement entre deux des fosses Bellevue, qui sont entrées directement dans le terrain houiller, et la troisième, qui n'y a pénétré que sous quelques mètres de calcaire. Vers le Sud, il se prolonge un peu à l'Est du sondage d'Austruy, qui a aussi trouvé le terrain houiller sous le calcaire, tandis que, du côté du Nord, il va passer tout près et à l'Ouest de la fosse Pâture-Grasse, qui a recoupé directement la formation houillère à la profondeur de 2 mètres, et un peu à l'Est de la fosse Brunet, qui n'est pas sortie du calcaire. On peut donc le tracer très exactement.

Dans les exploitations, on a rencontré la faille de Locquinghen, non seulement dans la veine à Deux laies, au couchant de la fosse Espoir n° 2, mais encore par les travaux du Levant de la fosse Providence. A son étage de 307 mètres notamment, la voie de fond de la veine Inconnue vers l'Est l'a touchée à un peu plus de 200 mètres du puits; à l'étage de 260 mètres, les tailles de la même veine l'ont presque atteinte.

Des positions de ces divers points de rencontre, rapprochées du tracé de l'affleurement de la faille, il est aisé de déduire le plongement de 70° vers l'O. N.-O. que nous avons indiqué; mais cette inclinaison n'est qu'une moyenne; la galerie de la veine à Deux laies de l'étage de 266 mètres de l'Espoir a, en effet, trouvé à l'accident une pente de 45° seulement, et la voie de fond de la veine Inconnue au niveau de 307 mètres de la Providence une pente de 58°.

Les travaux de la fosse Espoir n° 2 ont confirmé, au sujet du tracé des voies de fond des veines du vieux bassin d'Hardinghen, les observations qui avaient été faites dans les anciennes fosses. Ils ont montré que, vers le Levant, les voies, au lieu de conserver une direction voisine de celle de l'Ouest à l'Est, s'infléchissent de plus en plus vers le Nord. Le gîte forme, suivant l'expression de du Souich [1], une sorte de pointe de bateau de ce côté, et les rayons de courbure des voies de fond sont d'autant plus faibles que l'on descend à des niveaux plus inférieurs.

Cette allure, confirmée par les constatations faites à la fosse Boulonnaise, devient d'une évidence complète lorsqu'on consulte le plan général des fosses du vieux bassin d'Hardinghen (pl. I). Il est aisé d'y reconnaître, d'après leurs positions et d'après le tracé des affleurements des veines qui y ont été exploitées, que ce bassin est complètement entouré, à l'Est, par une ceinture de

Limitation
du vieux bassin
du
côté de l'Est.

[1] Du Souich, Rapport du 23 juillet 1841.

calcaire carbonifère qui vient rejoindre la faille de Ferques; il repose sur ce calcaire en stratification concordante ou très peu transgressive.

Bassin du sondage n° 3 de Fiennes.

Mais il semble qu'à une plus grande distance dans la direction de l'Est le calcaire cesse d'être en contact avec la faille de Ferques au Midi de cet accident. En effet, le sondage n° 3 de la deuxième société de Fiennes (1876-1877), à exécuté de ce côté, a traversé, au-dessous de la formation crétacée, 112 113 mètres de terrain houiller, renfermant plusieurs veinules et une veine de charbon de 0 m. 40 à 0 m. 50. D'après cela, le calcaire qui délimite le vieux bassin d'Hardinghen au Levant aurait la forme d'une sorte de selle ayant son axe dirigé du Nord vers le Sud, au delà de laquelle on voit le bassin se reformer, pour s'étendre à une distance indéterminée de ce côté.

Plongement au S. S.-O., des veines de la fosse Espoir n° 2, contre la faille de Ferques.

L'une des particularités essentielles de la fosse Espoir n° 2, signalée dès 1839 par du Souich [1], c'est que le puits a traversé des terrains et des veines plongeant vers le S. S.-O. Ce puits se trouve donc sur la contre-pente des couches exploitées au Midi, ce qui veut dire que ces couches, après avoir plongé vers le Nord, s'aplatissent de plus en plus à mesure qu'elles se rapprochent de la faille de Ferques, et finissent par plonger vers le S. S.-O. au contact de cette faille.

Cette allure est représentée à la coupe verticale (fig. 29) située plus loin. Elle a été décrite en détail dans plusieurs procès-verbaux de du Souich; il y a fait observer [2] que l'inclinaison est plus forte sur le revers septentrional que sur le revers méridional, et que le thalweg a la direction O. 18°N. En se rapprochant de ce thalweg, les inclinaisons des terrains diminuent de part et d'autre, et le raccord des deux branches se fait par une surface à courbure continue.

M. Sens [3] a décrit cette disposition dans des termes à peu près analogues.

Nous avons cru devoir insister à ce sujet, parce que cette observation donne une explication très plausible de l'inclinaison vers le Sud que présentent les veines rencontrées au sondage d'Hidrequent, situé à l'Ouest et en dehors de la concession d'Hardinghen. Là, comme à la fosse Espoir n° 2, on se trouve au voisinage de la faille de Ferques, contre laquelle le terrain houiller se relève de manière à prendre une pente inverse de celle qu'il présente dans les travaux les plus rapprochés de la concession d'Hardinghen.

[1] Du Souich, Rapport du 17 septembre 1839.
[2] Du Souich, Rapport du 22 juin 1850.
[3] Sens, Rapport du 3 décembre 1852.

La faille de Ferques a été traversée, comme nous le savons, à plusieurs fosses du vieux bassin d'Hardinghen; nous allons donner, dans l'ordre chronologique, quelques renseignements complémentaires sur ces diverses rencontres. Renseignements sur la faille de Ferques.

La plus ancienne est celle qui a eu lieu à la fosse du Fort-Rouge, où l'on a recoupé tout le faisceau d'Hardinghen et exploité les veines à Cuerelles, Maréchâle et à Deux laies. A la profondeur de 172 m. 66, son second touret a atteint le *ploys rouge*, c'est-à-dire la faille de Ferques, au-dessous de laquelle il a trouvé des schistes rouges famenniens. Sur l'emplacement de cette fosse, on voit encore aujourd'hui des schistes houillers feuilletés et des schistes rouges également feuilletés, ce qui démontre qu'elle a certainement traversé la faille de Ferques, près de laquelle elle se trouvait, au Sud de son affleurement. Fosse du Fort-Rouge.

A la fosse Sans-Pareille, le pied des couches a été trouvé barré par une faille (faille de Ferques), que l'on croyait originairement présenter en plan la forme d'un croissant, et au delà de laquelle on a percé, sans résultat, plus de 30 toises de galerie. Cette faille était inclinée du Nord au Sud; elle était bordée au Nord par une brèche magnésienne (Dolomie du Huré), qui, d'après M. Gosselet [1], se présentait comme un mur presque vertical contre lequel le terrain houiller s'appuyait, au Sud, en stratification discordante. Il en était ainsi sur plus de 100 pieds de profondeur, après quoi on trouvait la roche schisteuse qui se trouve géologiquement au-dessous du calcaire carbonifère (Schistes et grès de Fiennes). On se trompait, d'ailleurs, en attribuant à la faille de Ferques un tracé curviligne; en réalité, elle affleure, dans cette région, suivant une ligne sensiblement droite. Fosse Sans-Pareille.

Les circonstances observées à la fosse Sans-Pareille se sont reproduites identiquement à la fosse Espoir n° 2. La faille de Ferques y a été rencontrée à deux niveaux différents, ce qui a permis de se rendre compte avec une grande précision de son allure à cet endroit. Fosse Espoir n° 2.

En 1839, la bowette N.-E. de l'étage de 172 mètres est venue buter sur une brèche magnésienne semblable à celle de la fosse Sans-Pareille et à celle qui avait été traversée, l'année précédente, à la fosse Sainte-Barbe. Cette brèche, qui représente la dolomie du Huré, située à la base du Calcaire carbonifère, a aussi été rencontrée au N.-O. du puits, dans le champ d'exploitation de la veine à Boulets, même niveau de 172 mètres.

En février 1842, les travaux de la veine à Deux laies, niveau de 266 mètres, ont rencontré un brouillage au travers duquel une galerie a été poussée. Du

[1] Gosselet et Bertaut, *Étude sur le terrain carbonifère du Boulonnais.*

Souich [1] a constaté que cette galerie a rencontré, à une petite distance, des argiles schisteuses rouges assez tendres paraissant contournées et qui, dans les premiers mètres, empâtaient quelques rognons de charbon. Un peu plus loin, ces schistes ont présenté une stratification régulière, qui était à peu près celle de tous les terrains primordiaux du Nord du bassin. En partie psammitiques, ils étaient semblables à ceux qui constituent une portion de la vallée du Haut-Banc, et qu'il faut rapporter au Famennien situé immédiatement au-dessous du Calcaire carbonifère du pays. Ils sont aussi pareils à ceux qui affleurent entre le bois de Fiennes et le ruisseau des Crembreux.

Ces points de rencontre permettent d'obtenir exactement une coupe verticale de la faille de Ferques en face de la fosse Espoir n° 2 (fig. 29). Cette faille plonge d'abord à pente très raide (81°) vers le Sud; puis, entre les niveaux de 172 mètres et de 266 mètres, elle est sensiblement verticale. Elle vient couper, près de la surface, la dolomie carbonifère du Nord, et, plus bas, les schistes rouges et grès de Fiennes.

A l'Ouest, son affleurement passe un peu au Sud de la fosse Sainte-Barbe qui, suivant du Souich [2], a été creusée dans une brèche calcaire et magnésienne à pâte fétide extrêmement dure, appartenant à l'étage de la dolomie du Huré.

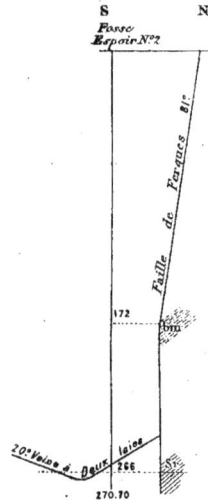

Fig. 29. — Coupe verticale de la faille de Ferques et de la veine à Deux laies en face de la fosse Espoir n° 2.

(Échelle : 1/3.000°.)

bm. Brèche magnésienne.
Sr. Schistes rouges.

D'après du Souich [3], le terrain houiller s'étend, au Nord, au delà d'une ligne droite joignant la fosse Sainte-Barbe au point où la faille de Ferques a été rencontrée, en 1842, à l'Espoir; cette faille plonge donc à pente raide vers le Nord dans cet intervalle, comme à la carrière Sagot, à Elinghen.

Fosse Vieille-Garde. Dans la direction de l'Est, son affleurement, après avoir passé devant la fosse du Fort-Rouge, se prolonge un peu au Nord de la fosse Vieille-Garde,

[1] Du Souich, Rapport du 25 mai 1842.
[2] Du Souich, Rapport du 29 mars 1839.
[3] Du Souich, Rapport du 9 novembre 1849.

qui a traversé des psammites et schistes dont quelques-uns, suivant du Souich[1], ressemblent à ceux que l'on rencontre dans le bassin d'Hardinghen, et qui constituent peut-être l'assise inférieure de la formation houillère; on y a même trouvé un morceau de charbon. Toutefois, les schistes et grès en question sont devenus verdâtres vers la profondeur de 54 mètres. Il semble donc que l'on soit entré à ce niveau dans le terrain dévonien supérieur, après avoir franchi la faille de Ferques. Cette explication est d'autant plus plausible que l'on trouve, sur les *terris* ou déblais de la fosse, des fragments de terrain houiller bien caractérisé, mélangés avec des schistes dévoniens.

Enfin, le sondage n° 3 de la deuxième société de Fiennes donne un dernier point de la rencontre de la faille de Ferques à l'Est. Un ouvrier qui y a été employé a formellement déclaré qu'au-dessous du faisceau houiller que le sondage a traversé, il est tombé, à la profondeur de 160 mètres, sur les schistes rouges (Dévonien supérieur du Nord du bassin).

Sondage n° 3 de Fiennes.

Les veines du vieux bassin d'Hardinghen s'étendent sans discontinuité sur de longs parcours, mais ne présentent pas une grande uniformité de composition. Leur épaisseur et leur nature varient assez notablement en des endroits assez rapprochés. Elles sont riches en renflements et en étreintes, et c'est pour cela surtout qu'il est parfois difficile de les suivre et d'en raccorder les diverses parties.

Variations dans la composition des veines.

Mais les failles ou cassures y sont assez rares et de faible importance. L'accident le plus connu qu'on y a signalé a été désigné, comme nous l'avons dit plus haut, sous le nom de *grande chute*. C'est une faille à peu près parallèle à la faille de Ferques, et située à 350 mètres environ au Sud de cette dernière. Elle a d'abord, et très anciennement, été observée à la fosse du Rocher; puis on l'a retrouvée à la fosse du Bois de Saulx n° 2 et à la fosse du Sud. Du Souich[2] indique que, le plus généralement, elle ne rejette les terrains que d'une dizaine de mètres; c'est donc, en somme, un accident de peu de gravité.

Grande chute.

Les parties les plus profondes de la formation houillère ont été traversées à plusieurs fosses et sondages du vieux bassin; mais, nulle part, elles n'ont été mieux explorées qu'à la fosse Boulonnaise.

Au fond de cette fosse, qui a été poussée jusqu'à la profondeur de 230 m. 37, on a traversé successivement, au dire de du Souich[3], des

Parties les plus profondes du bassin.

[1] Du Souich, Rapport du 29 mars 1839.
[2] Du Souich, Rapport du 30 mai 1842.
[3] Du Souich, Rapport du 21 avril 1840.

psammites et schistes gris, des psammites et quartzites blancs et des calcaires noirs coquilliers, au-dessous desquels on a encore retrouvé des couches schisteuses et des veinules de charbon. Au delà, on a rencontré des calcaires blanchâtres dans lesquels les travaux ont été arrêtés.

Les dernières roches n'ont été recoupées qu'à l'aide d'une galerie en travers-bancs poussée vers l'Est à 4 mètres au-dessus du fond du puits (fig. 30). Dans cette galerie, les couches plongeaient vers l'Ouest magnétique, en courant du Nord au Sud; cette direction montre bien que le vieux bassin d'Hardinghen est réellement en forme de pointe de bateau vers l'Est, et que la fosse Boulonnaise est peu éloignée de son bord oriental.

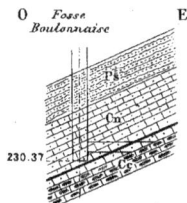

Fig. 30. — Coupe verticale O. E. du fond de la fosse Boulonnaise.

Ps. Psammites et quartzites Blancs. — Cn. Calcaire noir avec charbon. — Cc. Calcaire carbonifère blanchâtre.

Les terrains rencontrés au delà de la dernière veine exploitable ont paru présenter une certaine ressemblance avec ceux de la partie inférieure de la bande houillère de Ferques. Les calcaires blanchâtres dans lesquels la galerie a été arrêtée sont eux-mêmes analogues à ceux qui ont été traversés au fond de la fosse Frémicourt n° 1, de la concession de Ferques; ils appartiennent déjà au Calcaire carbonifère.

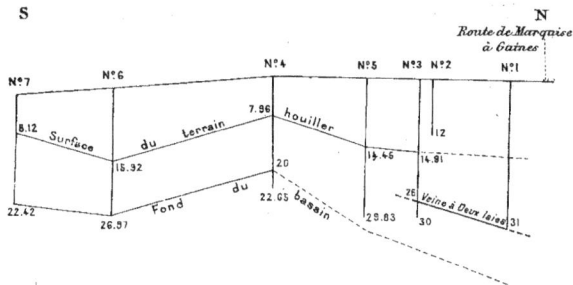

Fig. 31. — Coupe verticale N. S. par les fosses n°ˢ 1 à 7 du Bois d'Aulnes.

(Échelles : 1/5.000° pour les longueurs; 1/1.000° pour les hauteurs.)

La figure 31 indique les conditions dans lesquelles se présente la base de l'étage houiller, niveau du grès des Plaines, aux fosses du Bois d'Aulnes n°ˢ 1 à 7.

Ces conditions se retrouvent, à peu de chose près, à la fosse du Grand-Courtil, à la fosse Hiart n° 1 du Bois des Roches, etc.

Le vieux bassin d'Hardinghen a été récemment l'objet de travaux fort inté- Fosse Glaneuse
n° 1.
Description
de ses travaux.
ressants exécutés par M. L. Breton à la fosse Glaneuse n° 1. Ces travaux ont
permis de se rendre compte de la structure du bassin dans sa région orientale
qui, jusqu'à ces derniers temps, était la moins connue.

Dans le vieux bassin d'Hardinghen, disait du Souich en 1840, « les veines
ayant été plus ou moins fouillées autrefois, ce ne sont pas seulement des failles,
des brouillages, des étreintes et des crans qui en arrêtent ou embarrassent les
travaux. Ces travaux aboutissent souvent aux stappes des anciennes exploitations ».

Depuis lors les superficies restées intactes ont encore considérablement
diminué. Néanmoins, en étudiant les anciens plans, il avait semblé à
M. L. Breton, en 1888, qu'il existait encore, dans la région des fosses Deulin,
de la Fourdinière, Blondin, du Réperchoir et Ségard, une étendue de
quelques hectares non exploitée par les vieux puits. A cet endroit, le terrain
houiller n'est recouvert que par le Crétacé, sans intercalation de Calcaire carbonifère ni de Jurassique; c'est là qu'il a établi la fosse Glaneuse n° 1.

Elle comprend deux puits voisins, l'un pour l'extraction, l'autre pour
l'aérage. Nous nous occuperons spécialement du puits d'extraction.

Il est entré dans la formation houillère à la profondeur de 34 m. 20. Les
figures 32 et 33 en donnent des coupes verticales, la première du Nord au
Sud, la seconde de l'Ouest à l'Est.

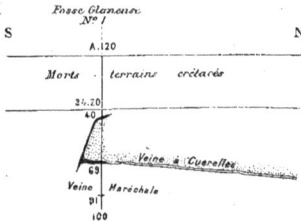

Fig. 32. — Coupe verticale N. S. passant par le puits d'extraction de la fosse Glaneuse n° 1.
(Échelle : 1/3.000°.)

Tout d'abord, il a rencontré des terrains renversés; puis, au niveau
de 40 mètres, il a recoupé, en dressant très aplati, une veine de 0 m. 30

à o m. 40, présentant des successions de renflements et d'étreintes. Cette veine était dirigée du N.-O. au S.-E., avec plongement de 18° vers le S.-O. Au-dessous d'elle se trouvait du toit renfermant des empreintes de calamites, avec intercalation d'un lit mince tendre pouvant servir au havage; au-dessus, du mur avec radicelles de stigmaria; son allure renversée n'était donc pas douteuse.

Ensuite, le puits a traversé des bancs de cuerelles inclinés au S.-O., au-dessous desquels s'étendait une veine que l'on a assimilée, à cause de ce voisinage, à la veine à Cuerelles des autres fosses du bassin.

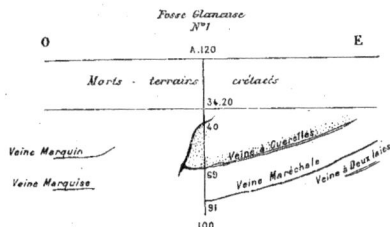

Fig. 33. — Coupe verticale O. E. passant par le puits d'extraction de la fosse Glaneuse n° 1.

(Échelle : 1/3.000°.)

Cette veine a été atteinte en allure normale et tout à fait plate à la profondeur de 69 mètres; mais une voie dirigée vers le N.-O. à ce niveau en a bientôt trouvé le crochon, à une distance d'environ 25 mètres, après quoi elle a continué à la suivre en droit, suivant la direction N. 45° O.

Quant au plat, il était, au même niveau, dirigé vers le N.N.-E, mais en s'amincissant rapidement.

Cette veine s'est immédiatement présentée sous une apparence irrégulière. Au crochon, on lui a trouvé d'abord une ouverture de plus de 1 mètre, tout charbon. En droit, entre les étages de 69 mètres et de 42 mètres, elle a offert de puissants amas de charbon, représentés par la coupe verticale, fig. 34, prise du S.-O. au N.-E., à proximité et au N.-O. du puits, et par les coupes fig. 35, 36 et 37, prises plus loin dans la même direction.

Au contraire, le plat était moins irrégulier, mais pauvre et mince. Son épaisseur ne dépassait pas o m. 70, et, le plus souvent, tombait vers o m. 40 et au-dessous.

Au crochon, on remarquait une queue, simple ou multiple, atteignant quelquefois plusieurs mètres de longueur, et située dans le prolongement du plat ou du droit, ou dans des positions intermédiaires.

On voyait dans le plat, à peu de distance du crochon, une sorte de recoutelage représenté spécialement par la coupe fig. 34. Entre ses deux branches terminées en sifflet, on a trouvé un lit d'argile réfractaire.

Fig. 34.

Fosse Glaneuse N°1
Projection de l'axe
du puits d'extraction
A.120

S.-O   N.E.

Niveau de 34.20 Tête du terrain houiller
Veine à Cuerelles Niveau de 42ᵐ

Veine à Cuerelles Niveau de 68ᵐ

Coupe verticale S.-O. N.-E. de la veine
à Cuerelles, prise au N.-O. du puits
d'extraction de la fosse Glaneuse
n° 1.

(Échelle : 2/3.000ᵉ.)

Fig. 35.

Fig. 36.

Fig. 37.

Coupes du crochon de la veine à Cuerelles
au N.-O. du puits d'extraction de la fosse
Glaneuse n° 1.

(Échelle : 1/300ᵉ.)

Au delà du recoutelage, la veine était divisée en deux sillons séparés par de l'argile, tandis qu'en droit, elle était formée d'une seule masse de charbon, à la vérité très irrégulière.

En s'élevant dans le dressant, on a fini par passer dans la veine traversée par le puits à la profondeur de 40 mètres; cette dernière, que l'on avait prise originairement pour la veine à Boulets, n'était donc autre chose que le prolongement en hauteur de la veine à Cuerelles renversée.

Ces premières constatations dénotaient une irrégularité du gisement que les travaux ultérieurs n'ont fait que confirmer; elle est accusée notamment par les coupes successives du crochon de la veine à Cuerelles, fig. 35 à 37.

Dans ces conditions, l'exploitation ne pouvait pas être conduite d'après un programme invariable, et l'on a dû s'attacher à suivre les veines rencontrées dans leurs parties les plus riches, tantôt en direction, tantôt par des montages ou des descenderies.

Il serait excessif de donner ici une description complète de cette petite exploitation. On se rendra aisément compte de ce qu'elle a été en examinant le plan de ses travaux à la planche I, et la coupe verticale, fig. 33, du faisceau.

Ce plan et cette coupe montrent que, par des galeries en travers-bancs partant de la veine à Cuerelles, remarquable aussi par son mur d'argile réfractaire, on a atteint quatre autres veines, dont deux à l'Est, que l'on a appelées Maréchale et veine à Deux laies (petite ou grande), et deux à l'Ouest, auxquelles on a donné les noms particuliers de Marquin et de Marquise.

Ces veines ont toutes été recoupées en plat. Veine à Deux laies et Maréchale, plongeant vers l'Ouest, étaient dirigées, comme veine à Cuerelles en plat, suivant une orientation peu différente de celle du Sud au Nord, pour atteindre probablement bientôt, au Nord, la faille de Ferques, en fermant le vieux bassin d'Hardinghen du côté de l'Est. Le recoupage qui avait traversé veine à Deux laies, prolongé vers le Levant, n'a pas tardé à rencontrer des phtanites qui paraissent annoncer le fond du bassin.

Marquin et Marquise étaient orientées, au contraire, du S.-E. au N.-O., ou de l'Est à l'Ouest, avec plongement général, faible à la vérité, vers le Nord.

Dans l'ensemble, le faisceau paraît, lorsqu'on le suit de l'Ouest vers l'Est, se dévier suivant un angle assez aigu, correspondant à l'allure en pointe de bateau que du Souich a reconnue à d'autres fosses.

Les veines se sont montrées, comme composition, aussi capricieuses que la veine à Cuerelles. On y a trouvé des lentilles de charbon plus ou moins puissantes, suivies de parties stériles. Il est donc impossible de leur attribuer une épaisseur moyenne offrant une exactitude certaine. Lés amas lenticulaires étaient parfois formés de charbon menu et très chargé de cendres.

Le puits d'extraction a rencontré la veine Maréchale à la profondeur de 91 mètres. Il a été arrêté à celle de 100 mètres.

Des accrochages ont été établis aux niveaux de 42 mètres, 58 mètres, 69 mètres et 97 mètres. Des montages et des descenderies ont, en outre, permis d'exploiter à des niveaux intermédiaires.

Les travaux de la fosse Glaneuse n° 1 exécutés à la cote 73 m. 50 au voisinage du champ d'exploitation de l'ancienne fosse Ségard (1740), de

Fiennes, et ceux de l'étage de 58 mètres situés à proximité de la fosse du Réperchoir (1764), d'Hardinghen, ont fini par en recevoir les eaux qui étaient peu abondantes (20 mètres cubes par jour).

Il n'est pas aisé de déterminer une assimilation certaine des veines de la fosse Glaneuse n° 1 avec celles des autres fosses du vieux bassin d'Hardinghen.

La première question qui se pose est de savoir si la couche qui a été appelée veine à Cuerelles à la première est bien identique à celle qui, ailleurs, a reçu la même dénomination.

Assimilation
des veines
de
la fosse Glaneuse
n° 1
avec celles
anciennement
connues dans le
vieux bassin
d'Hardinghen.

En faveur de cette identification, on peut invoquer la succession des terrains superposés, au voisinage du puits d'extraction de la Glaneuse, au plat de la veine dite à Cuerelles, près du crochon. Ces terrains comprennent de haut en bas : un gros banc de cuerelles, un lit de schiste du mur, et un petit banc de cuerelles formant le toit de la veine.

En outre, dans la veine Marquise, on rencontre, interstratifiés, de nombreux rognons de fer carbonaté chargé de carbonate de chaux, englobant fréquemment des débris végétaux, écorces ou tiges. Ces rognons ressemblent beaucoup aux *boulets* qui caractérisent la veine à Boulets des autres fosses du bassin. On y trouve aussi les lames de liège minéralisées répandues dans cette dernière veine. N'en faut-il pas conclure que Marquise doit être assimilée à la veine à Boulets? Il existe les plus sérieuses présomptions pour qu'il en soit ainsi.

Dans cette hypothèse, on devrait rencontrer, au S.-O. de la veine Marquise, presque tout le faisceau d'Hardinghen, dont la veine à Boulets est l'une des veines supérieures. En fait, on a exploité à la fosse Marquisienne la veine Maréchale, et à la fosse Hiart n° 2 les veines Maréchale et à Deux laies; mais on n'y a pas trouvé trace de la veine à Cuerelles; on peut toutefois expliquer son absence par les positions de ces deux fosses, au Sud de son affleurement.

D'autre part, si l'on considère la veine Marquise et, *a fortiori*, la veine Marquin, comme supérieures à la veine à Cuerelles de la Glaneuse n° 1, il est difficile d'expliquer l'existence du dressant de cette dernière veine situé au N.-E. des plats de Marquin et de Marquise, et s'étendant jusqu'à proximité de l'affleurement de la formation houillère, comme l'indique la coupe, fig. 33. On en est réduit, pour justifier sa présence, à admettre que, dans la direction du S.-O., ce dressant s'infléchit en se repliant à angle très aigu pour donner naissance à un plat qui viendrait passer au-dessous de celui de Marquise. Cette hypothèse est évidemment hasardée; mais c'est la seule qui cadre avec une assimilation que d'autres caractères rendent certainement probable.

Dans tous les cas, ce bref exposé montre comme il est difficile, dans la pratique, d'identifier des veines connues en des points, même très rapprochés, du vieux bassin d'Hardinghen, lorsque leur exploitation présente des solutions de continuité. L'irrégularité du gisement, du côté de l'Est, rend toute relation douteuse entre les portions de couches connues. Celles-ci sont, comme nous l'avons vu, d'une composition très variable. Elles présentent, en outre, localement, des particularités d'allure tout à fait étranges. Nous avons signalé, par exemple, l'existence au crochon de la veine à Cuerelles, près de la fosse Glaneuse n° 1, d'une queue de plusieurs mètres de long; si l'on suit ce crochon à une assez grande distance au Nord, on constate que cette queue se développe peu à peu en prenant une position intermédiaire entre les prolongements du plat et du droit; elle arrive, de cette manière, à constituer une sorte de ramification de la veine à Cuerelles, qui paraît s'étendre assez loin vers le Couchant. On conçoit la difficulté de raccorder stratigraphiquement des tronçons de veines exploités en des points différents, lorsqu'on se trouve en présence de pareilles anomalies.

Ce qui paraît toutefois certain, c'est que la veine qualifiée de veine à Deux laies (grande ou petite) à la fosse Glaneuse n° 1, située immédiatement au-dessous de Maréchale, se trouve dans la partie tout à fait inférieure du bassin.

Nous signalerons encore qu'à cette fosse on a rencontré en quelques points une veine située entre Marquise et veine à Cuerelles, et à laquelle on a donné le nom de *Perdue*. Elle se trouve géologiquement à la même hauteur que la veine Perdue de la fosse du Sud.

Fosse Glaneuse
n° 2.

Un peu à l'Ouest de la faille de Locquinghen, M. L. Breton a ouvert, en 1892, un autre puits (Glaneuse n° 2) qui a été arrêté dans le calcaire à la profondeur de 44 mètres, après avoir traversé, sous 22 m. 50 de morts-terrains crétacés et jurassiques, 18 m. 50 de schistes de diverses couleurs appartenant à l'étage famennien. La faille séparative du Famennien et du Calcaire carbonifère plongeait vers le N.-O. Elle a donné une venue d'eau qui a entraîné la suspension des travaux.

2° RÉGION INTERMÉDIAIRE.

Travaux exécutés
après
la découverte
de la faille
de Locquinghen.

Après la découverte du prolongement du bassin d'Hardinghen au Couchant de la faille de Locquinghen, on s'est ingénié à en tirer parti.

On a commencé par exploiter le faisceau dans la partie récemment reconnue; mais, à cause de la grande distance des fronts de taille au puits Espoir n° 2, on ne pouvait considérer l'exploitation dans cette région, au moyen de ce puits, comme devant être normale et définitive. Il fallait donc envisager la nécessité d'ouvrir de nouveaux puits du côté de l'Ouest.

Pour déterminer leurs emplacements, on entreprit deux sondages à Loc-quinghen. *Sondages de Locquinghen.*

Le premier fut placé à environ 100 mètres du prolongement vers l'Ouest de l'affleurement de la faille de Ferques, et 180 mètres au Couchant de l'affleurement de la faille de Locquinghen. Il atteignit le Calcaire carbonifère à la profondeur de 18 m. 45, et y fut presque immédiatement arrêté.

Le second, situé à 50 mètres au Nord de la route de Marquise à Guines, et à 100 mètres à l'Ouest du chemin de Wierre-Effroy à Locquinghen, atteignit le terrain houiller à la profondeur de 72 m. 74, sous 33 m. 57 de terrain jurassique et 39 m. 17 de calcaire carbonifère. Il fut arrêté à celle de 75 m. 74, après avoir traversé une couche de houille de 0 m. 55 d'épaisseur.

On n'attendit pas qu'il fut terminé pour commencer, le 15 novembre 1847, la fosse Renaissance n° 1. Elle fut placée à 300 mètres à l'Ouest de l'affleurement de la faille de Locquinghen, et à 200 mètres environ au Sud de la direction, prolongée vers le Couchant, de la galerie d'exploration dans la veine à Cuerelles venant de la fosse Espoir n° 2. *Fosse Renaissance n° 1.*

La fosse du Souich fut ouverte, le 20 juin 1850, à 285 mètres au S. S.-O. de la précédente, c'est-à-dire à 150 mètres au N.-O. du sondage n° 2 de Locquinghen. *Fosse du Souich.*

Enfin, la fosse Providence fut commencée, le 4 juillet 1853, à 325 mètres au N. N.-E. de celle de la Renaissance n° 1. *Fosse Providence.*

Ces trois fosses sont souvent désignées sous le nom de nouvelles fosses d'Hardinghen.

Nous avons déjà, dans un précédent chapitre, fourni des renseignements sur l'historique de leurs travaux; nous les compléterons bientôt pour expliquer les pertes d'argent qu'on y a subies; pour le moment, nous nous appliquerons à décrire brièvement le gisement qu'elles ont servi à exploiter.

Mais, tout d'abord, nous insisterons sur ce que le calcaire de recouvrement présente, à ces fosses, des épaisseurs bien plus grandes qu'aux fosses du vieux bassin; ces épaisseurs ont été de 34 mètres (de 18 à 52 mètres) à la fosse du Souich, de 93 mètres (de 18 à 111 mètres) à la Renaissance n° 1, et de 163 mètres (de 14 à 177 mètres) à la Providence. Cela tient à l'effet du *Épaisseur du calcaire de recouvrement.*

renfonçage produit à l'Ouest de la faille de Locquinghen, et aussi à ce que la surface de contact du calcaire avec le terrain houiller plonge, non seulement du Sud au Nord, mais encore de l'Est vers l'Ouest, ce qui donne à sa ligne de plus grande pente la direction du S. S.-E. au N. N.-O. L'inclinaison de cette ligne est d'ailleurs assez faible (11° environ entre les fosses Renaissance n° 1 et Providence) et, en outre, elle s'atténue de plus en plus au Midi; on s'approche, en effet, dans cette direction, de la selle calcaire sur le versant septentrional de laquelle repose le bassin principal d'Hardinghen, et dont l'arête supérieure passe, comme nous l'avons vu, entre la fosse du Souich et le sondage n° 2 de Locquinghen.

Composition
du faisceau
d'Hardinghen
à
la fosse Providence.

C'est à la fosse Providence que le faisceau d'Hardinghen a été le mieux et le plus complètement étudié.

Le puits a été poussé, en terrain houiller, de la profondeur de 177 mètres à celle de 317 mètres, et on y a établi des accrochages aux niveaux de 180 mètres, 260 mètres et 307 mètres. De plus, par un bure intérieur partant de l'étage de 307 mètres à environ 160 mètres au Nord du puits, on a installé un dernier accrochage au niveau de 357 mètres.

Ce puits a traversé successivement les veines suivantes (fig. 38) :

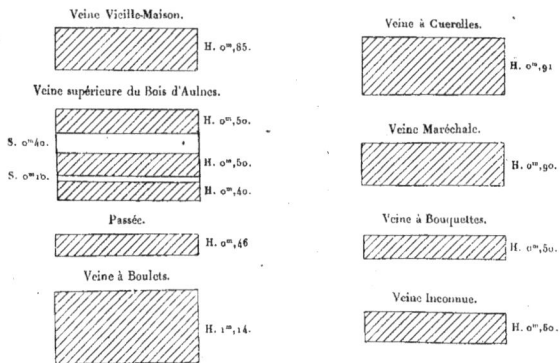

Veine Vieille-Maison.
H. 0m,85.

Veine à Guerelles.
H. 0m,91

Veine supérieure du Bois d'Aulnes.
S. 0m,40.   H. 0m,50.
S. 0m,10.   H. 0m,50.
            H. 0m,40.

Veine Maréchale.
H. 0m,90.

Passée.
H. 0m,46

Veine à Bouquettes.
H. 0m,50.

Veine à Boulets.
H. 1m,14.

Veine Inconnue.
H. 0m,50.

Fig. 38. — Composition des veines de la fosse Providence dans l'axe du puits.

1° A 185 mètres, veine *Vieille-Maison*, de 0 m. 85 de charbon, d'un seul sillon;

2° A 195 mètres, veine *supérieure du Bois d'Aulnes*, en trois sillons de charbon de 0 m. 50, 0 m. 50 et 0 m. 40, séparés par deux lits de terre de 0 m. 40 et 0 m. 10;

3° A 217 mètres, une passée, qui est peut-être *Marquin*, de 0 m. 46 de charbon;

4° A 232 mètres, veine *à Boulets*, de 1 m. 14 d'épaisseur, tout charbon;

5° A 253 mètres, veine *à Cuerelles*, de 0 m. 91, tout charbon; elle disparaît parfois dans le champ d'exploitation, ou, du moins, se réduit à un filet charbonneux ou terreux de 0 m. 08 à 0 m. 10;

6° Passage de la veine *Retrouvée*, qui a disparu dans le puits, mais a été atteinte et même exploitée en plusieurs points; on peut lui attribuer, comme composition moyenne, 0 m. 10 de charbon au toit et 0 m. 15 au mur, avec intercalation d'un lit terreux de 0 m. 15;

7° A 270 mètres, veine *Maréchale*, de 0 m. 90, tout charbon;

8° A 279 mètres, veine *à Bouquettes*, de 0 m. 50 de charbon, d'un seul sillon;

9° A 295 mètres, veine *Inconnue*, de 0 m. 60 d'épaisseur, tout charbon.

Puis vient une zone stérile au-dessous de laquelle s'étend l'étage du grès des Plaines, dont l'épaisseur paraît assez faible de ce côté.

La veine Inconnue étant, ici, la dernière du bassin, paraît assimilable à la veine à Deux laies, réduite à un seul sillon, comme dans les parties où celle-ci est connue particulièrement sous le nom de veine du Bois d'Aulnes.

Toutes ces couches plongent de 17° à 22° vers le Nord; si l'on voulait donner une coupe du faisceau normale à la stratification, il faudrait tenir compte de cette inclinaison. Comme, d'autre part, la faille séparative du calcaire de recouvrement et du terrain houiller (faille du Nord) ne plonge à la Providence que de 11° dans la même direction, il en résulte que les bancs houillers sont coupés en sifflet par cette faille.

Quant à l'orientation de ces bancs, elle diffère peu de celle de l'Est à l'Ouest, c'est-à-dire qu'elle est sensiblement la même que celle observée de l'autre côté de la faille de Locquinghen (voir planche I).

Les veines Vieille-Maison et supérieure du Bois d'Aulnes n'ont presque pas été exploitées aux nouvelles fosses d'Hardinghen, à cause de leur irrégularité au voisinage du calcaire. Nous rappelons qu'il ne faut pas confondre la seconde, que Vuillemin[1] a appelée veine du Bois d'Aulnes, avec celle qui a

Particularités des diverses veines.

[1] VUILLEMIN, *Le bassin houiller du Pas-de-Calais*, t. II, Lille, 1882.

reçu le même nom dans le vieux bassin, et qui n'est autre chose que la veine à Deux laies, assimilable, dans l'espèce, à la veine Inconnue.

La veine à Boulets, irrégulière et schisteuse, a été peu exploitée dans la région que nous considérons. Sa puissance dans l'axe du puits de la Providence doit être regardée comme exceptionnelle; comme moyenne, on peut lui attribuer une épaisseur en charbon de o m. 45, avec o m. 07 de faux mur.

La veine à Cuerelles, malgré les amincissements locaux que nous avons signalés, est l'une de celles qui ont été les plus exploitées aux fosses Providence et Renaissance n° 1. Elle est parfois formée, comme dans le plat de la Glaneuse n° 1, de deux sillons de charbon séparés par un lit stérile. On peut lui attribuer une composition moyenne se rapprochant de la suivante : au toit, charbon : o m. 70; schiste : o m. 10; au mur, charbon : o m. 08.

La veine Maréchale est celle qui a présenté la plus grande continuité et la plus grande constance de composition. Elle a donné lieu à d'importants travaux. L'épaisseur qu'on lui a trouvée dans le puits s'est assez bien maintenue. On peut, normalement, lui reconnaître une puissance de o m. 85, d'un seul sillon, avec o m. 20 de faux mur assez dur, servant au havage.

La veine à Bouquettes, assez mince dans l'axe du puits de la Providence, n'est presque pas connue à l'Est du vieux bassin d'Hardinghen. Elle ne commence à se montrer que dans le champ d'exploitation de la fosse Espoir n° 2, et on l'a recoupée dans le creusement de ce puits en août 1840. Là elle était pyriteuse, et son charbon intermédiaire, comme qualité, à ceux des veines Maréchale et à Deux laies; on y rencontrait accidentellement, au toit, des sortes d'amandes plus ou moins étendues d'un calcaire noirâtre siliceux, et elle était en outre chargée, à certains endroits, de ces rognons ferrugineux que nous avons appelés bouquettes, et qui lui ont donné leur nom. Dans les travaux de la Providence et de la Renaissance n° 1, cette veine offre une succession de renflements et d'étreintes, mais, dans l'ensemble, elle augmente de puissance à mesure qu'on s'éloigne dans la direction de l'Ouest; c'est seulement de ce côté qu'elle a été l'objet de travaux suivis, et qu'elle a fourni un contingent sérieux à l'extraction.

La veine Inconnue a donné une production notable à la Providence. Sa composition moyenne est très différente de celle qu'on lui a trouvée dans le puits. Elle se rapproche beaucoup plus de celle qu'a habituellement la veine à Deux laies; en moyenne, on peut la considérer comme formée de deux sillons de charbon de 0 m. 10 au toit et 0 m. 50 au mur, séparés par un lit schisteux de 0 m. 15.

Entre la veine à Bouquettes et la veine à Deux laies, on a exploité, à l'Espoir n° 2, une couche qui, comme nous l'avons vu, est, soit la petite veine à Deux laies, soit la veine à Briques, ainsi dénommée parce que son charbon était de qualité excellente pour la fabrication des briques, et surtout parce que son lit intermédiaire, séparant les deux sillons de houille, était très propre à la fabrication des briques réfractaires. Cette veine n'existe pas, à la Providence, entre la veine à Bouquettes et la veine Inconnue, assimilable à la veine à Deux laies.

Vers le Couchant de la Providence, les veines inférieures à Maréchale, à l'exception de la veine à Bouquettes, mais y compris presque toujours la veine Inconnue, paraissent être absentes, tandis qu'au Levant du vieux bassin d'Hardinghen, il n'existe, au-dessous de Maréchale, que l'une des veines à Deux laies, grande ou petite. Il y aurait donc remplacement, lorsqu'on se dirige de l'Est vers l'Ouest, de cette veine à Deux laies par la veine à Bouquettes, et cette dernière serait, dans cette hypothèse, la plus profonde du bassin au sondage d'Hidrequent. En fait, on n'a trouvé à ce sondage, au-dessous de sa troisième veine (de 2 m. 72, tout charbon), que des veinules de faible épaisseur; mais y a-t-on exploré toute la partie inférieure de la formation houillère? C'est un point qui reste encore indécis.

Si, maintenant, au lieu de se déplacer de l'Est vers l'Ouest, on descend du Nord vers le Sud, dans le méridien de la fosse Providence, il semble que la diminution d'épaisseur de cette formation fait disparaître successivement les veines supérieures. A la fosse du Souich, l'irrégularité des terrains et des couches de houille qu'ils renferment ne permet malheureusement pas d'établir une identification certaine entre ces couches et celles exploitées, au Nord, à la Renaissance n° 1 et à la Providence; le faisceau semble toutefois y être complet dans la verticale du puits; c'est seulement au Midi que certaines couches cessent de se montrer.

La nature des charbons exploités au groupe des fosses Providence et Renaissance est la même que celle des houilles du reste du bassin d'Hardinghen. On peut s'en rendre compte par les analyses que l'on trouvera au tableau ci-après (voir page 150).

Nature des charbons de la région intermédiaire.

Les travaux de la fosse Providence ont été poussés jusqu'au contact de la faille de Ferques; mais nous avons déjà dit qu'on n'a pas gardé trace de l'apparence de cet accident dans cette région. Nous savons qu'on l'y a rencontré

Rencontre de la faille de Ferques à la fosse Providence.

ÉLÉMENTS.	VEINES EXPLOITÉES.		
	VEINE À CUERELLES.	MARÉCHALE.	INCONNUE.
Carbone fixe...............................	56,5	60,0	61,0
Matières volatiles...........................	38,0	37,5	36,0
Cendres....................................	5,5	2,5	3,0
	100,0	100,0	100,0

par une descenderie partant, à 200 mètres environ au Couchant du puits, de la voie de fond de la veine à Cuerelles, étage de 307 mètres, et par un plan incliné creusé dans la veine Retrouvée en face du puits, qui l'a atteinte à la profondeur de 357 mètres; à partir de l'extrémité de ce plan, on l'a suivie sur quelques mètres à l'Ouest par une galerie, du bout de laquelle on est revenu au Sud, vers la veine Maréchale, au même niveau de 357 mètres, par un recoupage (Pl. I).

A ces points de rencontre de la faille de Ferques, on n'a plus observé la contre-pente N. S. du terrain houiller reconnue à la fosse Espoir n° 2; il y a simplement tendance à l'aplatisssement, près de la faille, des veines plongeant vers le Nord.

Quant à la zone inférieure du bassin, suivie de l'étage du grès des Plaines, elle est assez peu connue aux nouvelles fosses d'Hardinghen.

A la Providence, un beurtia exécuté dans la bowette Sud, au niveau de 307 mètres, a traversé les terrains suivants au-dessous de la veine Inconnue :

Exploration de la zone inférieure du bassin aux fosses Providence et du Souich.

Roc................................,......................	1^m,00
Grès..	9,00
Schiste noir pyriteux............................	5,50
Toit friable.....................................	0,50
Cuerelle.......................................	1,50
Schiste.......................................	1,40
Grès blanc très dur..............................	2,50
Grès blanc moins dur............................	2,15
Schiste noir....................................	0,85

TOTAL......................	24,40

Le grès blanc et le schiste noir représentent, ici, l'étage du grès des Plaines.

D'autre part, cette même bowette a rencontré un banc calcaire, mais ce banc ne constituait pas le fond du bassin, car, au delà, un trou de sonde de 10 à 12 mètres de long a encore recoupé du charbon [1]. Il a fallu arrêter le percement de la galerie, parce que son front donnait issue à une abondante venue d'eau que l'on a dû aveugler par un serrement en maçonnerie.

Longtemps auparavant, dès 1852, un sondage de 18 mètres de profondeur, pratiqué au fond du puits du Souich, y avait atteint le niveau de 172 mètres; on y avait trouvé des débris calcaires qui dénotaient le fond du bassin.

La faille d'Élinghen, qui limite à l'Ouest la région dont nous nous occupons, a été rencontrée à 900 mètres environ au Couchant de la fosse Providence, vers la fin de l'année 1880, sensiblement parallèle à celle de Locquinghen, et dirigée comme elle du N. N.-E. au S. S.-O.; elle plongeait de 70° environ vers l'O. N.-O. D'après Lisbet [2], administrateur délégué de la compagnie de Réty, Ferques et Hardinghen, elle déplaçait les assises houillères dans le sens vertical d'environ 65 mètres, et elle obligeait à exécuter un cheminement horizontal d'environ 220 mètres, pour recouper toutes ces assises à la même altitude. Au delà, vers le Couchant, les terrains étaient très solides et présentaient une parfaite régularité. Le rejet horizontal des terrains de l'Ouest avait lieu vers le Nord, et ces terrains étaient relevés par rapport à ceux du Levant.

Découverte
de
la faille d'Élinghen.

De nombreuses inondations ont désolé l'exploitation des nouvelles fosses d'Hardinghen. Elles ont été produites par deux causes, l'invasion directe des eaux du calcaire supérieur, et celle des eaux des vieux travaux du Levant. Au début, on n'avait pas eu à se préoccuper de cette seconde cause, car la fosse Espoir n° 2 était encore en activité, à l'Est des puits de la région intermédiaire. Mais quand, en 1858, cette fosse a été inondée, il devint indispensable de se préoccuper du danger résultant de son voisinage. Cette nécessité était d'autant plus impérieuse que, lors de cette inondation, la fosse Renaissance n° 1, qui était elle-même pleine d'eau, s'était vidée en partie, ce qui démontrait l'existence de communications souterraines entre son champ d'exploitation et celui de l'Espoir. Évidemment, il était impossible de supprimer entièrement les effets de cette solidarité; on ne pouvait que les réduire

Inondations
des
nouvelles fosses
d'Hardinghen.

[1] LISBET, Rapport de mars 1878.
[2] LISBET, Rapport à l'assemblée générale du 5 mai 1881.

au minimum, et, dans ce but, on réserva un massif de protection d'une centaine de mètres de largeur entre les deux groupes de travaux. Malheureusement, en 1882, le charbon à abattre faisant défaut, on commit l'imprudence d'entamer ce massif par les galeries de la veine à Cuerelles au Levant de la Renaissance, niveau de 184 mètres, en vue d'aller exploiter, au delà de la faille de Locquinghen, des parties de la veine à Deux laies que l'on savait exister encore au Sud du puits Espoir n° 2. Il en résulta une inondation de la Renaissance n° 1, qui fut l'une des plus graves de cette fosse, et obligea à y monter une nouvelle pompe d'épuisement.

3° NOUVEAU BASSIN D'HARDINGHEN.

Mode
d'exploitation
du
nouveau bassin
d'Hardinghen.

Le nouveau bassin d'Hardinghen, c'est-à-dire la partie de ce bassin située à l'Ouest de la faille d'Élinghen, n'a été exploité que par les chassages du Couchant de la Providence. Aucun puits spécial n'a été creusé pour en tirer parti.

Épaisseur
du calcaire
de recouvrement.

Dans cette région, le calcaire carbonifère qui recouvre la formation houillère, bien que relevé par la faille d'Élinghen, devient bientôt plus épais que dans la région intermédiaire, où ont été creusées les fosses Providence, Renaissance n° 1 et du Souich. Au sondage d'Hidrequent, on n'en est sorti, pour entrer dans le terrain houiller, qu'à la profondeur de 345 mètres, et, au sondage de Blecquenecques, qu'à celle de 436 m. 35. La loi générale de l'augmentation de puissance du calcaire de recouvrement se vérifie donc toujours lorsqu'on s'éloigne de l'Est vers l'Ouest. Mais, en même temps, cette puissance tend à diminuer lorsqu'on va vers le Sud, en s'éloignant de la faille de Ferques; c'est ainsi qu'au sondage de Basse-Falise, situé à 1.100 mètres au S. S.-O. de celui d'Hidrequent, le terrain houiller aurait été atteint, d'après les renseignements fournis par M. Rigaux, à la profondeur de 275 mètres seulement, sous 1 mètre de terre végétale, 81 mètres de Dévonien supérieur (Famennien) et 193 mètres de calcaire. Si ces cotes sont exactes, le dôme houiller qui paraît avoir été atteint à la fosse du Souich se continuerait vers le Couchant, en remontant la formation houillère aux abords du sondage de Basse-Falise.

A l'Ouest de la faille d'Élinghen, la direction et l'inclinaison des veines se maintiennent à peu près dans les mêmes conditions qu'au Levant (planche I); mais le faisceau y subit d'importantes modifications.

La veine Maréchale y conserve son épaisseur habituelle de o m. 80 à
1 mètre.

Quant à la veine à Cuerelles, elle cesse d'y exister; plusieurs petits bures qui
ont été exécutés pour la retrouver au-dessus de Maréchale n'ont donné aucun
résultat; deux d'entre eux seulement ont atteint, non pas la veine à Cuerelles,
qui faisait défaut, mais la veine à Boulets; l'épaisseur de celle-ci était satisfaisante, puisqu'elle atteignait 1 m. 80; malheureusement, elle était très
mélangée de schiste, et inexploitable pour cette raison [1].

La veine Inconnue se réduit à une simple trace au delà de la faille d'Élinghen.

Par contre, la veine à Bouquettes y devient de plus en plus belle, et c'est
sur elle surtout que l'on doit, dans cette région, fonder l'avenir de l'exploitation.

En définitive, les travaux n'ont porté, dans le nouveau bassin, que sur
Maréchale et veine à Bouquettes.

A la première, dont l'allure est à peu près constante, on peut attribuer une
ouverture moyenne de o m. 95, dont o m. 80 d'un seul sillon de charbon au
toit, et o m. 15 de havrit au mur. Seulement, elle donne beaucoup moins
de gros que du côté du Levant; la proportion de gros tombe en effet, dans
cette région, à environ 30 p. 100.

La puissance de la veine à Bouquettes est variable; mais on ne se trompera
pas beaucoup en lui assignant, au voisinage de la faille d'Élinghen, une
moyenne de 2 mètres en charbon, avec intercalation accidentelle de schistes
noirs; parfois, elle se renfle, de manière à avoir 4 et même 5 mètres
d'épaisseur. Cependant, il existe, à 250 mètres environ au Couchant de ladite
faille, une bande stérile de 100 à 150 mètres de largeur dans le sens de l'Est
à l'Ouest, dans l'étendue de laquelle la veine à Bouquettes (comme aussi
la veine Maréchale) n'est plus marquée que par une trace. Cette bande qui, en
plan, est sensiblement dirigée du Nord au Sud, divise en quelque sorte le
nouveau bassin d'Hardinghen en deux parties distinctes.

Dans celle qui s'étend vers le Couchant, Maréchale n'a plus été explorée;
mais la veine à Bouquettes y a été suivie jusqu'à 160 mètres environ de la limite
occidentale de la concession d'Hardinghen. A l'avancement, elle avait, d'après
M. Soubeiran [2], une puissance moyenne en charbon de 1 m. 40; mais son

Modifications
dans
la composition
du
faisceau de veines
à l'Ouest
de
la faille d'Élinghen.

[1] MONCEAU, Rapport du 8 mai 1883.
[2] SOUBEIRAN, Rapport du 29 mai 1885.

épaisseur, parfois très réduite, sans descendre cependant au-dessous de
o m. 80 , s'élevait localement jusqu'à 4 mètres, par suite de renflements
et d'étreintes.

Dans la dernière période d'activité de la fosse Providence, l'exploitation
était exclusivement concentrée à l'Ouest de la faille d'Élinghen, dans les veines
Maréchale et à Bouquettes; on pouvait y employer des lampes à feu nu, vu
l'absence de grisou. Tous les autres travaux avaient été successivement abandonnés.

Assimilation
des veines
du
nouveau bassin
d'Hardinghen
à celles
du sondage
d'Hidrequent.
Il est intéressant de comparer le gisement du nouveau bassin d'Hardinghen
à celui qui a été découvert à l'Ouest, dans la concession de Ferques, par le
sondage d'Hidrequent.

Ce dernier comprend trois veines qui, considérées normalement à la stratification, ont les compositions suivantes :

A 379 mètres, veine de 1 m. 35, en un seul lit de charbon;

A 403 mètres, veine de 1 m. 98, formée de deux lits de charbon de
o m. 41 au toit et o m. 43 au mur, séparés par un banc de schiste de 1 m. 14 ;

A 423 mètres, veine de 2 m. 72, tout charbon.

D'une façon générale, la distance des veines du bassin d'Hardinghen
augmente vers l'Ouest. Ainsi, dans l'axe du puits de la Providence, il n'y a qu'un
intervalle de 9 m. 60 entre les murs des veines Maréchale et à Bouquettes,
alors que cette distance est de 17 à 20 mètres à l'Ouest de la faille d'Élinghen.

Si l'on compare l'épaisseur de la veine à Bouquettes de la Providence à
celle de la troisième veine d'Hidrequent qui, seule, lui ressemble sous ce
rapport, et si l'on tient compte en outre de la distance relativement faible
qui sépare l'extrémité occidentale de la voie de fond de la veine à Bouquettes,
au niveau de 307 mètres de la Providence, du sondage d'Hidrequent
(900 mètres environ), on est conduit à penser que cette veine est identique
à la troisième d'Hidrequent.

La deuxième veine d'Hidrequent serait alors assimilable à Maréchale de la
Providence. A cette fosse, Maréchale est formée d'un unique sillon de charbon; mais on trouve au-dessus d'elle, à une distance de 1 mètre environ, une
passée de o m. 10 à o m. 60 que l'on n'exploite pas, et avec laquelle elle
forme un ensemble ayant une grande ressemblance avec la deuxième veine
d'Hidrequent. De plus, la distance de cette deuxième veine à la troisième
cadre bien avec celle de Maréchale à veine à Bouquettes, à l'Ouest de la faille
d'Élinghen.

Enfin, d'après les cotes d'altitude, la première veine d'Hidrequent serait l'équivalent de la veine à Cuerelles. Nous avons vu que celle-ci se réduit à une passée extrêmement mince au Couchant de la faille d'Élinghen; mais, au puits même de la Providence et aux environs, elle a une épaisseur approchant de 1 mètre, quelquefois plus, quelquefois moins, et elle est tantôt en un seul, et tantôt en deux sillons; il est possible qu'après s'être amincie, elle se renfle de nouveau dans les parages du sondage d'Hidrequent. Il est même naturel de croire qu'il en est ainsi, et que, par suite, elle est assimilable à la première veine de ce sondage.

Ce qu'il importe surtout de retenir, c'est que, dans la direction de l'Ouest, les veines sont plus espacées qu'au Levant, et qu'en même temps, à en juger par l'exemple de la veine à Bouquettes, et aussi de la veine à Cuerelles, s'il est vrai qu'elle soit assimilable à la première veine du sondage d'Hidrequent, leurs épaisseurs ont de la tendance à augmenter.

Il n'est pas impossible non plus que, dans la concession de Ferques, et à l'Ouest de celle d'Hardinghen, la disparition des veines inférieures à la veine à Bouquettes soit compensée par l'apparition de nouvelles couches exploitables, supérieures à la veine à Cuerelles, et se plaçant à hauteur des veines les plus élevées du gisement de l'Espoir.

GÉNÉRALITÉS SUR LE BASSIN PRINCIPAL D'HARDINGHEN.

A la suite de la découverte de la faille d'Élinghen, Lisbet[1] considérait, comme nous l'avons fait nous-même, le bassin principal d'Hardinghen comme composé de trois parties, la première située à l'Est de la faille de Locquinghen (vieux bassin), la deuxième comprise entre cette faille et celle d'Élinghen (région intermédiaire), et la troisième s'étendant à l'Ouest de cette dernière (nouveau bassin), pour se prolonger jusqu'à l'intérieur de la concession de Ferques, vers Hidrequent et Blecquenecques. Il évaluait la superficie du terrain houiller utile dans ces trois régions à 192 hectares. Sur cette superficie, il resterait, d'après M. L. Breton, 60 hectares à déhouiller dans le nouveau bassin.

Il ne saurait plus être pratiquement question de reprendre, dans la région intermédiaire ou centrale, les fosses Providence, Renaissance et du Souich, qui ont été comblées, et dont les eaux ont envahi les travaux.

Avenir de l'exploitation du bassin principal d'Hardinghen.

[1] Lisbet, Rapport à l'assemblée générale du 5 mai 1881.

Serrements
exécutés à l'Ouest
de
la fosse
Providence.

Mais rien n'empêche de revenir dans le nouveau bassin par des puits à ouvrir pour cet objet. En effet, l'administration des Mines, reconnaissant l'intérêt qu'il y avait à le préserver contre les eaux provenant des anciens travaux, a prescrit la construction de serrements qui ont été exécutés dans de bonnes conditions sous sa surveillance, et donnent toute sécurité à cet égard.

Ces serrements ont été construits dans la bande stérile qui divise en deux le nouveau bassin d'Hardinghen. Ils ont été au nombre de deux (planche I). Le premier a été établi dans la voie de fond de la veine à Bouquettes de l'étage de 307 mètres de la Providence, cote 295 mètres, à un endroit où cette veine se réduit à un filet argileux encaissé dans des roches très dures; le second dans un recoupage reliant la veine Maréchale à la veine à Bouquettes. Grâce à cette précaution prise par le service des Mines, l'avenir a été sauvegardé, et les 60 hectares restés intacts vers la limite occidentale de la concession d'Hardinghen conservent une réelle valeur.

Évaluation
du tonnage
de houille restant
à extraire
du
bassin principal
d'Hardinghen :
1° dans
la concession
d'Hardinghen.

L'évaluation du tonnage de houille pouvant être extrait du bassin principal d'Hardinghen n'est pas facile à faire.

Dans leur consultation de 1865, Callon, de Bracquemont et Cabany attribuaient à la formation houillère, au puits de la Providence, une épaisseur totale de 189 mètres, et à l'ensemble des veines exploitables, au nombre de neuf selon eux, une puissance de 7 m. 96, correspondant à 1/23 de cette épaisseur. Mais ils ajoutaient que cette puissance diminuait vers le Sud, et se réduisait à 4 m. 11 en cinq couches, vers le milieu de l'intervalle compris entre les fosses du Souich et Renaissance n° 1. Pour eux, le champ d'exploitation de cette dernière fosse et de celle de la Providence s'étendait alors, en direction, sur 2.125 mètres, et, perpendiculairement à la direction, sur 836 mètres, avec une puissance moyenne en charbon de 5 m. 61. Ce champ contenait donc, à leur avis, 100 millions d'hectolitres de houille, soit, en chiffre rond, 10 millions de tonnes.

Cette estimation pourrait paraître optimiste en ce qui concerne l'épaisseur du charbon exploitable, car, d'après Lisbet [1], on n'avait guère attaqué en grand, aux fosses Providence et Renaissance, en 1881, que deux couches de houille d'une puissance totale de 1 m. 81, indépendamment d'une petite exploitation dans une troisième veine; mais il ne faut pas oublier qu'à ce

[1] Lisbet, Loc. cit.

moment encore la région intermédiaire n'était pas, à beaucoup près, complètement explorée. En outre, le champ d'exploitation de la Providence s'est plutôt agrandi en direction, postérieurement au rapport de Callon, de Bracquemont et Cabany, par suite des reconnaissances en chassage qui ont été opérées du côté du Couchant, au delà de la faille d'Élinghen.

D'autre part, il reste dans l'ancien bassin une étendue notable de terrain houiller, recouverte par le calcaire près de la faille de Ferques, où le gisement a été peu exploité. Dans la région intermédiaire, les veines supérieures sont restées presque intactes, et la bande Sud du bassin, irrégulière il est vrai, n'a pour ainsi dire pas été touchée. Enfin, il peut se faire que le bassin du sondage n° 3 de Fiennes soit de nature à apporter un contingent notable à l'exploitation.

En faisant intervenir ces diverses circonstances, et toutes autres à prendre en considération, et en faisant aussi la part de l'influence des étreintes, des crans, des failles, des brouillages, en un mot de toutes les causes susceptibles d'appauvrir localement les veines, il ne nous semble pas excessif d'adopter, aujourd'hui encore, l'opinion des experts de 1865, et d'évaluer à 10 millions de tonnes le disponible actuel en houille de la concession d'Hardinghen, dans le bassin principal, quantité à ajouter aux 2.216.000 tonnes qui ont été extraites jusqu'à présent.

La concession de Fiennes, dont la partie septentrionale est située au Nord de la faille de Ferques, c'est-à-dire en dehors de la formation houillère, se trouve, pour le reste, c'est-à-dire pour un huitième au plus de sa superficie, située dans la région orientale du bassin, où le terrain houiller a, sur sa périphérie, une assez faible épaisseur. Ce terrain y a longtemps été exploité (jusqu'en 1849). Au cas même où le bassin du sondage n° 3 de Fiennes se développerait du côté de l'Est, il n'y en aurait qu'une bien faible partie à l'intérieur de cette concession. On doit donc regarder le tonnage de charbon qu'elle peut encore fournir comme relativement peu important.

La concession de Ferques ne renferme de terrain houiller réellement exploitable qu'au Midi de la faille de Ferques; mais, dans cette région, il semble que le bassin s'étende jusqu'à sa limite Sud, depuis la concession d'Hardinghen, à l'Est, jusqu'à la route de Boulogne à Calais, à l'Ouest, c'est-à-dire sur une surface d'environ 450 hectares. Les constatations opérées au sondage de Blecquenecques n'ont pas été faites avec précision et n'ont pas le caractère d'une complète authenticité; mais celles qui ont eu lieu au sondage

2° dans la concession de Fiennes.

3° dans la concession de Ferques.

d'Hidrequent paraissent mériter pleine confiance. Elles ont mis en évidence une épaisseur *verticale* de charbon exploitable de 5 m. 67, pour une hauteur explorée de 162 mètres, ce qui correspond à une proportion d'environ 1/28 de la masse du terrain houiller. En ne tablant que sur cette puissance en houille, c'est-à-dire en négligeant toutes veines qui seraient recoupées au-dessus ou au-dessous de celles connues, pour compenser les appauvrissements locaux de ces dernières, on arrive à évaluer à 25 millions de tonnes environ la quantité de charbon contenue dans la concession de Ferques, au Midi de la faille de Ferques.

Total. — Le total, pour l'ensemble des trois concessions du bassin d'Hardinghen, est d'environ 35 millions de tonnes. Mais il pourra être augmenté ultérieurement par l'addition des terrains concessibles qui paraissent exister jusqu'à une certaine distance au Sud de ladite faille, vers le sondage de Basse-Falise, et éventuellement de ceux qui peuvent exister à l'Ouest de la route de Boulogne à Calais.

Mais, même en faisant état de ces suppléments, on n'arrive qu'à un chiffre extrêmement faible par rapport à ceux que donnent les parties du bassin de Valenciennes situées dans les départements du Nord et du Pas-de-Calais. Il faut s'en prendre de cette disproportion à l'étendue très limitée de la superficie connue du bassin d'Hardinghen, et à l'épaisseur relativement faible de la formation houillère dans les régions où elle a été explorée et exploitée.

Densité en houille du bassin principal d'Hardinghen, Continuité et valeur industrielle de son faisceau. — Dans tous les cas, si ce bassin est exigu dans toutes ses dimensions, il possède une densité en charbon tout à fait satisfaisante. D'après les estimations que nous avons données, la houille exploitable y représenterait le 1/23 du volume de la formation houillère dans la concession d'Hardinghen, et le 1/28 dans la concession de Ferques. Ces proportions dépassent de beaucoup celle du bassin de Valenciennes, dans le département du Nord, que nous avons évaluée à 1/60 [1]. D'autre part, malgré les dislocations et bouleversements que le bassin d'Hardinghen a subis postérieurement à sa formation, et malgré les variations que nous avons signalées dans la composition de ses veines, son faisceau se présente dans des conditions de continuité et de valeur industrielle favorables à une exploitation avantageuse.

Insuccès des compagnies qui l'ont exploité. — Eu égard à ces circonstances favorables, on peut s'étonner de l'insuccès persistant des compagnies qui l'ont successivement exploité. Leur échec a tenu

[1] A. OLRY, *Topographie du bassin houiller de Valenciennes.*

à deux causes principales : En premier lieu, au peu d'étendue et à l'irrégularité de la partie orientale, voisine d'Hardinghen, où ce bassin n'est pas recouvert par le Calcaire carbonifère, et affleure sous le Jurassique ou le Crétacé, irrégularité accusée en dernier lieu par les travaux de la fosse Glaneuse n° 1 ; cependant, il ne faut pas oublier que c'est dans cette partie que la première société de Fiennes a réalisé les bénéfices qui lui ont permis de distribuer 628.000 francs de dividendes pendant les années 1842 à 1847, 1850, 1856 et 1858. En second lieu et surtout, à l'épuisement des eaux dans les fosses les plus récentes, notamment la Renaissance n° 1 et la Providence, ouvertes sur le Calcaire carbonifère.

Ces eaux venaient du calcaire; elles n'auraient pas pénétré en aussi grande quantité dans les travaux si l'on avait réservé contre lui une planche de terrain houiller d'épaisseur suffisante pour les retenir, et si, en outre, on avait préservé les colonnes de puits par des massifs de protection de dimensions convenables. Il aurait fallu creuser tout d'abord les puits jusqu'à une grande profondeur, au besoin jusqu'à la base de la formation houillère, et exploiter ensuite celle-ci en remontant, de manière à être affranchi le plus longtemps possible de l'afflux des eaux. On a malheureusement agi d'une toute autre façon. C'est ainsi qu'à la Renaissance, où le terrain houiller avait été atteint à la profondeur de 111 mètres, on a installé un premier accrochage à celle de 129 mètres. Aussi est-il arrivé qu'une venue d'eau de 4.500 hectolitres par jour s'est déclarée à la séparation du calcaire et du terrain houiller, alors que les voies de fond n'avaient que 50 mètres de longueur, d'où nécessité de monter immédiatement une première machine d'épuisement. La même imprudence a été commise à la fosse Providence, où le premier accrochage a été établi au niveau de 180 mètres, soit 3 mètres seulement au-dessous du calcaire, de sorte que, trois années après sa mise en activité, un décollement du terrain houiller, affaissé au-dessous du calcaire, a amené dans les travaux une venue d'eau de 35.000 hectolitres par 24 heures, qui les a inondés.

Depuis lors, la situation n'a cessé de s'aggraver à ces deux fosses. Ayant été inondées à plusieurs reprises, il a fallu y installer et y faire fonctionner à grands frais des machines d'exhaure que l'on devait sans cesse aider par d'autres, ou remplacer par des machines plus robustes et plus puissantes.

L'histoire de ces puits est lamentable à cet égard.

Nous avons signalé qu'à la fin de 1869 le bris d'un retour d'eau à la grande

Charges résultant de l'épuisement des eaux.

pompe de la fosse Providence a eu pour conséquence la liquidation de la première société de Fiennes.

Pendant l'hiver de 1871-1872, la compagnie de Réty, Ferques et Hardinghen dut épuiser jusqu'à 45.000 hectolitres par 24 heures, dont 35.000 à la Providence et 10.000 à la Renaissance.

En décembre 1872, cet épuisement dépassa 62.000 hectolitres, et il fallut y faire face par la seule machine de la Providence, celle de la Renaissance ayant été démontée pour être remplacée par une autre.

En 1873 et 1874, on atteignit les maximums de 54.000 et 63.500 hectolitres par 24 heures.

Pendant l'hiver de 1875, l'exhaure monta jusqu'à 71.000 hectolitres; les pluies aggravaient en effet le mal.

Évidemment, les moyennes annnuelles étaient inférieures à ces quantités; elles étaient néanmoins considérables; celle de 1877 fut, d'après les ingénieurs des Mines, de 42.000 hectolitres par jour.

En outre, les inondations causaient de grands dégâts au fond, à cause de la nature des schistes, qui sont très impressionnables à l'eau et foisonnent immédiatement à son contact.

Dans un rapport présenté à l'assemblée générale tenue le 9 juin 1885 par la compagnie de Réty, Ferques et Hardinghen, les pertes totales de l'exploitation proprement dite depuis sa fondation sont évaluées à . . .   2.148.000^f

alors que les frais d'exhaure avaient été de . . . .   3.034.000^f

Les pertes se seraient donc transformées en un bénéfice de   886.000^f

s'il n'y avait pas eu d'épuisement à opérer.

D'autre part, la production de la compagnie jusqu'en 1885 n'a guère dépassé 950.000 tonnes. Les frais d'exhaure se sont donc élevés à plus de 3 francs par tonne.

Une pareille charge était évidemment écrasante, et l'on s'explique que la compagnie de Réty, Ferques et Hardinghen ait succombé sous son poids.

Cette situation a été la conséquence de la faute originelle qui a été commise en commençant l'exploitation au voisinage immédiat du calcaire, et sans massifs de protection suffisants autour des puits. Il faudra éviter de la renouveler.

B. Région d'Hénichart et du bois des Roches.

Cette région a été explorée et exploitée par un assez grand nombre de fosses, toutes très anciennes. Nous citerons celles du Bois des Roches, Hénichart, de la Tuilerie, de Noirbernes, Saint-Lambert, Hiart n° 1, des Sans-Culottes, etc.

Les contestations qui se sont produites à la fin du xviii° siècle entre la société Desandrouin-Cazin, Pierre-Élisabeth de Fontanieu et le sieur Desbarreaux, propriétaires, la première des fosses Hénichart, le deuxième de celles de Noirbernes, et le troisième de celles de la Tuilerie, ont été tranchées par les arrêts du Conseil des 14 mars et 31 juillet 1784, que nous avons cités dans un précédent chapitre.

Dès 1783, Duhamel[1] signalait, dans le bassin d'Hardinghen, une région méridionale où les terrains plongeaient du Nord au Sud. C'était celle dont nous allons maintenant parler. On y exploitait une veine recouverte, vers la limite des communes d'Hardinghen et de Réty, par des schistes et grès au-dessus desquels s'étendait le calcaire, avec séparation probable par une faille inclinée vers le Midi. L'épaisseur de cette veine était de 1 m. 30 en moyenne. Le calcaire arrivait parfois à son contact; il était poreux et caverneux, et donnait beaucoup d'eau. C'est à cet endroit, d'après Duhamel, que la première découverte de la houille a été faite dans le Boulonnais.

Dans l'*Annuaire statistique et administratif du département du Pas-de-Calais* pour l'année 1810, on lit : « On connaît une autre couche au Sud; on l'a exploitée, mais elle est de qualité inférieure; elle a peu d'épaisseur et peu d'étendue; elle est encaissée dans des terrains absolument étrangers aux mines; on ne peut croire qu'il n'en existe qu'une dans cette partie, lorsque le changement de la pente semble indiquer, au contraire, que c'est le retour des mines ».

Cette dernière observation est bien conforme à la vérité. Si les failles du Sud n°ˢ 1 et 2 n'étaient venues enlever une grande partie des dépôts houillers, on retrouverait, au Midi de la selle calcaire qui limite le bassin principal d'Hardinghen, le faisceau tout entier de ce bassin; mais, aux fosses du Bois des Roches, par exemple, la faille du Sud n° 1 est venue couper ce faisceau en sifflet, et en a fait disparaître la partie supérieure : cet accident n'y a

marginalia:
Fosses qui ont exploré et exploité la région d'Hénichart et du bois des Roches.

Allure de la formation houillère; son gisement.

[1] Duhamel., Rapport du 23 août 1783.

respecté qu'une seule veine, qui est celle dont parlait Duhamel. Là, elle est comprise entre deux calcaires, savoir : le calcaire à *Productus giganteus* en place formant le fond du bassin, et le calcaire de recouvrement situé au-dessus de la faille du Sud n° 1.

Cette veine appartient-elle à l'étage du grès des Plaines situé à la base de la formation houillère d'Hardinghen, ou n'est-elle qu'un retour plongeant au Sud d'une des veines les plus profondes de l'étage houiller proprement dit du Boulonnais? Cette seconde hypothèse nous paraît la plus vraisemblable; c'est celle qu'admettaient les anciens, et il n'y a aucune raison de la rejeter.

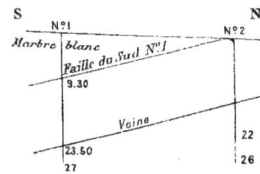

Travaux
d'exploitation.

Fig. 39. — Coupe N. S.
par les puits n°ˢ 1 et 2 du Bois des Roches.

(Échelle 1/1.000°.)

Les fosses du Bois des Roches ont été assez nombreuses.

Deux puits, ouverts en 1798, y ont, comme l'indique la coupe figure 39, rencontré le terrain houiller et une veine de houille plongeant au Midi, sous une faille également inclinée vers le Sud et recouverte par le marbre blanc.

D'autres puits, au sujet desquels on possède des renseignements plus complets, datent de 1806 à 1808. Ils sont au nombre de trois. Nous donnons (fig. 40) une coupe verticale des terrains qu'ils ont traversés. L'un d'eux (1806) a été abandonné dans le calcaire de recouvrement à la profondeur de 28 m. 80. Le deuxième (1807) est entré dans le terrain houiller sous le calcaire au niveau de 22 mètres, et a été poursuivi jusqu'à celui de 58 m. 39; à la profondeur de 45 m. 28, il a trouvé une couche de charbon de 0 m. 65 d'épaisseur, inclinée vers le S.S.-O.; les eaux ont bientôt obligé d'en abandonner l'exploitation. Enfin, le troisième (1808) est sorti du calcaire carbonifère à la profondeur de 10 m. 53, et a rencontré, à celle de 42 m. 68, la veine du puits précédent; il a été poursuivi jusqu'à celle de 44 m. 89. Ces trois puits sont

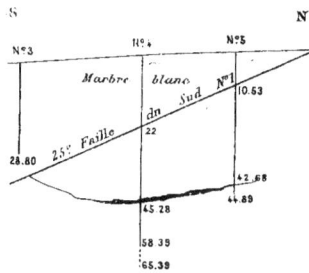

Fig. 40. — Coupe N. S.
par les puits n°ˢ 3, 4 et 5 du Bois des Roches.

(Échelle : 2/3.000°.)

échelonnés du Sud au Nord, et révèlent à la fois une allure assez plate du terrain houiller plongeant vers le S.S.-O., et une inclinaison de la faille du Sud n° 1 d'environ 25 degrés dans la même direction.

Le terrain houiller du bois des Roches va affleurer au Nord du troisième puits ci-dessus. Une ancienne recherche au Nord a trouvé cet affleurement, et a été arrêtée dans les grès houillers, à cause de l'abondance des eaux, à la profondeur de 11 toises; mais la largeur de la bande houillère est assez faible, car, non loin dans la même direction, la fosse Suzette est tombée directement sur le calcaire à *Productus giganteus* en place; cette fosse se trouve sur la selle calcaire dont l'autre versant va passer à la fosse Mouquette et à celles du Bois d'Aulnes.

A la fosse des Sans-Culottes, creusée sous la Terreur (1793), on a exploité, par deux puits de 8 à 10 toises de profondeur, une veine en chapelet d'une épaisseur variant de 6 à 10 pouces (0 m. 65 à 1 m. 10).

A la fosse Hiart n° 1, comprenant deux anciens puits qui ont été vidés en 1808 et 1809, on a rencontré des cuerelles à la profondeur de 14 toises, puis, presque immédiatement, une veinule de 8 pouces d'ouverture (0 m. 22) inclinée vers le Sud. A 22 toises, on a pénétré dans un calcaire d'une extrême dureté, dans lequel on s'est enfoncé de 5 mètres sans résultat.

Les grès blancs micacés de l'étage du grès des Plaines ont été signalés à la base du terrain houiller dans le bois des Roches. Ces grès reposent eux-mêmes sur un calcaire noirâtre à entroques, suivi par un calcaire gris sombre.

Le recouvrement de la bande houillère de cette région n'est pas toujours constitué par le calcaire carbonifère. Ainsi, la fosse de Noirbernes n° 2 est tombée sur les schistes rouges, au-dessous desquels on est entré directement dans le terrain houiller; on voit sur l'emplacement de cette fosse un mélange de schistes rouges et de schistes houillers bien caractérisés.

Recouvrement direct du terrain houiller par le Dévonien supérieur.

A cet endroit, c'est la faille du Sud n° 2 qui vient couper en sifflet la formation houillère du côté du Midi. Tout se passe, suivant du Souich[1], comme si le terrain houiller s'était affaissé entre deux grandes fractures, la faille de Ferques, au Nord, et la faille du Sud n° 2, au Midi.

A la fosse Bouchet, continuée par un sondage, on a aussi atteint le Dévonien, sans calcaire interposé; mais, là, le calcaire existe, plus près de la surface, appliqué sur le terrain houiller et recouvert par le Dévonien, ainsi que

[1] Du Souich, Rapport du 25 mai 1842.

l'indique la coupe verticale, fig. 41, passant par cette fosse et par les fosses
Hénichart n°s 2 et 3; le puits Bouchet l'aurait traversé, comme l'a fait la fosse
Saint-Lambert, s'il avait été placé
un peu plus au Nord.

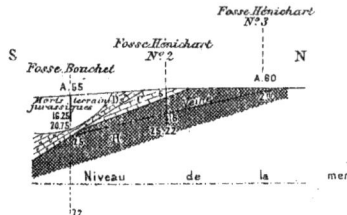

Fig. 41. — Coupe verticale
passant par les fosses Bouchet et Hénichart n°s 2 et 3.

(Échelle : 1/3.000^e.)

H. Terrain houiller. — C. Calcaire.
— Ds. Dévonien supérieur.

Aux fosses du Bois des Roches,
où le recouvrement du terrain
houiller a lieu en calcaire carbonifère, ce calcaire est assimilable à
celui qui lui est superposé dans la
partie occidentale du bassin principal d'Hardinghen, la faille du Sud
n° 1 se confondant, comme nous
l'avons maintes fois expliqué, avec
la faille du Nord de ce dernier
bassin.

Extraction faite
dans la région
d'Hénichart
et
du bois des Roches.
Ressources
en charbon
de cette région.

Le groupe des fosses de la région d'Hénichart et du bois des Roches n'a pas
donné une extraction supérieure à 50.000 tonnes de houille. Les ressources
qu'il renferme encore sont incomparablement inférieures à celles du bassin
principal d'Hardinghen.

C. Région des Plaines.

Les veines de la région des Plaines sont interstratifiées dans le calcaire
carbonifère en place, à la partie supérieure de la zone à *Productus giganteus*.

M. Gosselet[1] a émis l'avis que leur niveau correspond à celui du puits
Frémicourt n° 1 de Ferques, c'est-à-dire à celui de l'étage du grès des Plaines
d'Hardinghen, constituant la base du terrain houiller. Nous avons vu que cet
étage constitue une sorte de zone de transition entre l'étage calcaire et la formation houillère. L'interprétation de M. Gosselet tendrait à prolonger cette
zone intermédiaire dans le calcaire carbonifère; cela peut se soutenir;
néanmoins, il nous a semblé qu'en raison des caractères très particuliers du
gisement des Plaines encaissé dans le calcaire compacte, comparés à ceux des
veines que l'on a exploitées à la base de la formation houillère, soit dans la

(1) GOSSELET et BERTAUT, *Étude sur le terrain carbonifère du Boulonnais.*

bande de Ferques et Leulinghen, au Nord de la faille de Ferques, soit dans
le bassin proprement dit d'Hardinghen, au Sud de cette faille, il y a lieu plutôt
de rattacher ce gisement au Calcaire carbonifère.

C'est à la ferme des Jardins que, pour la première fois, en 1860, Au-
guste Gillet, brasseur à Hardinghen, rencontra la veine supérieure du gîte
des Plaines au fond d'un puits creusé pour rechercher de l'eau, sous 12 mètres
de morts-terrains crétacés, et 1 m. 55 de calcaire carbonifère. Cette veine,
explorée jusqu'à une quinzaine de mètres au Couchant du puits, présentait
une puissance variant de 0 m. 40 à 1 m. 10 (dans le puits : 0 m. 90). On
était gêné par l'eau.

Découverte
du
bassin des Plaines
au puits Gillet.

A la suite de cette découverte, de nombreux sondages furent entrepris dans
cette région, et permirent de déterminer l'allure et les variations d'épaisseur de
la veine. Les coupes verticales figures 42 et 43 en font connaître les résultats.

Sondages exécutés
à la suite
de
cette découverte.

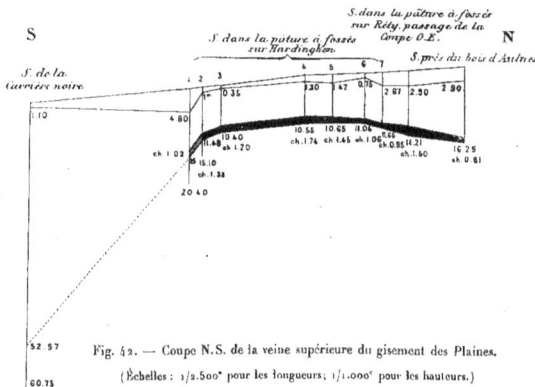

Fig. 42. — Coupe N.S. de la veine supérieure du gisement des Plaines.

(Échelles : 1/2.500° pour les longueurs; 1/1.000° pour les hauteurs.)

D'une façon générale, cette veine est très plate; mais, vers le Sud, elle ne
tarde pas à plonger dans cette direction. Il est même probable que son inclinaison s'accentue à une plus grande distance au Midi, car le sondage de la
Carrière noire, d'une profondeur de 60 m. 75, a rencontré, à 52 m. 97 du
sol, des traces de charbon correspondant peut-être à son passage, auquel cas
elle aurait, à ce sondage, une inclinaison d'environ 24° au Sud.

Consistance
et allure
du gisement.

Sa composition est loin d'être constante. Parfois, elle est formée de charbon pur, mais, souvent aussi, elle présente des amandes ou des lits schisteux inter-calés, de sorte qu'on peut lui trouver l'aspect d'une veine en deux, et même plus de deux sillons de charbon, avec toit et mur de schiste. En d'autres

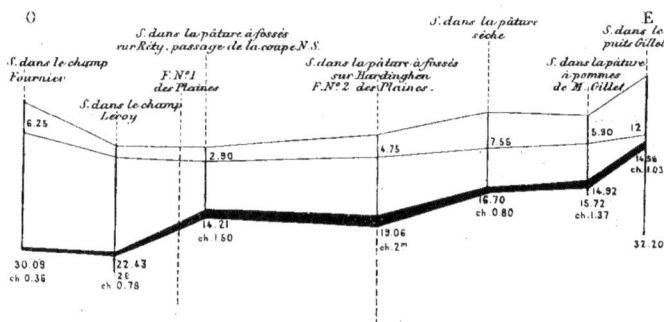

Fig. 43. — Coupe O. E. de la veine supérieure du gisement des Plaines.

(Échelles : 2/15.000ᵉ pour les longueurs; 1/1.000ᵉ pour les hauteurs.)

termes, l'horizon qui lui correspond se présente sous la forme d'une assise charbonneuse et terreuse barrant le calcaire carbonifère, et dont les éléments sont répartis d'une façon très variable.

Fosses nᵒˢ 1 et 2 des Plaines. Le succès de cette exploration a entraîné, au commencement de l'année 1862, le creusement de la fosse nᵒ 1 des Plaines, entreprise par la première société de Fiennes. La veine reconnue par les sondages y a été exploitée à l'étage de 10 mètres; elle avait une épaisseur moyenne de 1 mètre. De plus, on a recoupé, à la profondeur de 25 m. 50, une seconde veine de 1 m. 50, dans laquelle l'abondance des eaux a empêché de développer les tra-vaux.

Les difficultés d'épuisement et le coût élevé du percement des crans dans le marbre ont obligé à abandonner cette fosse au commencement de l'année 1864, après en avoir extrait environ 5.000 tonnes de charbon.

Au mois de décembre de la même année, à la suite de l'inondation de la fosse Providence, on se décida à ouvrir, à 320 mètres environ à l'Est de la fosse nᵒ 1, une autre fosse qui fut désignée par le nᵒ 2, et rencontra les deux mêmes veines que la précédente. La première, recoupée à 13 mètres du sol (fig. 44), était très irrégulière et formée de charbon médiocre; on l'a exploitée par un accrochage établi au niveau de 19 m. 50. La seconde, rencontrée à la profondeur de 32 mètres, a été exploitée par un accrochage à 32 m. 50, avec une puissance en charbon qui, de 1 m. 15 dans le puits, est passée, dans la direction du Sud, à 3 mètres, et même 4 mètres.

L'exploitation de ces deux veines fut entravée par les eaux à la fosse n° 2, comme elle l'avait été à la fosse n° 1. On y installa une machine d'exhaure de 80 chevaux, actionnant deux pompes; mais la venue ayant atteint et même dépassé 6.000 mètres cubes par vingt-quatre heures, il fallut abandonner à son tour la fosse n° 2 en octobre 1866. Sa production n'avait même pas été aussi forte que celle de la fosse n° 1.

Les fosses n°ˢ 1 et 2 des Plaines paraissent avoir été ouvertes au sommet d'une selle; les veines y étaient inclinées dans tous les sens, et on les exploitait généralement en vallées; mais, vers le Sud, leur pente paraissait se fixer définitivement dans cette direction.

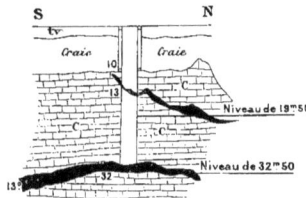

Fig. 44.
Fosse n° 2 des Plaines. — Coupe verticale.
(Échelle : 1/1000ᵐ.)
tv. Terre végétale. — C. Calcaire.

Le charbon extrait manquait d'homogénéité. Tantôt il se boursouflait au feu et collait parfaitement; tantôt il était d'une nature plus maigre. Sa teneur en cendres présentait, de même, des écarts notables en des points différents.

Deux analyses faites sur des échantillons provenant de la fosse n° 1 et prélevés à un endroit où la veine supérieure était formée de deux sillons ont donné les résultats suivants :

ÉLÉMENTS.	SILLON DU TOIT.	SILLON DU MUR.
Carbone fixe..............................	62,50	58,50
Matières volatiles	32,00	33,50
Cendres...............................	5,50	8,00
TOTAUX...............	100,00	100,00

M. L. Breton a eu l'idée de rechercher le gisement des Plaines, du côté de l'Est, par une fosse dite de la rue des Maréchaux. Commencée en octobre 1900, elle a été poursuivie jusqu'à la profondeur de 33 m. 80, et prolongée par un sondage jusqu'à celle de 37 m. 60, mais elle n'a pas trouvé de veine de houille. Elle a été abandonnée en octobre 1901, sans avoir rencontré une quantité d'eau appréciable.

Les veines du gisement des Plaines, si elles ne sont pas un dépôt local, doivent se développer à la partie supérieure du calcaire à *Productus giganteus*, au-dessous du niveau du grès des Plaines situé à la base de la formation houillère d'Hardinghen. Mais on ne les a découvertes nulle part dans les puits et sondages qui ont servi à exploiter et à explorer cette formation. Il est juste de dire que ces puits et sondages n'ont pas été poussés à des profondeurs suffisantes pour qu'on ait pu les y rencontrer.

D'autre part, les couches des Plaines, ou leurs équivalentes, sont inconnues au Nord de la faille de Ferques, dans la bande de Ferques et de Leulinghen.

Si ces couches s'étendaient au-dessous du bassin d'Hardinghen, elles donneraient un appoint important à la richesse houillère du Bas-Boulonnais.

Les veines des fosses des Plaines ayant bon toit et bon mur, on pourrait y obtenir un prix de revient avantageux, si leur exploitation n'était grevée de frais d'épuisement élevés, malgré leur faible distance du sol. Pour éviter ces frais, M. L. Breton a projeté de creuser une galerie d'écoulement ayant une pente d'environ 2 millimètres par mètre, qui partirait, à l'altitude de 30 mètres, au Nord de la ferme de Colhaut, de la rive droite du ruisseau du Rouge-Fort. Elle aurait une longueur de 1.470 mètres, et arriverait à la cote de 33 mètres dans la verticale du puits des Plaines n° 1, dont l'orifice est à l'altitude de 72 mètres. Ce puits, qui a été poussé jusqu'à la profondeur de 30 mètres, devrait être approfondi de 9 mètres, pour arriver au niveau de la galerie d'écoulement. Il ne serait pas impossible de rencontrer une troisième veine dans ce dernier intervalle.

En dehors du bassin de Ferques et Hardinghen, le terrain houiller n'a été rencontré, comme nous l'avons déjà dit, qu'au sondage de Strouanne, situé près de la mer, entre Wissant et le cap Blanc-Nez. Ce sondage a atteint la formation houillère sous les morts-terrains, à la profondeur de 169 mètres, et l'a traversée sur une épaisseur verticale de 124 m. 20, avant de pénétrer dans le calcaire carbonifère. Dans cet intervalle, il a trouvé trois veines de houille mesurant, suivant son axe : 1 m. 05, 0 m. 40 et 0 m. 55, la première au niveau de 226 mètres, la deuxième à celui de 265 mètres, et la troisième à celui de 283 mètres. La plus élevée, qui était en même temps la plus puissante, était inclinée de 20°.

La composition de leurs charbons était analogue à celle des charbons d'Hardinghen :

ÉLÉMENTS.	1er ANALYSE.	2e ANALYSE.
Eau....................................	2,30	2,50
Matières volatiles.......................	36,70	36,50
Carbone fixe............................	59,40	59,00
Cendres argileuses.......................	1,60	2,00
TOTAUX.............	100,00	100,00

Nous avons donné de cette découverte une interprétation sur laquelle il serait superflu de revenir.

A en croire des renseignements d'origine très ancienne, l'existence du terrain houiller aurait été reconnue en plusieurs autres points. Le fonçage du puits de Caffiers, de la première compagnie de Ferques, en 1838, semble, par exemple, avoir été motivé par une soi-disant découverte du terrain houiller qui aurait été faite, dans cette région, par une compagnie fondée en 1793; les fosses ouvertes par elle auraient été bouchées en vertu d'un arrêté du Comité de salut public du 23 nivôse an III.

Renseignements erronés sur d'autres rencontres du terrain houiller.

Ces fosses passaient pour avoir fourni une notable quantité de charbon, ce qui, d'après les résultats des puits de la compagnie de Ferques, était évidemment faux; mais la ressemblance des schistes siluriens de Caffiers avec certains schistes houillers a pu contribuer à accréditer cette erreur.

C'est, sans doute, cette ressemblance qui a déterminé aussi la compagnie de Ferques à rouvrir, en 1838, les puits des Montacres, à Landrethun.

On a pris également à tort, autrefois, pour du terrain houiller, les psammites dévoniens rencontrés par le sondage exécuté au fond du puits du Communal, entrepris en 1836, au Sud des puits des Montacres.

On a enfin confondu parfois avec la houille certains lignites de la base du terrain jurassique (Bajocien ou Bathonien supérieur), ou de celle du terrain crétacé (Wealdien). C'est ainsi qu'on a annoncé, par erreur, la découverte du terrain houiller et de la houille non loin du château de Condette, situé au Sud de Boulogne, aux environs de Conteville (N.-E. de Boulogne), à Huplandre (S.-O. de Conteville), et dans les falaises qui s'étendent entre Ambleteuse et Boulogne.

Il convient de considérer ces indications comme dénuées de tout fondement.

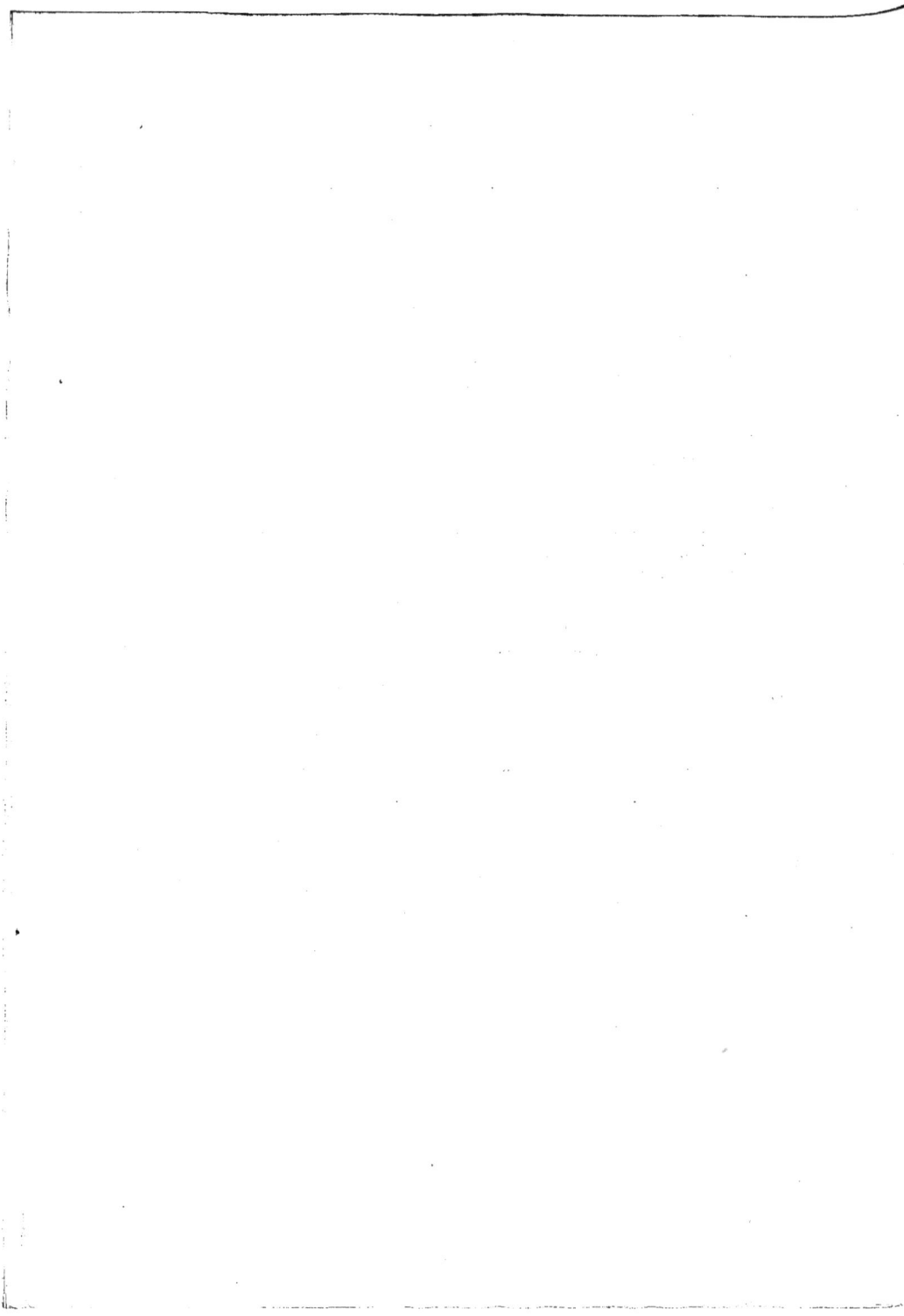

CHAPITRE IX.

RENSEIGNEMENTS PARTICULIERS SUR LES PUITS ET SONDAGES.

Nous avons indiqué sur les planches jointes au présent ouvrage les empla-cements de puits et de sondages qui ont été retrouvés.

Renvoi
aux
planches I à III.

Les planches I et III ont été divisées en carrés, désignés dans le sens ver-tical par des lettres majuscules, et dans le sens horizontal par des chiffres. Ces carrés ont 1 kilomètre de côté à la première, et 10 à la seconde.

Pour les fosses ou sièges d'extraction comprenant plusieurs puits, nous n'avons marqué, le plus souvent, que le puits d'extraction, afin d'éviter une accumulation trop confuse de signes conventionnels.

Dans le but d'alléger le texte, nous nous sommes borné à condenser, dans le tableau ci-après, les renseignements les plus essentiels sur les puits et son-dages, en répartissant ceux-ci en quatre catégories, afférentes aux concessions d'Hardinghen, de Fiennes et de Ferques, et aux territoires non concédés. Dans chacune d'elles, nous avons réuni séparément les fosses et les sondages.

Nous avons pu, de cette manière, éviter de donner à ce chapitre un déve-loppement exagéré; mais nous avons dû, par contre, éliminer une grande partie de notre documentation, sur laquelle nous nous proposons de revenir dans une autre publication, en raison de l'intérêt qu'elle présente.

Tous les emplacements connus des fosses et sondages figurent à la planche I pour les concessions d'Hardinghen et de Fiennes, à la planche II pour celle de Ferques, et à la planche III pour les superficies non concédées. On trouvera, de plus, dans chacune de ces planches, un certain nombre d'emplacements autres que ceux qui lui sont propres.

24.

RENVOI aux PL. I À III.	DÉSIGNATION des FOSSES ET SONDAGES.	NOMBRE DE PUITS.	SOCIÉTÉS ou PERSONNES QUI LES ONT ENTREPRIS.	ANNÉE DU COMMENCEMENT DES TRAVAUX.	ANNÉE DE L'ABANDON.	ÉPAISSEUR DES MORTS-TERRAINS.	PROFONDEUR TOTALE.	RÉSULTATS OBTENUS. PRINCIPAUX FAITS OBSERVÉS DANS LES TRAVAUX.
						mètres.	mètres.	

I. FOSSES ET SONDAGES À L'INTÉRIEUR DE LA CONCESSION D'HARDINGHEN.

1° FOSSES.

RENVOI	DÉSIGNATION	NOMBRE DE PUITS	SOCIÉTÉS ou PERSONNES	ANNÉE DU COMMENCEMENT	ANNÉE DE L'ABANDON	ÉPAISSEUR	PROFONDEUR	RÉSULTATS OBTENUS
I, C 3.....	An ou Nouvel-An.	1	Delaplace.........	1792	1805	6 80	102 00	Calcaire carbonifère; puis terrain houiller à 14 m. 61. Veines à Boulets, à Cuerelles, Maréchale en passée et à Deux laies.
I, C 3.....	Bacquet ou Bacquet-Ponchel.	2	Bacquet..........	"	"	"	"	Très ancienne exploitation, sous le régime de l'arrêt du Conseil du 6 juin 1741.
	Baudets..........	?		"	"	"	"	Région de la fosse Hiart n° 2. Aucun renseignement.
	Beaulieu.........	1	Desandrouin-Cazin..	1782	"	"	20 00	Sur Élinghen. Pas de terrain houiller.
I, B-C 3...	Bellevue nᵒˢ 1 et 2.	2	....	"	"	"	"	Anciens puits. Terrain houiller atteint directement.
I, B 3.....	Bellevue n° 3....	1	Desandrouin-Cazin..	1797	1798	13 61	59 91	Calcaire carbonifère; puis, à 16 m. 85, terrain houiller sans houille.
I, D 3.....	Blondin.........	1	De Liedekerque-Cazin.	1827	1834	35 05	107 00	Terrain houiller. Veine Marquin, veines à Boulets et à Cuerelles en passées, veines Maréchale et à Deux laies. Fig. 26.
	Bois d'Aulnes n° 1.	1	Desandrouin-d'Esgranges.	"	"	"	31 00	Terrain houiller. Veine à Deux laies au fond. Fig. 31.
	Bois d'Aulnes n° 2.	1	Desandrouin-Cazin..	1810	1810	"	12 00	Abandonnée en morts-terrains. Fig. 31.
	Bois d'Aulnes n° 3.	1	Idem.............	1810	1810	14 91	30 00	Terrain houiller. Veine à Deux laies en passée; puis mur blanc très dur et rocs noirs du fond du bassin. Fig. 31.
	Bois d'Aulnes n° 4.	1	De Liedekerque-Cazin.	1811	1812	7 96	22 65	Blocaille avec fragments calcaires, puis schistes noirs du fond du bassin, et enfin, à 20 mètres, Calcaire carbonifère. Fig. 31.
	Bois d'Aulnes n° 5.	1	Idem.............	1811	1811	14 45	29 83	Terrain noir mêlé de rouge, grès des Plaines et rocs noirs. Fig. 31.
	Bois d'Aulnes n° 6.	1	Idem.............	1811	1811	15 92	26 97	Grès et terrain noir, puis blanchâtre. Arrêtée sur Calcaire carbonifère. Fig. 31.
	Bois d'Aulnes n° 7.	1	Idem.............	1811	1812	8 13	28 60	Grès houiller, rocs noirs, terrains et cailloux noirs; à 22 m. 42, calcaire désagrégé, puis compacte. Fig. 31.
	Bois d'Aulnes n° 8.	1	Idem.............	1818	"	11 70	23 72	Terrain houiller. Veine à Deux laies au fond.
I, C 3.....	Bois d'Aulnes n° 9.	2	Idem.............	1822	1825	13 35	30 23	Terrain houiller renfermant veine à Deux laies.
	Bois d'Aulnes n° 10.	1	Idem.............	1825	1825	"	7 80	Arrêtée en terrains mouvants. (Morts-terrains.)

RENVOI aux PL. 1 À III.	DÉSIGNATION des FOSSES ET SONDAGES.	NOMBRE DE PUITS.	SOCIÉTÉS ou PERSONNES QUI LES ONT ENTREPRIS.	ANNÉE DU COMMENCEMENT DES TRAVAUX.	ANNÉE DE L'ABANDON.	ÉPAISSEUR DES MORTS-TERRAINS.	PROFONDEUR TOTALE.	RÉSULTATS OBTENUS. PRINCIPAUX FAITS OBSERVÉS DANS LES TRAVAUX.
						mètres.	mètres.	
I, C 3.....	Bois d'Aulnes n° 11.	1	De Liedekerque - Cazin.	1827	1827	17 39	74 49	Puits continué par un sondage. Terrain houiller formé de grès pyriteux et de schistes avec filets de charbon, d'argiles claires et de grès micacés. A 49 m. 47, Calcaire carbonifère.
I, C 3.....	Bois d'Aulnes n° 12.	2	Idem.............	1836	1838	"	"	Veine à Deux laies à 26 mètres. Fig. 9.
I, C 4.....	Bois des Roches n° 1.	1	Desandrouin-Cazin..	1798	"	0 00	27 00	Marbre blanc, puis, à 9 m. 30, terrain houiller. Stappes d'anciens travaux à 23 m. 50. Fig. 39.
I, C 4.....	Bois des Roches n° 2.	1	Idem.............	1798	1798	0 00	26 00	Rencontre immédiate du terrain houiller renfermant une veine de houille. De 22 à 26 mètres, prolongement du puits par un sondage. Fig. 39.
I, C 4.....	Bois des Roches n° 3.	1	Idem.............	1806	"	0 00	28 80	Calcaire carbonifère. Fig. 9, 40.
I, C 4.....	Bois des Roches n° 4.	1	Desandrouin - Cazin, reprise par de Liedekerque-Cazin.	1807	1817	0 00	65 39	Calcaire, puis terrain houiller à 12 mètres. Une veine de houille. Puits continué par un sondage à partir de 58 m. 39. Fig. 9, 40.
I, C 4.....	Bois des Roches n° 5.	1	Desandrouin-Cazin ..	1808	•	0 00	44 89	Calcaire, puis terrain houiller à 10 m. 53. Veine de houille. Fig. 9, 40.
I, C 4.....	Bois des Roches n° 6.	1	Idem.............	"	"	0 00	20 00	Schistes rouges et verdâtres famenniens. Fig. 9.
I, C 3.....	Bois de Saulx n° 1.	2	F.-J.-T. Desandrouin.	1768	"	"	107 00	Calcaire, puis terrain houiller. Veines à Cuerelles, Maréchale et à Deux laies.
I, C 3.....	Bois de Saulx n° 2.	2	Desandrouin - Cazin, reprise par de Liedekerque-Cazin.	1805	1838	8 75	105 00	Terrain houiller. Mêmes veines qu'à la fosse n° 1.
	Bois-Lannoy.....	1	1re société de Fiennes.	1866	1866	1 35	6 55	Région du bois des Roches. Grès houiller. En bowette au Sud, veine de houille de 0 m. 40 sous le calcaire.
I, C 4.....	Bouchet.........	1	Idem.............	1841	"	20 75	72 00	Puits continué par un sondage à partir de 16 m. 25. Schistes rouge brun du Dévonien supérieur, suivis de terrain houiller. A 25 mètres, stappes d'anciens travaux. Fig. 41.
	Brunet (ancienne).	2	F.-J.-T. Desandrouin.	1781	"	"	"	Sur Réty. Faible profondeur. Les renseignements font défaut.
I, C 2.....	Brunet, appelée aussi Grand-Rother et République.	1	Delaplace.........	1793	1793	20 36	49 50	Marbre carbonifère. Puits arrêté à 47 m. 24, et continué par un sondage.
I, B 3.....	Du Cavrel de Tagny.	3	Du Cavrel de Tagny.	1692	1693	"	"	Calcaire carbonifère.
I, D 3.....	Celisse, ou du Terri du Moulin-Leroy.	1	J.-P. Desandrouin.	"	1778	"	79 00	Terrain houiller. Veine à Deux laies. Fig. 11, 26.
I, C 3.....	Chenin.........	1	Desandrouin-Cazin..	1806	1807	"	"	Terrain houiller. Veine à Deux laies.
I, D 3.....	Claude-Dozailles...	1	J.-P. Desandrouin...	"	"	"	"	Terrain houiller sans houille.

RENVOI aux PL. I À III.	DÉSIGNATION des FOSSES ET SONDAGES.	NOMBRE DE PUITS.	SOCIÉTÉS ou PERSONNES QUI LES ONT ENTREPRIS.	ANNÉE DU COMMENCEMENT DES TRAVAUX.	ANNÉE DE L'ABANDON.	ÉPAISSEUR DES MORTS-TERRAINS.	PROFONDEUR TOTALE.	RÉSULTATS OBTENUS. PRINCIPAUX FAITS OBSERVÉS DANS LES TRAVAUX.
						mètres.	mètres.	
I, D 3	Concession	2	Desandrouin - Cazin, reprise par de Liedekerque-Cazin.	1795	1834	34 12	91 97	Terrain houiller. Veines Marquin, à Cuerelles en passée, Maréchale. Fig. 26.
	Coquerel........	1	De Liedekerque - Cazin.	1821	1821	"	6 40	1 m. 30 de marbre; puis schistes houillers. Vieux travaux.
	Courtil-Gouin....	2	J.-P. Desandrouin ...	"	"	"	"	Sur Hardinghen. Pas de charbon.
I, C 4.....	Courtil-Quehen...	1	....	"	"	"	22 00	Terrain houiller. Veinule de charbon.
I, C 4.....	Courtil-Robart ...	1	....	"	"	"	"	Aucun renseignement.
I, C 3.....	Delattre ou Parisienne.	2	Desandrouin - d'Esgranges, reprise par de Liedekerque-Cazin.	"	1836	8 58	"	Calcaire, puis terrain houiller à 19 mètres. Veines à Cuerelles et Maréchale.
I, C 2.....	Denis...........	1	....	"	"	"	10 00	Calcaire carbonifère.
I, C 3.....	Deseilles	1	....	"	"	"	"	Aucun renseignement.
I, D 3	Deulin..........	2	De Liedekerque - Cazin.	1815	1827	18 52	119 00	Terrain houiller. Veines à Cuerelles et Maréchale.
I, C 3	Dhieux, appelée d'abord fosse des Rochettes.	2	Desandrouin - Cazin, reprise par de Liedekerque-Cazin.	1795	1828	2 75	45 09	Calcaire carbonifère. A 5 m. 18, terrain houiller. Veine à Cuerelles.
	Dubus..........		Desandrouin-Cazin...	"	"	"	"	A valeresse sur Réty, reprise en 1798. Pas de renseignements.
	Dupont	1	....	"	"	"	"	Dans le courtil Delattre. Aucun renseignement.
I, E 5; II..	Eau-Courte n° 1. .	1	De Liedekerque - Cazin.	1827	1827	10 02	13 71	Grès et schistes du Dévonien supérieur (Schistes et grès de Fiennes).
I, E 5; II..	Eau-Courte n° 2. .	1	Idem...............	1827	1827	4 33	12 00	Mêmes terrains. Le puits, arrêté à 9 m. 07, a été continué par sondage.
I, D 3	Écarteries.......	1	J.-P. Desandrouin ...	"	"	"	"	Terrain houiller.
I, D 3	Émeute	1	Gallini...........	1791	1791	"	"	Abandonnée presque immédiatement, sur réclamation de la société Desandrouin-Cazin, pour inobservation de la convention du 15 mai 1739.
I, C 3.....	Espierrots.......	1	Desandrouin - d'Esgranges.	"	"	"	"	Pas de renseignements.
I, C 3.....	Fédération, appelée aussi Révolutionnaire, de la Montagne, grande fosse de la Machine, et fosse de la Grande machine à chevaux.	1	Delaplace..........	1792	"	2 93	43 00	Calcaire, puis terrain houiller à 10 m. 73. Veines à Roulets et à Cuerelles.
I, D 3.....	Fourdinière, ou Saint-Jean de la Fourdinière.	1	J.-P. Desandrouin ...	1739	1742	"	"	Terrain houiller. Veine à Cuerelles.
I, D 3.....	Gadebled	1	G.-M. de Fontanieu..	1737	"	"	"	Terrain houiller. Veine à Deux laies.
I, D 4; II..	Gillet..........	1	A. Gillet	1860	1861	12 00	32 20	Puits de 15 mètres, continué par sondage. Veine supérieure des Plaines. Fig. 7, 18, 43.

RENVOI aux PL. I À III.	DÉSIGNATION des FOSSES ET SONDAGES.	NOMBRE DE PUITS.	SOCIÉTÉS ou PERSONNES QUI LES ONT ENTREPRIS.	ANNÉE DU COMMENCEMENT DES TRAVAUX.	ANNÉE DE L'ABANDON.	ÉPAISSEUR DES MORT-TERRAINS.	PROFONDEUR TOTALE.	RÉSULTATS OBTENUS. PRINCIPAUX FAITS OBSERVÉS DANS LES TRAVAUX.
						mètres.	mètres.	
I, D 3; II; III, C 4.	Glaneuse n° 1....	2	L. Breton..........	1888	1901	34 20	100 00	Terrain houiller. Voir, au chapitre VIII, la description complète du gisement. Fig. 8, 10, 32 à 37.
I, C 3; II..	Glaneuse n° 2....	1	Idem.............	1892	1897	22 50	44 00	Schistes et grès famenniens. A 41 mètres, Calcaire carbonifère. Fig. 11.
I, C 3.....	Gouverneur.......	1	Desandrouin-Cazin...	1790	"	"	"	Terrain houiller. Veine à Deux laies.
	Grand-Courtil....	1	De Liedekerque-Cazin.	1815	"	3 90	22 64	Terrain houiller avec veinule de charbon. A 20 m. 04, calcaire du fond du bassin.
I, C 4.....	Hénichart n° 1....	1	Desandrouin-Cazin...	1783	"	0 00	53 38	Terrain rouge dévonien.
I, C 4.....	Hénichart n° 2....	1	Idem.............	1783	"	0 00	25 22	Calcaire jusqu'à 5 mètres; ensuite, terrain houiller avec une veine de houille. Fig. 41.
I, C 4.....	Hénichart n° 3....	1	Idem.............	1783	"	0 00	"	Terrain houiller avec la même veine. Fig. 41.
I, D 4....	Hénichart n° 4....	1	Idem.............	1783	"	0 00	"	Mêmes résultats. On aurait rencontré, en outre, une seconde petite veine à une vingtaine de mètres au-dessous de la précédente.
	Hiart (ancienne)..	1	Desandrouin - d'Esgranges.	"	"	"	"	Au bois des Roches.
I, C 3.....	Hiart n° 1 (bois des Roches)....	2	Société de Sesseval.	1784	1809	"	49 00	Grès houiller; veinule de houille; à 44 mètres, calcaire très dur du fond du bassin.
I, D 3....	Hiart n° 2 (vieux bassin).......	2	De Liedekerque-Cazin.	1826	1835	19 85	56 30	Terrain houiller. Veines Maréchale et à Deux laies; entre elles, trace de veine à Bouquettes.
I, D 3....	Hibon..........	1	1re société de Fiennes.	1858	1860	15 90	85 00	Terrain houiller. Veines Marquin, Marquise, à Cuerelles, Retrouvée et Maréchale. Exploitations dans veine à Cuerelles, et surtout Maréchale.
I, D 3....	Jasset	1	Idem.............	1858	1861	41 20	74 85	Terrain houiller. Veines Maréchale et à Deux laies. Entre elles, autre veine qui peut être veine à Bouquettes, à Briques, ou petite à Deux laies.
I, C 3.....	John ou l'Anglaise.	1	De Liedekerque-Cazin.	1828	1836	0 65	"	Marbre, puis, à 7 m. 93, terrain houiller. Veines à Boulets, à Cuerelles et Maréchale. Fig. 11.
	Lamarre n° 1.....	1	Desandrouin-Cazin...	1799	"	5 82	"	A 120 mètres à l'Est de la suivante. Terrain houiller. Veine à Deux laies.
I, C 3.....	Lamarre n° 2.....	1	Idem.............	1800	"	5 82	33 28	Mêmes résultats.
	Lamarre n° 3.....	1	Idem.............	1800	"	"	"	Non loin de la précédente. Résultats analogues.
I, C 3.....	Lefebvre........	1	Idem.............	1790	1804	"o	"	Terrain houiller. Veines à Cuerelles, Maréchale en passée, à Bouquettes et à Deux laies.

RENVOI aux PL. I À III.	DÉSIGNATION des FOSSES ET SONDAGES.	NOMBRE DE PUITS.	SOCIÉTÉS ou PERSONNES QUI LES ONT ENTREPRIS.	ANNÉE DE COMMENCEMENT DES TRAVAUX.	ANNÉE DE L'ABANDON.	ÉPAISSEUR DES MORTS-TERRAINS.	PROFONDEUR TOTALE.	RÉSULTATS OBTENUS. PRINCIPAUX FAITS OBSERVÉS DANS LES TRAVAUX.
						mètres.	mètres.	
I, D 3	Leprince	1	G.-M. de Fontanieu.	1734	1739	"	"	Terrain houiller.
I, D 3	Limites sur Réty..	2	Desandrouin-Cazin..	1810	1820	14 90	38 40	Terrain houiller. Veine à Boulets.
I, C 3.....	A Lions.........	1	Idem.............	"	1822	"	"	Terrain houiller. Veines Maréchale et à Deux laies.
I, C 3.....	Locquinghen.....	1	De Liedekerque - Cazin, puis 1ʳᵉ société de Fiennes.	1838	1840	2 28	44 65	Terrain houiller. Veines à Cucrelles et Maréchale.
	Machine à feu....	1	....	"	"	"	"	Près de la fosse du Bois de Saulx n° 2. Pas d'autres renseignements.
I, D 3	Marquisienne ou Marquise.	1	De Liedekerque - Cazin, puis 1ʳᵉ société de Fiennes.	1838	1840	18 00	68 00	Terrain houiller. Veine Maréchale, de 1 mètre à 6 mètres de puissance en charbon. Fig. 11.
I, C 3. ...	Mathon.........	1	Desandrouin - d'Esgranges.	"	"	"	"	Terrain houiller.
	Mont-Cornet	1	Idem.............	"	"	"	"	Sur Réty, hameau d'Hardinxent. Pas de charbon.
	Mont-Perdu......	1	J.-P. Desandrouin...	"	"	"	"	Région de la fosse La Routière n° 2. Creusement presque immédiatement arrêté à cause des eaux.
I, C 3.....	Mouquette.......	2	De Liedekerque - Cazin.	1837	1838	12 15	18 13	Terrain houiller. Veine à Deux laies.
I, C 4.....	Noirbernes n° 1...	1	P.-É. de Fontanieu..	1783	"	"	"	Terrain rouge (Dévonien supérieur).
I, D 4	Noirbernes n° 2, ou Delattre-Noirbernes.	1	Idem.............	1783	"	0 00	77 60	D'abord terrain rouge (Dévonien supérieur); puis terrain houiller du bois des Roches. Fig. 8, 18.
I, C 2.....	Nord...........	1	De Liedekerque - Cazin, puis 1ʳᵉ société de Fiennes.	1837	1840	21 71	171 63	Marbre carbonifère, puis terrain houiller à 37 m. 69. Fig. 27.
	Patrie ou Égalité.	2	Desandrouin-Cazin ..	1794	1798	8 58	56 55	Sur la terre Vauchel. Terrain houiller renfermant plusieurs veines et veinules de houille.
I, C 3.....	Patriote.........	2	Delaplace.........	1792	1793	7 45	38 00	Résultats analogues.
I, C 3.....	Pâture à Briques ou fosse à Briques.	1	....	"	1825	"	61 50	Terrain houiller. Veines Maréchale et à Deux laies.
	Pâture à Roquet. .	2	Desandrouin-Cazin ..	1799	1799	"	30 40	Terrain houiller.
	Pâture de la Folie.	3	F.-J. Desandrouin...	"	"	"	"	Sur Hardinghen. Pas de charbon.
	Pâture-Dubois....	1	De Liedekerque – Cazin.	1828	1828	"	"	Avaleresse au Nord du bois de Saulx, abandonnée dans les sables inférieurs aux argiles du Gault.
I, C 3.....	Pâture-Grasse....	2	Desandrouin-Cazin ..	1789	1792	1 60	"	Terrain houiller. Veine Maréchale.
I, C 3.....	Pâture-Lefebvre ..	?	Idem.............	1804	1819	5 82	"	Terrain houiller. Veines Maréchale en passée, à Bouquettes inexploitable, et à Deux laies.
I, D 3	Petite-Société....	2	Desandrouin - Cazin, puis de Liedekerque-Cazin	1782	1835	21 45	54 00	Terrain houiller. Veines à Cucrelles et Maréchale. Premier puits ouvert en 1782 et déblayé en 1833. Second puits creusé à la même époque.

RENVOI aux PL. I À III.	DÉSIGNATION des FOSSES ET SONDAGES.	NOMBRE DE PUITS.	SOCIÉTÉS ou PERSONNES QUI LES ONT ENTREPRIS.	ANNÉE DU COMMENCEMENT DES TRAVAUX.	ANNÉE DE L'ABANDON.	ÉPAISSEUR DES MORTS-TERRAINS.	PROFONDEUR TOTALE.	RÉSULTATS OBTENUS. PRINCIPAUX FAITS OBSERVÉS DANS LES TRAVAUX.
						mètres.	mètres.	
I, D 3; II..	Plaines n° 1.....	1	1ʳᵉ société de Fiennes.	1862	1864	2 50	30 00	Calcaire carbonifère renfermant deux veines de houille. Fig. 43.
I, D 3; II..	Plaines n° 2.....	1	Idem.............	1864	1866	10 00	32 00	Calcaire carbonifère renfermant les mêmes veines. Fig. 8, 43 et 44.
I, C 3.....	Playe..........	1	Desandrouin-Cazin...	1801	"	5 82	"	Terrain houiller. Veine Maréchale.
	Pré-Moycoque....	3	Delaplace.........	1793	1793	2 27	24 53	Région de la fosse de Locquinghen. Terrain houiller avec une veinule de charbon. Rencontre de vieux travaux.
I, C 3.....	Pré-Vauchel.....	2	Desandrouin-Cazin...	1805	"	8 45	"	Terrain houiller. Veine Maréchale en partie exploitée.
I, D 3....	Privilège, ou du Concessionnaire du privilège du duc d'Aumont.	2	F.-J.-T. Desandrouin.	1768	1791	20 00	100 00	Terrain houiller. Veines à Bouquettes et à Deux laies.
I, C 2.....	Privilège de Réty.	1	....	"	"	"	"	Ancienne fosse. Calcaire carbonifère, puis terrain houiller.
I, C 3.....	Propriété.......	1	Desandrouin-Cazin...	1800	"	"	"	Terrain houiller. Veine Maréchale.
I, C 2; II; III, C 4.	Providence......	1	1ʳᵉ société de Fiennes.	1853	1886	14 00	357 00	Calcaire carbonifère; ensuite terrain houiller à 176 m. 87. Fréquentes inondations. Voir chapitre VIII. Fig. 12, 13.
I, B 3.....	Quarante........	2	....	"	"	"	"	Très ancienne fosse. Calcaire carbonifère.
I, B 2; II; III, C 4.	Renaissance n° 1..	1	1ʳᵉ société de Fiennes.	1847	1886	18 50	206 00	Calcaire carbonifère, et, à 111 mètres, terrain houiller. Même gisement qu'à la Providence. Inondations. Communications avec la Providence. Fig. 11, 13.
I, C 2.....	Renaissance n° 2..	1	Idem.............	1848	1849	35 00	43 00	Calcaire carbonifère.
	Renaut........	1	J.-P. Desandrouin...	"	"	"	"	Ancienne fosse sur Hardinghen. Pas de charbon.
	Réperchoir (ancienne).	1	G.-M. de Fontanieu..	"	"	"	"	Aucun renseignement.
I, D 3....	Réperchoir ou du Privilégié.	1	F.-J.-T. Desandrouin.	1764	1770	"	"	Terrain houiller. Veine Maréchale.
I, B 2....	Riez-Broutta.....	3	Desbarreaux.......	1783	1783	"	20 00	Puits abandonnés dans les morts-terrains.
I, D 3....	Riez-Marquis	1	P.-É. de Fontanieu..	1782	"	"	"	Terrain houiller exploitable.
	Ringot........	2	....	"	"	"	"	Très ancienne fosse. Voisine de celle du Privilège. Aucun renseignement.
I, C 3.....	Rocher.........	3	F.-J.-T. Desandrouin.	1779	"	"	118 00	Terrain houiller à 8 mètres sous le calcaire. Veines à Boulets et à Cuerdles. Fig. 9.
	Rocher (nouvelle).	1	Desandrouin-Cazin ..	1790	"	"	"	Terrain houiller sous le marbre. Veines à Boulets.
I, C 3.....	Rochettes........	2	Desandrouin - d'Esgrvanges.	1758	1798	"	"	Calcaire carbonifère, puis terrain houiller. Veines à Cuerdles et Maréchale.
I, D 3....	Routière n° 1.....	1	J.-P. Desandrouin...	1737	1745	"	"	Terrain houiller exploitable.
I, D 3....	Routière n° 2.....	1	Idem.............	1739	1742	"	"	Idem.

RENVOI aux PL. I À III.	DÉSIGNATION des FOSSES ET SONDAGES.	NOMBRE DE PUITS.	SOCIÉTÉS ou PERSONNES QUI LES ONT ENTREPRIS.	ANNÉE DU COMMENCEMENT DES TRAVAUX.	ANNÉE DE L'ABANDON.	ÉPAISSEUR DES MORTS-TERRAINS.	PROFONDEUR TOTALE.	RÉSULTATS OBTENUS. PRINCIPAUX FAITS OBSERVÉS DANS LES TRAVAUX.
						mètres.	mètres.	
1, D4	Rue des Maréchaux.	1	L. Breton	1900	1901	20 75	37 60	Calcaire carbonifère, compacte, en brèche ou en conglomérat. Phtanite. Puits arrêté à 33 m. 80, prolongé par un sondage.
	Ruisseau	2	De Liedekerque-Cazin.	1811	1814	"	13 26	Dans le bois des Roches. Terrains indéterminés.
	Saint-Bernard	1	J.-P. Desandrouin	"	"	"	"	Sur Hardinghen, terrain Blondin. Arrêté en morts-terrains.
1, C3	Saint-Étienne	2	De Liedekerque-Cazin.	1825	1827	15 92	32 74	Terrain houiller. Veine Maréchale.
1, C3	Saint-Ignace	2	F.-J.-T. Desandrouin, reprise par de Liedekerque-Cazin.	1768	1830	"	"	Terrain houiller. Veines à Cucrelles, Maréchale et à Deux laies.
	Saint-Jean de la pâture grasse.	3	De Liedekerque-Cazin.	1818	1821	5 85	"	Terrain houiller renfermant une veine de houille.
	Saint-Jean de la pâture Lefebvre.	4	Idem.	1820	1821	4 55	"	Idem.
	Saint-Joseph	2	Idem.	1814	1814	"	"	Terrain houiller. Vieux travaux à 5 mètres.
	Saint-Lambert (ancienne).	?	J.-P. Desandrouin	"	"	"	"	Dans le pré Blondin. En extraction pendant 3 ans.
1, C4	Saint-Lambert	1	De Liedekerque-Cazin.	1816	1816	0 00	35 03	5 m. 20 de terrain rouge, vert et noir (Famennien), 1 m. 95 de calcaire carbonifère, puis terrain houiller sans veine exploitable.
1, C2	Saint-Louis n° 1	1	Idem.	1813	1813	12 65	32 11	Terrain houiller renfermant une veinule de houille.
1, C3	Saint-Louis n° 2	2	Idem.	1818	"	20 41	32 02	Calcaire carbonifère, puis terrain houiller à 25 m. 05. Veines à Boulets et à Cucrelles.
1, D3	Sainte-Marguerite n° 1.	1	F.-J.-T. Desandrouin.	1770	1776	"	"	Terrain houiller. Veine à Deux laies.
	Sainte-Marguerite n° 2.	1	De Liedekerque-Cazin.	1814	1814	3 70	30 88	Dans le bois de Saulx. Calcaire carbonifère, puis terrain houiller à 13 m. 10.
	Sainte-Marguerite n° 3.	1	Idem.	1814	1814	2 26	26 45	Dans la pâture à briques. Calcaire carbonifère, puis terrain houiller à 9 m. 71. Veine de 1 mètre.
	Saint-Rémi	1	Idem.	1828	1828	21 24	22 24	Vers la limite des bois de Fiennes et de Saulx. Calcaire carbonifère.
	Saint-Victor	1	Idem.	1815	"	11 66	"	Dans le bois des Roches. Calcaire carbonifère.
1, C4	Sans-Culottes	2	Société Mathieu.	1793	"	"	20 00	Terrain houiller renfermant une veine en chapelet.
1, C3	Sart	1	Desandrouin-d'Esgranges.	"	"	"	"	Calcaire carbonifère.
1, D3	Sarta	?		"	"	"	"	Terrain houiller. Veines Maréchale et à Deux laies.
	Sorriaux	1	J.-P. Desandrouin.	"	"	"	"	Sur Hardinghen. Pas de charbon.
1, B3; II; III, C4.	Du Souich	1	1re société de Fiennes.	1850	1868	18 00	172 00	Calcaire, puis terrain houiller irrégulier à 52 mètres. Puits arrêté à 154 mètres, prolongé par sondage. Veines à Boulets, à Bouquettes, à Briques et inconnue. Eaux abondantes. Fig. 13.

RENVOI aux PL. 1 à III.	DÉSIGNATION des FOSSES ET SONDAGES.	NOMBRE DE PUITS.	SOCIÉTÉS ou PERSONNES QUI LES ONT ENTREPRIS.	ANNÉE DU COMMENCEMENT DES TRAVAUX.	ANNÉE DE L'ABANDON.	ÉPAISSEUR DES MORTS-TERRAINS.	PROFONDEUR TOTALE.	RÉSULTATS OBTENUS. PRINCIPAUX FAITS OBSERVÉS DANS LES TRAVAUX.
						mètres.	mètres.	
I, C 3....	Sud............	1	De Liedekerque - Cazin, puis 1ʳᵉ société de Fiennes.	1837	1849	18 19	199 00	Marbre carbonifère, puis terrain houiller à 28 m. 26. Fig. 10, 27.
I, C 3....	Suzette.........	1	Société de Sesseval..	1784	"	"	27 00	Calcaire carbonifère formant le soubassement du bassin houiller.
I, C 3....	Taverne.........	3	Desandrouin-Cazin...	1798	1803	6 00	"	Terrain houiller. Veine à Deux laies.
I, C 3....	Triquet.........	2	Idem.............	1800	1802	6 00	25 00	Idem.
I, C 3....	Tuilerie nᵒˢ 1, 2 et 3.	3	Desbarreaux.......	1782	1783	"	"	Résultats inconnus.
	Verger - Blondin (ancienne).	2	G.-M. de Fontaines..	1740	"	"	"	Au Nord de la fosse Gadebled. Terrain houiller avec deux veines de houille.
I, D 3....	Verger-Blondin...	4	Desandrouin-Cazin ..	1791	1792	40 12	"	Terrain houiller. Veine Maréchale.
I, C 3....	Verrerie-Nord....	1	1ʳᵉ société de Fiennes.	1852	1855	"	65 00	Terrain houiller. Veine à Deux laies.
I, C 3....	Verrerie-Sud.....	1	Idem.............	1852	1855	"	"	Terrain houiller. Veines Maréchale et à Deux laies.
I, C 3....	Verreries........	1	....	"	"	"	37 05	Très ancienne fosse, remise en activité en 1804. Veine Maréchale.
I, C 3....	Vieille-Maison....	?	....	"	1796	"	"	Sur Locquinghen. Terrain houiller.
I, C 3....	Vieux-Rocher	?	Desandrouin-Cazin..	"	"	"	"	Terrain houiller. Veines à Boulets, à Cuerelles et Maréchale.
I, C 3....	Warnier.........	1	Idem.............	1600	"	"	"	Terrain houiller. Veine à Deux laies.

2ᵒ SONDAGES.

I, B 3.....	Austruy........	"	De Liedekerque - Cazin.	1826	1827	13 65	128 91	Calcaire carbonifère, puis terrain houiller sans houille à 19 m. 50. Calcaire du fond du bassin à 117 m. 76.
I, C 3.....	Bois d'Aulnes....	"	Idem.............	1834	"	17 09	"	Terrain houiller précédant le fond du bassin, avec filet de charbon.
	Bois des Roches..	"	1ʳᵉ société de Fiennes.	1865	"	"	"	Cuerelles à 3 m. 35; puis, à 7 mètres, terrain plus schisteux.
I, E 5	Eau-Courte ou de la Drève.	"	De Liedekerque - Cazin.	1833	1833	41 54	52 00	Marbre carbonifère.
	Écarteries.......	"	1ʳᵉ société de Fiennes.	1866	"	18 80	42 80	Terrain houiller. Une veinule de houille et vieux travaux.
	Fourdinière......	"	Idem.............	1865	"	17 00	42 50	Terrain houiller. Vieux travaux.
	Hénichart	"	Idem.............	1865	1866	"	"	Plusieurs petits sondages. Terrain houiller avec charbon près du sol.
I, C 2.....	Locquinghen nᵒ 1.	"	Idem.............	1847	1847	18 45	19 17	Marbre carbonifère.
I, B 3.....	Locquinghen nᵒ 2 ou des Quarante.	"	Idem.............	1847	1847	33 57	75 74	Marbre carbonifère; puis, à 72 m. 74, terrain houiller renfermant une veine de charbon.
	Locquinghen (nouveaux).	"	Idem.............	1853	1853	"	"	5 sondages échelonnés du Nord au Sud, à l'Ouest de la faille de Locquinghen. Tous ont rencontré le marbre.

23.

RENVOI aux PL. I À III.	DÉSIGNATION des FOSSES ET SONDAGES.	NOMBRE DE PUITS.	SOCIÉTÉS ou PERSONNES QUI LES ONT ENTREPRIS.	ANNÉE DU COMMENCEMENT DES TRAVAUX.	ANNÉE DE L'ABANDON.	ÉPAISSEUR DES MORTS-TERRAINS.	PROFONDEUR TOTALE.	RÉSULTATS OBTENUS. PRINCIPAUX FAITS OBSERVÉS DANS LES TRAVAUX.
						mètres.	mètres.	
I, D5; II; III, C4.	Moines.........	"	Compagnie de Réty, Ferques et Hardinghen.	1882	1885	18 10	687 00	Schistes rouge brun avec plaquettes de grès (Dévonien supérieur); à partir de 245 mètres, calcaire carbonifère et dolomie. Fig. 7.
	Plaines	"	1re société de Fiennes.	1861	1862	"	"	Nombreux sondages pour explorer le gisement des Plaines. Fig. 42 et 43.
I, B3.....	Réty n° 1.......	"	Idem............	1854	1854	"	37 50	Abandonné en morts-terrains.
I, C4.....	Réty n° 2.......	"	Idem............	1854	1854	3 40	65 00	Terrain houiller avec une veine de charbon, et, au fond, calcaire carbonifère.

II. FOSSES ET SONDAGES À L'INTÉRIEUR DE LA CONCESSION DE FIENNES.

1° FOSSES.

RENVOI aux PL. I À III.	DÉSIGNATION des FOSSES ET SONDAGES.	NOMBRE DE PUITS.	SOCIÉTÉS ou PERSONNES QUI LES ONT ENTREPRIS.	ANNÉE DU COMMENCEMENT DES TRAVAUX.	ANNÉE DE L'ABANDON.	ÉPAISSEUR DES MORTS-TERRAINS.	PROFONDEUR TOTALE.	RÉSULTATS OBTENUS. PRINCIPAUX FAITS OBSERVÉS DANS LES TRAVAUX.
I, D2	Boulonnaise......	1	1re société de Fiennes.	1838	1850	27 30	230 37	Terrain houiller. Veines à Boulets, à Cuerelles, Maréchale, à Briques et à Deux laies. Fond du bassin. Fig. 30.
I, D3; II.	Commune.......	1	François Brunet fils.	1791	"	"	"	A 43 mètres, grès rouge dévonien. Terrain houiller. Veine Vieille-Moison.
I, D2	Espoir n° 1......	1	Idem............	1784	1792	"	"	
I, D2 ....; III, C4.	Espoir n° 2 ou Nouvel-Espoir.	1	1re société de Fiennes.	1838	1858	24 38	362 00	Terrain houiller. Veines à Cuerelles, à Bouquettes, à Briques ou petite à Deux laies, veine à Deux laies. Maréchale fait défaut dans le puits, mais existe ailleurs, dans son champ d'exploitation. Fig. 29.
I, D2; II.	Fort-Rouge......	1	G.-M. de Fontanieu..	1740	"	"	"	Terrain houiller avec tout le faisceau d'Hardinghen; à 172 m. 66, faille de Ferques et schistes rouges famenniens.
I, D3	La Hurie........	1	Idem............	"	1784	32 78	"	Terrain houiller. Veines à Boulets, à Cuerelles, Maréchale et à Deux laies.
I, D3	Limites sur Fiennes.	1	Gallini..........	"	1812	"	"	Terrain houiller.
I, D3	Machine........	2	G.-M. de Fontanieu..	1737	"	"	"	Puits comblés quelques jours après leur ouverture.
I, C2; II.	Sainte-Barbe.....	1	1re société de Fiennes.	1838	1839	21 70	51 42	Calcaire carbonifère (Dolomie du Huré). Fig. 9.
I, D2; II.	Sans-Pareille.....	1	G.-M. de Fontanieu..	1758	1784	27 28	268 00	Terrain houiller renfermant tout le faisceau d'Hardinghen.
I, D3	Ségard ou Coin du Bois.	1	Idem............	1740	"	"	214 46	Terrain houiller. Veine à Deux laies.
I, D2; II.	Vieille-Garde.....	1	1re société de Fiennes.	1838	1839	28 62	60 45	Terrain houiller; puis, à 53 m. 99, faille de Ferques et schistes verdâtres famenniens.

RENVOI aux PL. I À III.	DÉSIGNATION des FOSSES ET SONDAGES.	NOMBRE DE PUITS.	SOCIÉTÉS ou PERSONNES QUI LES ONT ENTREPRIS.	ANNÉE DU COMMENCEMENT DES TRAVAUX.	ANNÉE DE L'ABANDON.	ÉPAISSEUR DES MORTS-TERRAINS.	PROFONDEUR TOTALE.	RÉSULTATS OBTENUS. PRINCIPAUX FAITS OBSERVÉS DANS LES TRAVAUX.
						mètres.	mètres.	
			2° SONDAGES.					
I, E 2; II; III, C 4.	Bœucres........	»	1ʳᵉ société de Fiennes.	1838	1838	26 48	62 87	Grès et schistes de diverses nuances (Famennien). Fig. 17.
I, D 1; II; III, C 4.	Château de Fiennes.	»	Idem.............	1838	1838	»	78 00	Schistes quartzeux rougeâtres, subordonnés sans doute au calcaire de Ferques, puis banc calcaire.
I, E 3.....	Commune.......	»	Idem.............	1838	1838	»	45 65	Abandonné dans les morts-terrains, par suite d'accident. Fig. 17, 18.
I, D 2	Fiennes n° 1.....	»	2ᵉ société de Fiennes.	1875	1876	32 78	»	Terrain houiller renfermant une veinule et trois veines de houille.
I, D 2	Fiennes n° 2.....	»	Idem..	1876	1876	»	70 00	Grès de Fiennes.
I, E 3; II; III, C 4.	Fiennes n° 3.....	»	Idem.............	1876	1877	47 57	173 00	Terrain houiller avec quelques veinules et une veine de houille de o m. 45. A 160 mètres, faille de Ferques et schistes rouges famenniens. Fig. 10, 17, 18.

III. FOSSES ET SONDAGES À L'INTÉRIEUR DE LA CONCESSION DE FERQUES.

			1° FOSSES.					
II; III, C 4.	Bainghen........	1	Lebreton-Dulier.....	1874	1874	»	20 00	Schistes gris noir siluriens.
	Bonvoisin	7	Bonvoisin..........	1845	1845	»	»	Quatre puits ont trouvé la houille ou le terrain houiller au voisinage du sol, et un 5ᵉ le calcaire à *Productus giganteus*; les deux autres arrêtés en morts-terrains. Dans la même région, la 1ʳᵉ société de Fiennes a creusé un autre puits qui n'a traversé que 20 mètres de terrain de faille.
II; III, C 4.	Caffiers........	1	1ʳᵉ société de Ferques.	1838	1839	10 00	114 00	Schistes gris ou verdâtres siluriens à *Graptolites colonus*. Fig. 3 et 4.
II; III, C 4.	Ferques n° 1.....	1	Nouvelle société de Ferques.	1899	1899	19 80	117 50	Schistes famenniens, puis Calcaire carbonifère, sous la faille du Sud n° 2, à 101 m. 80.
II; III, C 4.	Ferques n° 2.....	1	Idem.............	1899	En cours.	19 80	»	Mêmes résultats. Faille du Sud n° 2 à 119 mètres. Le fonçage se poursuit par le procédé Kind Chaudron.
II; III, C 4.	Frémicourt n° 1..	1	Frémicourt, puis 1ʳᵉ société de Ferques.	1835	1839	7 00	108 00	Terrain houiller. A 78 mètres, Calcaire carbonifère. Fig. 21 et 22.
II.........	Frémicourt n° 2..	1	1ʳᵉ société de Ferques.	1839	»	»	51 80	Terrain houiller brouillé. Calcaire à *Productus giganteus* à 18 mètres. Puits arrêté à 32 m. 80 et continué par sondage.
II; III, C 4.	La Hayette......	1	Lebreton-Dulier.	1872	»	3 15	»	Terrain de faille.
	Hidrequent......	1	....	1839	1839	»	»	Marbre carbonifère.
II; III, C 4.	Landrethun n° 1 (Montacres).	2	Roger, puis 1ʳᵉ société de Ferques.	1785	1839	9 00	136 00	Schistes siluriens gris bleuâtre, noirs ou chocolat. Fig. 1 et 2.
II; III, C 8.	Landrethun n° 2 (Communal).	1	Frémicourt, puis 1ʳᵉ société de Ferques.	1836	»	»	103 00	Puits de 11 mètres, prolongé par sondage. Calcaire noirâtre (de Blacourt); puis, à 38 mètres, psammites et schistes dévoniens.

RENVOI aux PL. I À III.	DÉSIGNATION des FOSSES ET SONDAGES.	NOMBRE DE PUITS.	SOCIÉTÉS ou PERSONNES QUI LES ONT ENTREPRIS.	ANNÉE DU COMMENCEMENT DES TRAVAUX.	ANNÉE DE L'ABANDON.	ÉPAISSEUR DES MORTS-TERRAINS.	PROFONDEUR TOTALE.	RÉSULTATS OBTENUS. PRINCIPAUX FAITS OBSERVÉS DANS LES TRAVAUX.
						mètres.	mètres.	
II; III, C 4.	Landrethun n° 3 (Croisettes.)	1	Lebreton-Dulier.....	1872	1872	"	54 00	Puits arrêté dans la craie.
	Landrethun n° 4 (Couderouse.)	4	Idem.............	"	"	"	12 00	Résultats inconnus.
II; III, C 4.	Leulinghen ou Chanoit.	1	2ᵉ société de Ferques.	1848	1852	2 00	290 00	Puits entrepris à la suite des recherches Bonvoisin. Terrain houiller et, à 72 mètres, Calcaire carbonifère. Fig. 23, 24.

2° SONDAGES.

	Bainghen........	"	....	1841	"	"	"	Calcaire noir, probablement calcaire de Blacourt.
	Blecquenecques (anciens).	"	....	1838	1839	"	"	Trois sondages, Calcaire Napoléon.
II; III, C 4.	Blecquenecques...	"	Syndicat Descat-Deblon.	1875	1879	55 80	525 10	Calcaire carbonifère, depuis le Napoléon jusqu'à la dolomie du Huré; à 436 m. 35, terrain houiller où l'on a trouvé deux veinules et deux veines de houille. Fig. 16.
II; III, C 4.	Caffiers........	"	Lebreton Dulier.....	"	"	"	60 00	Schistes siluriens.
	Ferques........	"	1ʳᵉ société de Ferques.	"	"	"	"	A 150 mètres à l'Ouest de la fosse Frémicourt n° 1. Pas de terrain houiller.
II; III, C 4.	Hidrequent......	"	Syndicat Descat-Deblon.	1879	1881	66 00	507 00	Calcaire carbonifère, avec dolomie à la base. A 345 mètres, terrain houiller avec trois veines de houille et plusieurs veinules. Fig. 15.
	Leulinghen n° 1 ..	"	Roger............	1785	"	"	"	Schistes dévoniens.
	Leulinghen n° 2 ..	"	2ᵉ société de Ferques.	1849	1850	"	102 50	Sur la faille de Ferques. Résultats inconnus.

IV. FOSSES ET SONDAGES EN DEHORS DES CONCESSIONS.

1° FOSSES.

III, B 5 ...	Bainethun.......	1	Mᵐᵉˢ d'Ordre........	1770	"	50 00	"	On y aurait trouvé le rocher?
III, D 4 ...	Fouquexalle ou Lesergeant.	1	....	1782	1782	"	36 00	Schistes et grès micacés, et ensuite calcaire de Ferques à Orthis striatula.
III, B 5 ...	Maninghen - lès - Wimille.	1	De Béthune........	1777	1777	"	160 00	Abandonnée en morts-terrains.
	La Quingoie.....	?	....	"	"	"	"	Schistes et grès de Fiennes.
	Surques........	1	....	1834	"	"	25 35	Arrêtée dans le Gault.
	Wierre-au-Bois...	2	Mᵉˡˡᵉ de Hautefeuille et habitants de Boulogne.	1781	1782	"	20 00	Ces puits n'ont traversé que des marnes jurassiques.

2° SONDAGES.

	Affringues.......	"	Société l'Espoir.....	1873	1874	"	"	Aucun renseignement.
III, H 6 ...	Aire n° 1 ou du Fort-Saint-François.	"	Société d'Aire......	1854	1855	212 00	215 00	Calcaire carbonifère compacte, cristallin, bleuâtre.

RENVOI aux PL. I À III.	DÉSIGNATION des FOSSES ET SONDAGES.	NOMBRE DE PUITS.	SOCIÉTÉS ou PERSONNES QUI LES ONT ENTREPRIS.	ANNÉE DU COMMENCEMENT DES TRAVAUX.	ANNÉE DE L'ABANDON.	ÉPAISSEUR DES MORTS-TERRAINS.	PROFONDEUR TOTALE.	RÉSULTATS OBTENUS. PRINCIPAUX FAITS OBSERVÉS DANS LES TRAVAUX.
						mètres.	mètres.	
III, G 6...	Aire n° 2, ou du Moulin-le-Comte.	»	Société de Sainte-Isbergues.	1855	»	218 00	245 00	Calcaire carbonifère compacte grisâtre, à odeur fétide, sans fossiles.
III, D 4...	Alembon........	»	Société d'Alembon...	1875	»	90 50	100 00	Grès de Fiennes et schistes rouges en allure normale.
III, C 3...	L'Anglaise.......	»	Société de Dunkerque-Cassel.	1897	1897	201 70	212 00	Schistes de Beaulieu et dolomie des Noces.
III, G 5...	Arques n° 1, ou du Haut-Arques.	»	Compagnie d'exploration d'Arques.	1856	»	158 93	»	Schistes gris fissiles, siluriens.
III, G 5...	Arques n° 2, ou de Mulhove.	»	Idem.............	1856	1861	230 97	290 97	Schistes ardoisiers siluriens, inclinés à 60 degrés.
	Audinghen......	»	Sauvage..........	1840	»	»	»	Près du cap Gris-Nez. Les renseignements font défaut.
III, E 3...	Audruicq.......	»	Société de l'Aà...	1896	1896	»	40 00	Arrêté dans le tertiaire.
III, B 4...	Le Bail.........	»	Promper..........	1857	»	68 34	102 20	Dolomie carbonifère; puis, à 86 m. 10, schistes probablement siluriens.
II; III, C 4.	Basse-Falise......	»	Groupe Défernez....	1850	»	1 00	339 00	D'abord schistes et grès famenniens; à 82 mètres, Calcaire carbonifère; puis, d'après les renseignements fournis par M. Rigaux, à 175 mètres, grès et schistes houillers avec veinules de houille, et à 300 mètres, calcaire blanc. Ces dernières indications sont douteuses. Fig. 15.
	Beaumetz-lès-Aire (ancien).	»	Crespel-Delisse et Cie.	»	»	»	»	Résultats inconnus.
	Beaumetz-lès-Aire.	»	Société d'Aire......	1856	1856	98 00	100 00	Grès dur gris et blanc, que l'on a classé dans le Dévonien inférieur (Gédinnien).
	Blessy..........	»	Idem.............	1855	»	»	»	Les renseignements font défaut.
	Bomy..........	»	Crespel-Delisse et Cie.	1854	1857	»	»	Grès micacés bleuâtres et verdâtres; schistes rougeâtres (Gédinnien).
III, C 3...	Bonningues-lès-Calais.	»	Société des Flandres.	1897	1897	»	35 00	Arrêté dans la craie à silex.
	Boulogne........	»	....	»	»	»	»	Plusieurs sondages abandonnés dans le Jurassique.
III, F 3...	Bourbourg-Campagne n° 1 ou le Guindal.	»	Société de l'Aà.....	1895	1896	350 00	373 00	Schistes siluriens gris noir, fissurés, très durs, à graptolites, plongeant de 60° à 80° au S.-O.
III, F 3...	Bourbourg-Campagne n° 2 ou Bourbourg-Campagne S.-E.	»	Idem.............	1897	1897	»	»	Arrêté presque immédiatement.
III, C 5...	Bournonville.....	»	Groupe Petit.......	1891	1892	181 00	381 00	Schistes siluriens noirs, compactes et durs, sans empreintes, pris d'abord pour du Houiller inférieur.
III, C 4...	Boursin n° 1.....	»	Compagnie des mines de Douchy.	1836	»	»	»	Aucun renseignement.
III, C 4...	Boursin n° 2.....	»	Groupe Boitelle.....	1862	»	112 00	»	Dolomie et psammites dévoniens.
	Bouvelinghem....	»	Société du Couchant de Lumbres.	1857	»	»	»	Résultats inconnus.

RENVOI aux PL. I À III.	DÉSIGNATION des FOSSES ET SONDAGES.	NOMBRE DE PUITS.	SOCIÉTÉS ou PERSONNES QUI LES ONT ENTREPRIS.	ANNÉE DU COMMENCEMENT DES TRAVAUX.	ANNÉE DE L'ABANDON.	ÉPAISSEUR DES MORTS-TERRAINS.	PROFONDEUR TOTALE.	RÉSULTATS OBTENUS. PRINCIPAUX FAITS OBSERVÉS DANS LES TRAVAUX.
						mètres.	mètres.	
III, H 1...	Bray-Dunes......	"	Société de Calais-Dunkerque.	1896	1897	293 00	443 10	Feuillets argileux et gréseux horizontaux, gris noir, minces (Silurien).
III, D 4...	Le Breuil........	"	Société de recherche du prolongement du bassin du Pas-de-Calais.	1875	1877	21 50	160 00	Grès et schistes rouges, verdâtres ou brun chocolat (Dévonien supérieur).
III, H 6...	Busnes.........	"	Dellisse-Engrand et Cie.	1852	"	200 00	223 00	Schistes renfermant des térébratules et avicules (Dévonien supérieur).
III, D 2...	Calais.........	"	Ville de Calais.....	1837	1844	320 70	346 86	Calcaire gréseux, gris tirant sur le brun, compacte, un peu globulaire sans être oolithique. Vive effervescence aux acides avec légère odeur de bitume. D'abord classé carbonifère; plutôt silurien.
III, D 4...	Cauchy........	"	Société de recherche du prolongement du bassin du Pas-de-Calais.	1877	1877	47 00	75 50	Dévonien; à 73 mètres, calcaire de Ferques.
III, F 6...	Clarques........	"	Société d'Aire......	1855	1856	198 00	213 00	Terrain quartzeux variant du blanc au noir (Dévonien).
III, B 4...	Colinethun......	"	2e société de Ferques.	1850	1850	"	"	Arrêté dans des sables gris, avec lignite, du Bathonien inférieur ou du Bajocien.
III, B 3...	Le Colombier....	"	Société des Flandres.	1897	1897	208 15	266 00	Grès roux foncé; calcaire; puis grès gris bleuâtre non calcaire, très dur (Dévonien).
	Gondette........	"	....	Fin XVIIIe s.	"	"	"	Lits minces de lignite dans des argiles bleuâtres (Jurassique).
III, C 3...	Conteville......	"	....	Idem.	"	"	"	Idem.
	Coquelles.......	"	Société de Calais-Boulogne.	1894	"	267 00	435 00	Dolomie tigrée des Noces dans les schistes de Beaulieu; puis, à 377 m. 50, schistes ardoisiers siluriens.
III, F 6...	Coyecque n° 1...	"	Lucas-Championnière.	1853	"	78 40	86 00	Schistes rougeâtres et verdâtres (Gédinnien).
III, F 6...	Coyecque n° 2, ou Delette-Coyecque.	"	Compagnie de la Lys.	1856	1857	128 00	153 20	Grès et schistes à texture serrée et grenue, verdâtres (Gédinnien).
III, F 2...	Craywick.......	"	Société de l'Aa.....	1896	1896	"	48 73	Arrêté dans les argiles tertiaires.
III, D 5...	La Crosse.......	"	Société de Montataire.	1870	"	"	"	Calcaire de Ferques, avec *Chætetes* et *Favosites dubia.*
III, F 6...	Delette n° 1.....	"	D'Hérambault, Pollet, de Saint-Paul et Cie.	1853	1853	"	112 00	Calcaire de Ferques.
III, F 6...	Delette n° 2.....	"	Idem.............	1854	"	"	135 00	Idem.
III, F 6...	Delette n° 3.....	"	Idem.............	1854	"	"	122 00	Calcaire de Ferques, à polypiers abondants.
III, F 6...	Delette n° 4, ou Delette S.-E.	"	Crespel-Dellisse et Cie.	1856	"	161 00	191 00	Terrains gris et rouges (Gédinnien).
III, C 6...	Desvres........	"	Société Camondo....	1881	1883	217 35	234 00	Schistes siluriens, argileux, verts ou bruns, puis noirs, pris d'abord pour du Houiller inférieur.

RENVOI aux PL. 1 À III.	DÉSIGNATION des FOSSES ET SONDAGES.	NOMBRE DE PUITS.	SOCIÉTÉS ou PERSONNES QUI LES ONT ENTREPRIS.	ANNÉE DU COMMENCEMENT DES TRAVAUX.	ANNÉE DE L'ABANDON.	ÉPAISSEUR DES MORTS-TERRAINS.	PROFONDEUR TOTALE.	RÉSULTATS OBTENUS. PRINCIPAUX FAITS OBSERVÉS DANS LES TRAVAUX.
						mètres.	mètres.	
III, F 6...	Dohem.........	"	D'Hérambault, Pollet, de Saint-Paul et Cⁱᵉ.	1856	"	13x 00	140 00	Grès gris, et schistes rouges, violets et verts (Gédinnien).
	Dunkerque......	"	....	1836	"	"	115 63	Arrêté dans le tertiaire (Yprésien).
III, G 5...	Ebblinghem.....	"	Société de Racquinghem.	"	"	237 00	330 00	Silurien.
	Enguinegatte (ancien).	"	Société d'Aire......	1855	"	"	"	Abandonné presque immédiatement.
III, F 6...	Enguinegatte.....	"	Société artésienne de recherches minières.	1901	En cours.	171 00	"	Calcaires gris ou noirs, parfois gréseux, renfermant des bancs schisteux noirâtres (Calcaire carbonifère). A 642 mètres, calcaire gris clair.
III, C 3...	Escalles n° 1....	"	Société de l'Aa.....	1897	1897	230 00	234 80	Schistes siluriens presque verticaux.
III, C 3...	Escalles n° 2....	"	Société de l'Yser....	1897	1897	235 00	243 15	Schistes siluriens de couleur bleu ardoise.
III, D 5...	Escœuilles n° 1....	"	Podevin et Cⁱᵉ......	1857	"	58 50	64 00	Grès blancs et schistes rouges (Famennien).
III, D 5...	Escœuilles n° 2....	"	Pinart..........	"	"	"	"	Schistes rouges dévoniens.
III, D 5...	Escœuilles n° 3....	"	Idem..........	"	"	"	"	Calcaire Napoléon.
III, D 5...	Escœuilles n° 4....	"	Société de Montataire.	1876	"	105 00	180 00	Schistes rouges famenniens.
III, C 3...	Folle-Emprise....	"	Société de l'Aa.....	1897	1897	200 00	203 15	Idem.
III, D 4...	Fouquexolle n° 1..	"	Delacroz et Waeterloot.	1838	"	10 00	"	Schistes famenniens, puis calcaire de Ferques.
	Fouquexolle n° 2..	"	Société de recherche du prolongement du bassin du Pas-de-Calais.	1875	"	30 00	58 00	Idem.
III, B 3...	Framzelle.......	"	Société du Cap Gris-Nez.	1897	1898	453 50	455 50	A 356 m. 55, sous le Bajocien, schistes, marnes, grès et conglomérats, généralement colorés en rouge, que l'on peut, d'après M. Gosselet, rattacher au trias. Ensuite, schistes siluriens inclinés à 30 degrés, avec un graptolite.
	Gravelines (ancien).	"	Ad. Torris........	"	"	"	143 50	Arrêté dans le tertiaire (Argile des Flandres).
III, F 2...	Gravelines.......	"	Société de Calais-Dunkerque.	1895	1896	350 00	440 00	Schistes siluriens grisâtre pâle, ne faisant pas effervescence aux acides, avec grès intercalés.
III, E 3...	Guemps........	"	Société des Flandres.	1896	1896	"	58 10	Arrêté dans le tertiaire (Argile des Flandres).
III, D 3...	Guines.........	"	2ᵉ société de Ferques, puis Société Dupin.	1852	"	224 00	241 91	Grès et schistes gris et rouges (Famennien).
III, F 5...	Hallines.........	"	Idem..........	1851	"	"	"	Schistes de Beaulieu (Frasnien).
	Hames-Boucres...	"	Ducatillon......	"	"	"	70 00	Arrêté dans la craie.
III, H 6...	Haverskerque....	"	Daquin et Cⁱᵉ, puis Compagnie des mines de Meurchin.	1854	1855	208 76	224 00	Schistes et psammites siluriens, sans fossiles.
	Herbelle........	"	Société d'Aire.....	"	"	"	"	Pas de renseignements.
III, D 4...	Hermelinghen, ou le Ventu d'Alembon.	"	Société du Levant de Fiennes et d'Hardinghen.	1857	"	"	135 00	88 mètres de calcaire dur compacte, à teintes rougeâtres, rappelant le calcaire de Ferques, puis schistes argileux bariolés.

RENVOI aux PL. I À III.	DÉSIGNATION des FOSSES ET SONDAGES.	NOMBRE DE PUITS.	SOCIÉTÉS ou PERSONNES QUI LES ONT ENTREPRIS.	ANNÉE DU COMMENCEMENT DES TRAVAUX.	ANNÉE DE L'ABANDON.	ÉPAISSEUR DES MORTS-TERRAINS.	PROFONDEUR TOTALE.	RÉSULTATS OBTENUS. PRINCIPAUX FAITS OBSERVÉS DANS LES TRAVAUX.
						mètres.	mètres.	
III, B-C 3 .	Hervelinghen ou le Mont de Coupe.	"	Société de la Colme.	1897	1897	176 50	282 50	Schistes du Dévonien supérieur, avec un banc de calcaire intercalé.
III, B 5...	Hesdin-l'Abbé....	"	Société d'Aire......	1856	1857	"	120 04	Arrêté dans le Bathonien.
	Inghem.........	"	Idem.............	"	"	"	"	Aucun renseignement.
III, E 5...	Journy	"		"	"	"	"	Idem.
III, E 5...	Liauwette	"	Société de Setques...	1855	"	80 00	120 00	Grès dur, gris et blanc (Grès de Fiennes).
III, D 4...	Licques.........	"	Delacre et Waeterloot.	1837	"	"	"	Pas de renseignements.
	La Liégette......	"	....	"	"	"	"	Dans le Jurassique.
	Longuenesse.....	"	Dellisse-Engrand et Cie	1854	"	"	"	Silurien.
III, D 5...	Lottinghem......	"	Société Dupin......	1851	1852	38 50	42 00	Schistes bruns, gris et verts, avec parcelles de grès blanc jaunâtre (Famennien).
III, E 5...	Lumbres n° 1	"	Sauvage..........	1838	"	"	85 00	Calcaire carbonifère noir cristallin, à petites ammonites et gryphées.
III, E 5...	Lumbres n° 2	"	Sociétés l'Espoir et la Confiance.	1874	"	"	148 00	Calcaire dolomitique carbonifère.
III, D 2...	Marck..........	"	Société de l'Aâ.....	1896	1897	330 00	385 00	Psammites jaunes et rougeâtres de Fiennes et de Sainte-Godeleine (Famennien).
III, D 5...	Menneville	"	Groupe Petit.......	1891	"	148 75	241 00	Schistes siluriens noirs, compactes et durs, d'abord pris pour du Houiller inférieur.
III, H 6...	Molinghem......	"	Société de Sainte-Is-bergues.	1855	"	232 00	"	Calcaire carbonifère dur, fétide, sans fossiles, analogue à celui de Moulin-le-Comte.
III, C 4...	Mont des Boucards ou Trois-Cornets.	"	....	"	"	"	"	D'après Promper, terrain silurien (Grès de Caradoc).
III, H 5...	Morbecque.......	"	Société de Sainte-Is-bergues.	1858	"	"	290 00	Schistes siluriens gris bleuâtre, très fissiles.
	Nielles-lès-Bléquin (ancien).	"	Société d'Aire......	1856	"	"	"	Aucun renseignement.
	Nielles-lès-Bléquin (anciens)......	"	Société l'Espoir.....	1873	1874	"	"	Deux sondages exécutés l'un au lieu dit au Laert, l'autre au lieu dit le Hamel. Résultats inconnus.
III, E 6...	Nielles-lès-Bléquin.	"	Société la Confiance.	1875	1876	66 00	217 00	Grès rouge, schistes rouges et verts avec grès intercalés, puis schistes gréseux gris avec taches verdâtres et pyrite, classés par M. Gosselet dans le Gédinnien.
III, F 6...	Nielles - lès - Thé-rouanne ou Thé-rouanne n° 2.	"	Crespel-Dellisse et Cie.	1857	"	205 00	211 00	Morts-terrains terminés par des sables, graviers et argiles chargés de lignite (Wealdien) ; ensuite, calcaire de Ferques fétide.
III, G 4...	Noordpeene......	"	Société de Dunkerque-Cassel.	1896	1896	294 65	313 20	Schistes siluriens noirs, compactes, très durs.
	Noetkerque......	"	Société des recherches de houille d'Ardres, repris par la société d'Audruicq.	1803	1873	"	92 00	Arrêté dans les sables tertiaires.
III, E 2...	Offekerque........	"	Société de l'Aâ.....	1895	1896	343 50	387 00	Schistes argileux rouges, parfois verts, avec empreintes de tentaculites, aviculopecten et goniatites (Famennien).

RENVOI aux PL. I À III.	DÉSIGNATION des FOSSES ET SONDAGES.	NOMBRE DE PUITS.	SOCIÉTÉS ou PERSONNES QUI LES ONT ENTREPRIS.	ANNÉE DU COMMENCEMENT DES TRAVAUX.	ANNÉE DE L'ABANDON.	ÉPAISSEUR DES MORTS-TERRAINS.	PROFONDEUR TOTALE.	RÉSULTATS OBTENUS. PRINCIPAUX FAITS OBSERVÉS DANS LES TRAVAUX.
						mètres.	mètres.	
III, B 5...	Outreau......,...	//	Société de Montataire.	//	//	//	199 00	Arrêté à la base du Jurassique.
III, F 6...	Oave...........	//	Lucas-Championnière.	1853	1853	102 50	115 88	Calcaire de Ferques, de couleur brunâtre, le plus souvent cristallin, avec *Spirifer Verneuili* et *Productus subaculeatus*.
III, B 4...	Pas-de-Gay......	//	Société de l'Yser....	1897	1898	443 50	458 60	A 358 mètres, grès gris et rosés, et schistes argileux rouges, peut-être triasiques, comme à Framzelle, puis schistes siluriens.
III, G 2...	Petite-Synthe....	//	Société de Dunkerque-Cassel.	1896	1896	//	325 00	Arrêté à la base de la craie, dans un banc de quartzite d'une dureté exceptionnelle.
III, C 3...	Peuplingue......	//	Société de l'Yser....	1897	1897	//	188 70	Arrêté en pleine craie.
III, C 3../	La Pierre........	//	1re société de Fiennes.	1852	//	204 00	206 00	Schistes rouges famenniens.
III, C 3...	Pihen...........	//	Société de Dunkerque-Cassel.	1897	1897.	//	20 00	Abandonné dans la craie.
III, D 3...	Pont-d'Ardres ou Pont-Sans-Pareil.	//	Société des sucreries Henry Say.	1896	1896	334 60	338 85	Calcaire noir bleuâtre, incliné à 55°; un peu d'argile lie de vin dans les débris. M. Gosselet considère maintenant ce calcaire comme silurien.
III, G 5...	Pont-Asquin.....	//	Société de Racquinghem.	//	1858	//	286 00	Schistes siluriens compactes, gris bleuâtre.
III, E 2...	Pont-d'Oye......	//	Société de l'Aa.....	1896	1896	//	//	Arrêté avant battage au trépan.
III, D 5...	Quesques n° 1....	//	Société de Montataire.	1875	1876	98 00	103 00	Calcaire très magnésien, gris, assez fétide (Dolomie de la Basse-Normandie : Haut-Banc).
	Quesques n° 2....	//	Société de recherche du prolongement du bassin du Pas-de-Calais.	1875	//	//	74 00	Arrêté dans les sables verts, sous les argiles du Gault.
	Quesques n° 3....	//	Idem............	1875	//	//	122 00	Arrêté dans les argiles oxfordiennes.
III, F 6...	Radomez ou Thérouanne n° 1.	//	Faure et Cie, puis Lucas-Championnière.	1852	1853	150 88	156 11	Résultats analogues à ceux du sondage de Nielles-lès-Thérouanne. Calcaire de Ferques sous le Wealdien.
III, G 6...	Rebecq..........	//	Société de Sainte-Isbergues.	//	//	//	200 00	Arrêté dans le Dévonien supérieur.
III, D 5...	Rebergues n° 1...	//	Podevin et Cie.....	1856	//	//	40 00	Au fond, calcaire blanchâtre paraissant dévonien.
III, D 5...	Rebergues n° 2...	//	Idem............	1856	//	//	40 00	Idem.
III, D 5...	Rebergues n° 3...	//	Idem............	1856	//	27 00	27 00	Grès micacés et schistes rouges dévoniens.
III, D 5...	Rebergues n° 4...	//	Idem............	1856	//	30 00	32 50	Calcaire paraissant dévonien.
	Remilly-Wirquin..	//	Payen............	//	//	//	//	Calcaire de Ferques, fétide et puant.
III, F 5...	Saint-Martin-au-Laert.	//	Dellisse-Engrand et Cie.	1854	1855	//	//	Silurien.
III, E 3...	Saint-Omer-Capelle.	//	Société de l'Aa.....	1896	1896	//	3 00	Arrêté, avant battage, dans les sables marins.
III, F 3...	Saint-Pierre-Brouck n° 1.	//	Idem............	1896	1896	//	49 00	Abandonné dans les argiles tertiaires.

RENVOI aux PL. I À III.	DÉSIGNATION des FOSSES ET SONDAGES.	NOMBRE DE PUITS.	SOCIÉTÉS ou PERSONNES QUI LES ONT ENTREPRIS.	ANNÉE DU COMMENCEMENT DES TRAVAUX.	ANNÉE DE L'ABANDON.	ÉPAISSEUR DES MORTS-TERRAINS.	PROFONDEUR TOTALE.	RÉSULTATS OBTENUS. PRINCIPAUX FAITS OBSERVÉS DANS LES TRAVAUX.
						mètres.	mètres.	
III, F 3...	Saint-Pierre-Brouck n° 2.	2	Société de la Colme..	1896	1896	"	6 00	Arrêté dans le sable.
III, C 6...	Samer, appelé aussi sondage de Chantraine ou de Carly.	"	Groupe Petit.......	"	"	150 00	168 00	Schistes rouges et verts, certainement gédinniens, d'après M. Gosselet.
III, C 3...	Sangatte........	"	Société de la Colme.	1897	1897	139 00	169 40	Calcaire probablement silurien, reposant sur des schistes siluriens bleuâtres, ardoisiers.
III, D 4...	Sanghen........	"	Société d'Alembon...	1875	1878	189 28	209 59	Grès calcareux jaunâtre, et marbre blanc ou gris roux cristallin. (Calcaire Napoléon.)
III, F 5...	Setques n° 1.....	"	Société de Setques..	1855	"	114 00	115 00	Calcaire de Ferques, gris noir, dur.
III, F 5...	Setques n° 2.....	"	Idem............	1855	"	"	129 00	Arrêté dans une roche brune dolomitique, à cassure saccharoïde (Calcaire de Ferques).
	Steenbecque.....	"	Société d'Aire......	1855	"	"	"	Aucun renseignement.
III, B 3...	Strouanne ou Saint-Pol.	"	Société de la Colme.	1896	1897	169 00	299 50	Terrain houiller renfermant trois veines de houille de 1 m. 05, 0 m. 40 et 0 m. 55; puis, à 293 m. 20, Calcaire carbonifère.
III, D 5...	Surques n° 1.....	"	Podevin et Cie......	1857	"	"	"	18 mètres de grès blancs et schistes rouges famenniens.
III, D 5...	Surques n° 2.....	"	Société de Montataire.	1875	"	"	72 00	Arrêté dans le Calcaire carbonifère (Dolomie du Huré).
III, D 5...	Surques n° 3.....	"	Idem............	1875	"	87 00	92 00	Calcaire carbonifère noirâtre, avec parties cristallines blanches.
	Tardinghen (anciens).......	"	Promper..........	1869	"	"	"	4 sondages. Résultats inconnus.
III, B 3...	Tardingheu......	"	Société de Dunkerque-Cassel.	1897	1897	214 00	240 25	Calcaire carbonifère.
III, F 6...	Thérouanne n° 3..	"	Société de la Morinie.	1862	"	"	153 00	Arrêté dans le calcaire de Ferques, un peu au-dessous du Wealdien, comme à Nielles-lès-Thérouanne et à Radometz.
	Tournehem......	"	....	"	"	"	"	Très ancien sondage, silurien.
	Val-Saint-Martin..	"	....	"	"	"	"	Abandonné dans le Jurassique.
II; III, C 4.	Vallée-Heureuse..	"	Société de recherches du Bas-Boulonnais.	1903	En cours.	5 50	"	A 5 m. 50, grès et schistes rouges du Dévonien supérieur; à 62 mètres, Calcaire carbonifère sous forme de marbres suivis de calcaires dolomitiques. Inclinaison de ces calcaires: 30° à 320"; 50° à 400".
	Vaudringhem....	"	Société d'Aire......	1856	"	"	"	Pas de renseignements.
III, E 3...	Vieille-Église	"	Société de l'Aa......	1895	1896	"	86 00	Arrêté dans les argiles tertiaires.
III, C 5...	Le Wast n° 1.....	"	....	"	"	"	"	Très ancien sondage silurien.
III, C 5...	Le Wast n° 2.....	"	Groupe Petit.......	"	1892	44 00	162 00	Schistes siluriens; puis, à 156 mètres, psammites rouges du Dévonien supérieur.
III, E 5...	Wavrans n° 1.....	"	Payen............	1857	"	"	"	Calcaire de Ferques, fétide et puant.
III, F 5...	Wavrans n° 2.....	"	Lebreton-Dulier.....	1857	"	77 00	77 50	Grès blanc gris très dur (Grès de Fiennes).
	Wimereux.......	"	Groupe Boitelle.....	1862	"	"	"	Résultats inconnus, mais négatifs.

RENVOI aux PL. 1 À III.	DÉSIGNATION des FOSSES ET SONDAGES.	NOMBRE DE PUITS.	SOCIÉTÉS ou PERSONNES QUI LES ONT ENTREPRIS.	ANNÉE DU COMMENCEMENT DES TRAVAUX.	ANNÉE DE L'ARRÊTON.	ÉPAISSEUR DES MORTS-TERRAINS.	PROFONDEUR TOTALE.	RÉSULTATS OBTENUS. PRINCIPAUX FAITS OBSERVÉS DANS LES TRAVAUX.
						mètres.	mètres.	
III, F 6...	Wirquin........	"	Crespel-Dellisse et C⁹.	1853	"	75 00	116 54	Grès compactes, argileux, fins, rougeâtres et violacés (Grès de Fiennes).
III, C 5...	Wirwignes......	"	Groupe Petit.......	"	"	230 00	508 00	Schistes siluriens.
III, E 6...	Wismek.........	"	D'Hérambault, Pollet, de Saint-Paul et Cⁱᵉ.	1856	"	93 50	100 50	Schistes bleuâtres et calcaire compacte silurien.
III, B 3...	Wissant-Nord....	"	Société de la Colme.	1898	1898	182 00	193 95	Calcaire carbonifère.
III, B 3...	Wissant-Sud.....	"	Idem.............	1897	1898	232 00	281 00	Calcaire carbonifère gris; puis, à 260 mètres, schistes jaunâtres et rouges du Dévonien supérieur.
III, B 4...	Witerthun......	"	2ᵉ société de Fiennes, puis Société de recherches du Bas-Boulonnais.	1876	1902	46 14	696 60	Repris en 1900 après un long abandon. Calcaires Napoléon et du Haut-Banc; puis dolomie du Huré, et, à 622 mètres, schistes argileux rougeâtres, gris clair ou un peu verdâtres, avec *Atrypa reticularis*. Pente de ces schistes au fond : 20°; ils étaient siluriens. Fig. 19.
	Wizernes........	"	D'Hérambault, Pollet, de Saint-Paul et Cⁱᵉ.	1856	"	94 00	101 00	Schistes de Beaulieu bleuâtres et calcaire de la Cédule.

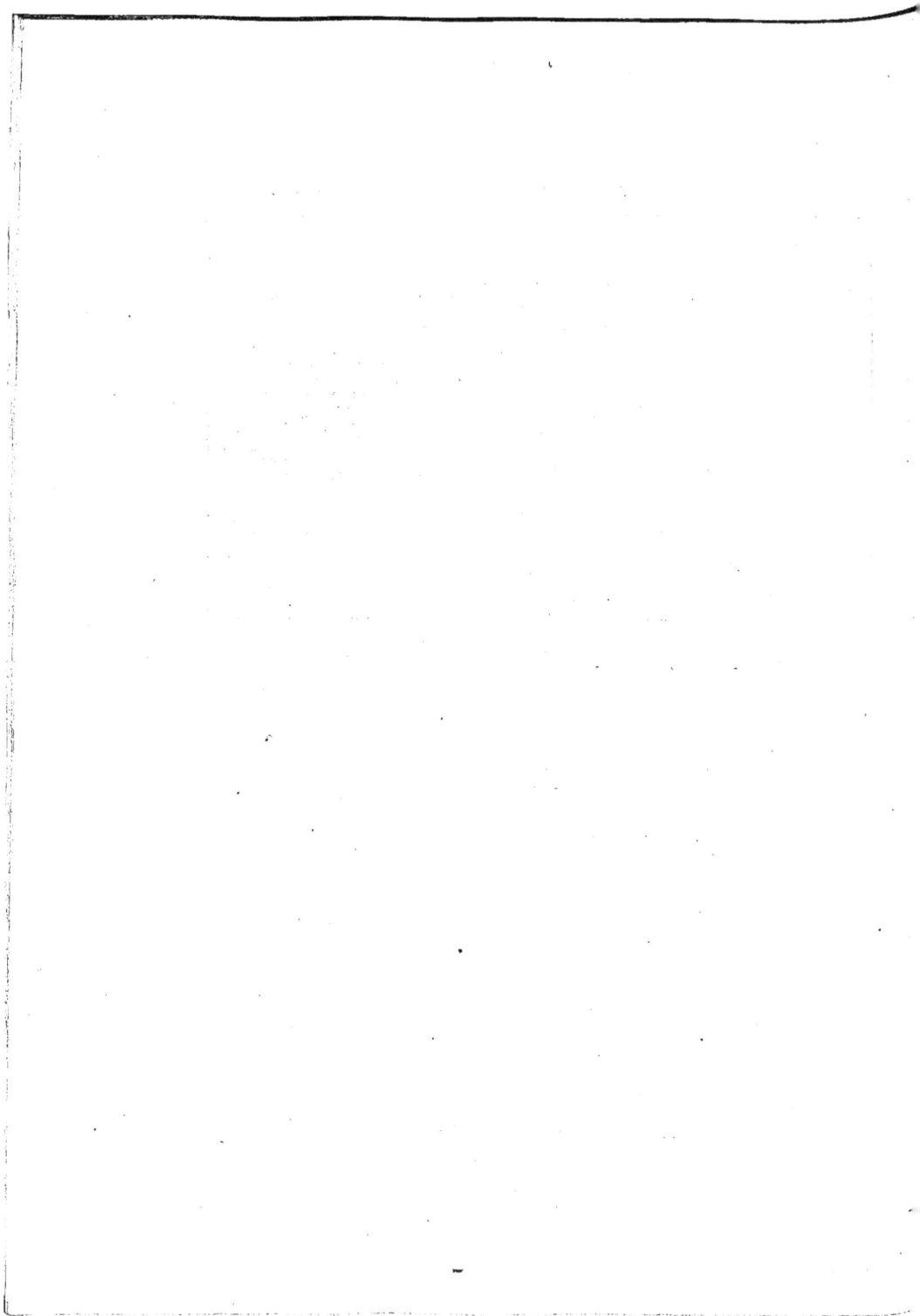

CHAPITRE X.

RELATIONS ENTRE LE BASSIN HOUILLER DU BOULONNAIS, LE BASSIN DE VALENCIENNES ET LES BASSINS ANGLAIS.

Depuis longtemps la question s'est posée de savoir si le bassin houiller du Boulonnais possède une individualité propre, n'ayant aucun lien avec ceux qui en sont les plus rapprochés, ou si, au contraire, il constitue en quelque sorte l'un des anneaux d'une chaîne qui se continuerait à l'Est par le bassin du Pas-de-Calais, à l'Ouest par les formations houillères anglaises, ou des deux côtés à la fois.

Ce problème a été discuté par des géologues éminents, et nous aurons plus loin à invoquer leur manière de voir et leur autorité; peut-être ne doit-on pas encore le regarder comme complètement résolu; mais il a été l'objet d'un si grand nombre d'études approfondies que l'on possède du moins tous les éléments d'appréciation nécessaires pour que chacun puisse, après l'avoir envisagé sur toutes les faces, se faire, en pleine connaissance de cause, une opinion motivée en ce qui le concerne.

Si l'on veut suivre le fil conducteur qui, dès affleurements des terrains primaires en Belgique, peut amener à établir un raccordement entre ces terrains et ceux du même âge du Boulonnais, il convient d'abord d'examiner ce qui se passe de l'autre côté de la frontière franco-belge, dans la région où ils affleurent, sans être recouverts, comme ils le sont en France (le Boulonnais excepté), par des sédiments plus récents.

Affleurements des terrains primaires en Belgique.

Là, on constate qu'avant l'époque dévonienne le terrain silurien présentait, du Nord au Sud, une succession de dépressions et de saillies qui s'étaient traduites par la formation de vallées sensiblement parallèles, orientées d'une façon générale de l'Est à l'Ouest. Cette disposition résultait, d'une part, d'un ridement de l'écorce terrestre que M. Gosselet[1] a appelé *ridement de l'Ardenne*, d'autre part, de l'effet des érosions avant l'immersion du sol silurien.

Vallées siluriennes.

La plus septentrionale de ces vallées, inconnue récemment encore, parce qu'elle ne se voit pas au jour, est celle qui renferme le bassin houiller que l'on

[1] Gosselet, *Esquisse géologique du Nord de la France et des contrées voisines*, 1er fascicule, 1880.

vient de découvrir dans le Limbourg hollandais et le Limbourg belge; elle se continue dans la province d'Anvers.

Au Midi de celle-ci, s'étend la longue vallée dans laquelle s'est déposé le bassin houiller franco-belge, connu en France depuis la frontière, près de Valenciennes, jusqu'à l'Ouest de Béthune, vers Fléchinelle.

Enfin, une troisième vallée est située au Sud de la précédente; la formation houillère n'y présente qu'un petit nombre d'îlots peu étendus et de faible épaisseur, dont la valeur industrielle est insignifiante, mais qui suffisent à la jalonner en direction, et à permettre d'en suivre le tracé : ce sont les îlots de Florenne, Anhée, Assesse, Bois, Bende, Modave, Linchet, Juslenville, en Belgique, de Taisnières et d'Aulnoye, en France.

Bassins du Limbourg, de Namur ou de Valenciennes, et de Dinant.

Ces vallées, dans lesquelles le terrain dévonien s'est déposé en stratification discordante avec les roches siluriennes, correspondent à autant de bassins. Celui du Nord est encore peu connu; nous l'appellerons *bassin du Limbourg*. Ceux du Sud le sont davantage; M. Gosselet[1] a appelé le premier *bassin de Namur*, et le second *bassin de Dinant*. Le bassin de Namur n'est autre que celui de Valenciennes.

Entre le bassin du Limbourg et celui de Namur s'étend le plateau silurien du Brabant.

Crête du Condros.

Les bassins de Namur et de Dinant sont séparés par une crête silurienne, dite *du Condros*.

Enfin, au Sud du bassin de Dinant, se trouve le plateau silurien de l'Ardenne.

Sur le bassin du Limbourg, il n'est pas possible, quant à présent, de fournir des renseignements suffisants, relativement aux assises sédimentaires qui sont en contact avec les deux bords de la formation houillère.

Par contre, les terrains primaires contenus dans les bassins de Namur et de Dinant ont été étudiés et décrits par M. Gosselet[2] avec une très grande précision.

Dissemblance des sédiments dévoniens situés de part et d'autre de la crête du Condros. Absence du Dévonien inférieur dans le bassin de Namur.

Des observations faites par ce savant, il résulte à l'évidence que les assises dévoniennes situées sur les deux flancs de la crête silurienne du Condros sont loin d'être semblables comme âge et comme nature. Au Sud, dans le bassin de Dinant, le Dévonien inférieur, Gédinnien, Tanausien, Coblenzien, Eifélien, est représenté par une épaisseur considérable, 4.000 à 5.000 mètres peut-être, de poudingues, schistes, psammites, grès et grauwackes, tandis que ces étages

[1] Gosselet, *Loc. cit.*
[2] Gosselet, *L'Ardenne.*

n'existent pas au Nord, dans le bassin de Namur. Ce dernier bassin n'était donc pas occupé par les eaux pendant la formation de ces dépôts; il paraît n'avoir été envahi par elles qu'à l'époque du calcaire de Givet (Dévonien moyen), car il ne renferme aucun sédiment d'âge plus ancien. Il semble en outre que, lors de la première période de sédimentation dans le bassin de Namur, ce bassin n'était pas en large communication avec celui de Dinant, dont il était sans doute encore séparé par la crête du Condros, émergeant au-dessus des eaux. A cette époque, en effet, il y avait des différences notables dans les caractères paléontologiques et pétrographiques des dépôts formés des deux côtés de cette crête. Mais, plus tard, vers l'époque des psammites du Condros (Famennien), cette dissemblance a disparu en grande partie, ce qui peut s'expliquer en admettant que les bras de mer correspondant aux deux bassins étaient alors venus se rejoindre en passant au-dessus de la crête du Condros, à son tour recouverte par les eaux.

Il résulte de ces considérations que le bassin de Dinant est caractérisé par l'existence de dépôts puissants de Dévonien inférieur. Quand on rencontre ces dépôts, on se trouve certainement hors du bassin de Namur. Au contraire, la présence de dépôts contemporains du calcaire de Givet, ou postérieurs, laisse dans le doute sur la zone géologique où ils ont pris naissance. Enfin, l'absence dûment constatée du Dévonien inférieur au contact du Silurien est distinctive du bassin de Namur.

Or, que voyons-nous dans le Boulonnais?

Faits observés
dans
le Boulonnais.

En premier lieu, le terrain dévonien inférieur n'y a été reconnu qu'au sondage de Samer, qui a recoupé sous le Jurassique, à 150 mètres de profondeur, des schistes rouges et verts appartenant incontestablement à l'étage gédinnien. Il faut se transporter à une assez grande distance vers l'Est pour retrouver cet étage aux sondages de Nielles-lès-Bléquin, Dohem, Coyecque et Delette S.-E. Partout ailleurs, au Nord de la Liane, le Dévonien inférieur paraît faire défaut, puisque aucune des recherches opérées dans cette région ne l'a rencontré.

D'autre part, au Nord du sondage de Samer, notamment à ceux de Desvres, Menneville, Wirwignes et Bournonville, on est tombé, sous les morts-terrains, sur des schistes siluriens qui sont peut-être, probablement même, assimilables à ceux dont M. Ch. Barrois[1] a signalé l'existence au Levant du bassin du Pas-de-Calais. Ces schistes seraient, dans cette hypothèse, immédiatement inférieurs au Gédinnien de Samer, et appartiendraient au bassin de Dinant; il

[1] Ch. BARROIS, L'extension du terrain silurien supérieur dans le Pas-de-Calais.

faudrait donc rechercher le passage de la crête du Condros et du prolongement de la grande faille du Midi du bassin du Pas-de-Calais au Nord des sondages ci-dessus, et ceux du Mont des Boucards (Trois-Cornets) et du Pas-
de-Gay; elle passerait d'ailleurs à peu de distance au Nord du sondage N° 2 du
Wast, où les schistes siluriens recouvrent le Dévonien supérieur (planche III).

Toutefois, il n'est pas impossible non plus, ainsi que nous l'avons déjà
expliqué dans un précédent chapitre, que le Silurien de Menneville, Wirwignes, Bournonville, etc., appartienne à un rivage silurien en place, déli-
mitant le bassin du Boulonnais au Midi, et sur lequel le Gédinnien de Samer
aurait été remonté par charriage. S'il en était ainsi, le tracé de l'affleurement
de la grande faille du Midi du Pas-de-Calais sous les morts-terrains devrait
être reporté à une bien moindre distance vers le Nord.

Cette seconde hypothèse nous paraît beaucoup moins vraisemblable que la
précédente; elle expliquerait moins aisément la superposition du Silurien au
Dévonien supérieur du sondage du Wast n° 2; nous n'en avons pas moins cru
devoir la signaler comme acceptable à la rigueur. Si on l'admettait, il faudrait
chercher le passage de la grande faille du Midi entre le Gédinnien de Samer
et le Silurien des sondages précités, ou même au travers de ce Silurien, la
poussée venant du Midi ayant pu occasionner le glissement du Silurien du bord
septentrional du bassin du Sud sur celui du bord méridional du bassin du
Nord.

Absence
du
Dévonien inférieur
au contact
du Silurien
de Bainghen,
de
Landrethun
et de Caffiers.

En nous transportant, maintenant, au Nord de la faille de Ferques, nous
voyons que le dépôt qui s'est formé immédiatement au contact du Silurien de
Caffiers, de Landrethun et de Bainghen est, comme nous l'avons fait remarquer
plus haut, de l'âge du calcaire de Givet (Dévonien moyen); l'absence du Dévonien inférieur semble bien indiquer qu'on se trouve, là, dans le prolongement du bassin de Namur.

Analogies
entre les assises
primaires
situées au Nord
de la faille
de Ferques,
et celles du bord
septentrional
du
bassin de Namur,
en Belgique.

Il y a, en outre, une très grande conformité, au point de vue paléontologique
et lithologique, entre les diverses assises que nous avons décrites, superposées
au Silurien de Caffiers, au Nord de la faille de Ferques, et celles que l'on voit,
dans la direction de l'Est, sur le bord septentrional du bassin de Namur.

Les schistes rouges renfermant le poudingue de Caffiers, surmontés par des
schistes et grès psammitiques à empreintes végétales, le tout reposant en stratification discordante sur le Silurien du puits de Caffiers, sont l'équivalent du
poudingue d'Horrues, de la rive du Brabant, dans le bassin de Namur, poudingue qui coexiste, lui aussi, avec des schistes rouges. Ce sont ces mêmes

schistes qui ont été rencontrés, à la profondeur de 205 mètres, par le sondage de Menin, associés à un grès renfermant des débris végétaux.

Le calcaire de Blacourt, à *Strigocephalus Burtini*, représente le calcaire d'Alvaux, dans lequel, au Nord de Namur, on a recueilli le même *Strigocephalus*, ce qui a permis de le classer dans le Givétien.

Le calcaire de la Cédule, les schistes de Beaulieu renfermant la dolomie des Noces, et les divers bancs schisteux et calcaires qui séparent les schistes de Beaulieu du calcaire de Ferques (Frasnien), sont à rapprocher des schistes et de la dolomie de Bovesse, qui renferment de même du calcaire et de la dolomie, sous forme de bancs et de lentilles. La dolomie de Bovesse, comme celle des Noces, est caverneuse, cristalline et ferrifère; elle se présente moins sous la forme d'une couche régulière que sous l'aspect de rochers isolés les uns des autres, comme ceux des Noces.

Quant au calcaire de Ferques, qui termine la série frasnienne, il correspond, sur le bord septentrional du bassin de Namur, au calcaire de Rhisne, formé à sa base de schistes remplis de gros nodules calcaires, et passant ensuite à un calcaire compacte que l'on exploite comme pierre à chaux.

Enfin, pour en terminer avec le Dévonien supérieur, les schistes et grès de Fiennes se retrouvent, au Nord du bassin de Namur, aux environs de Liège, Huy et Namur; les grès famenniens sont exploités comme pavés aux Écaussines et près d'Ath; on y rencontre les mêmes fossiles que dans le Boulonnais.

Si nous passons au Calcaire carbonifère, nous retrouvons la dolomie du Huré sur la rive septentrionale du bassin de Namur, où elle est également grise ou brune, tantôt en bancs solides, tantôt en masses pulvérulentes; là, elle est connue sous le nom de dolomie de Namur; elle repose directement sur les psammites famenniens, comme dans le Boulonnais.

Pour être moins nettes, les analogies entre les calcaires carbonifères du Boulonnais à *Productus Cora*, à *Productus undatus* et à *Productus giganteus*, avec les calcaires qui, en Belgique, sont contigus au bord septentrional du bassin houiller de Namur et de Liège, n'infirment pas les conclusions que l'on peut tirer des rapprochements qui précèdent.

L'absence complète du Dévonien inférieur au contact du Silurien, et la très grande conformité entre les assises givétiennes, frasniennes et famenniennes du bassin de Namur et de celui du Boulonnais, tant au point de vue des fossiles qu'à celui de la nature des terrains et de leur ordre de succession, sont bien de nature à entraîner la conviction que ces deux bassins doivent être

Identification
du bassin
du Boulonnais
à celui de Namur.

identifiés, et que le second n'est autre chose que le prolongement du premier.

M. Gosselet[1] a donné cette démonstration dès 1860, et, jusqu'à ces dernières années, elle n'avait pas été contestée.

On peut l'appuyer par d'autres observations,

Analogies
et différences
entre les failles
de refoulement
ou
de charriage qui,
dans
le Boulonnais,
le Pas-de-Calais
et la Belgique,
ont exercé
leur influence
au Midi
du bassin houiller.

Vers la fin de la période houillère, une poussée énergique venant du Midi a refoulé vers le Nord le bassin de Dinant. Soumis à cette action, le bassin de Namur s'est replié sur lui-même, en prenant, en coupe verticale, la forme d'un U incliné plongeant vers le Sud, avec renversement des assises constituant son bord méridional. En outre, une immense ligne de fracture s'est produite au-dessus de la crête du Condros, en donnant naissance à la grande faille inverse de la règle de Schmidt, que l'on suit depuis Liège jusqu'à l'extrémité du bassin houiller de Valenciennes dans le département du Pas-de-Calais. Cet accident, que nous avons appelé *grande faille du Midi*, a souvent ramené le terrain dévonien inférieur, et même le Silurien du bassin de Dinant, sans renversement, en contact direct avec le terrain houiller. De plus, à certains endroits, le mouvement de charriage du Sud au Nord qui l'a occasionné a entraîné, au-dessous du Gédinnien et du Silurien du bassin de Dinant, un ou plusieurs lambeaux de poussée constitués par des fragments dévoniens ou carbonifères détachés du bord méridional du bassin de Namur; ces lambeaux, qui paraissent généralement renversés, sont compris entre la grande faille du Midi et un réseau de failles plus ou moins parallèles, affleurant au Nord de celle-ci. La plus septentrionale se trouve en contact avec le terrain houiller; on lui donne, pour ce motif, le nom de *faille-limite*.

Cet ensemble de fractures, que M. Gosselet a désigné par le nom de *ridement du Hainaut*, et Suess par celui de *ridement hercynien*, n'affecte pas toujours le bassin du Nord et du Pas-de-Calais. Nous avons démontré en effet que, depuis les environs de Valenciennes jusqu'à ceux de Douai, il le respecte, l'affleurement des failles au tourtia se trouvant, sur ce parcours, à une plus grande distance au Sud[2]. Par contre, à l'Est de Valenciennes, comme à l'Ouest de Douai, à partir de la concession de Courcelles-lès-Lens, la grande faille du Midi, ou la faille-limite, vient mordre sur le terrain houiller, et le recouvre sur une largeur plus ou moins considérable.

[1] Gosselet, *Mémoire sur les terrains primaires de la Belgique, de l'arrondissement d'Avesnes et du Boulonnais.*

[2] A. Olry, *Bassin houiller de Valenciennes.*

Cette série de lignes de rupture, caractéristique d'une action puissante exercée du Midi vers le Nord dans toute l'étendue du bassin houiller du Pas-de-Calais, se retrouve dans le Boulonnais. Toutefois, dans ce dernier bassin, la poussée paraît s'être exercée suivant des directions plus voisines encore de l'horizontale.

Dans le Pas-de-Calais, la grande faille du Midi, ou la faille-limite, a une inclinaison variable vers le Sud, qui tombe parfois à 15°, et est même descendue à 10° à la fosse n° 1 de la concession de Liévin, niveau de 576 mètres, mais se redresse très fortement à la pointe du bassin vers Fléchinelle.

Dans le Boulonnais, les failles qui jouent le même rôle prennent parfois une inclinaison vers le Nord. Aux fosses Providence et Renaissance n° 1, par exemple, la faille séparative du terrain houiller et du calcaire Napoléon supérieur (faille du Nord prolongeant la faille du Sud n° 1), plonge, comme nous le savons, de 11° dans cette direction; cette faille est assimilable à la faille-limite. De même, la faille du Sud n° 2 plonge aussi, en certains points, du côté du Nord.

D'autre part, il convient de rappeler que le calcaire de recouvrement est en allure normale, au lieu d'être renversé, comme le sont les lambeaux de poussée du Pas-de-Calais.

Mais, à ces quelques différences près, on observe, de part et d'autre, un ensemble de phénomènes analogues, provenant d'une même cause, et qui constitue un lien de plus entre les deux bassins.

À la vérité, on pourrait objecter que le redressement de la faille-limite à Fléchinelle viendrait à l'encontre de cette argumentation, comme rompant la continuité d'action dont nous venons de nous prévaloir; mais, à cela, nous pouvons répondre en citant un exemple donné par M. Marcel Bertrand[1] : le pli du Beausset, en Provence, après avoir produit des déplacements horizontaux de plus de 5 kilomètres, n'existe plus au Nord de Toulon, c'est-à-dire à 30 kilomètres plus à l'Est, que sous forme d'un pli droit et à peine dissymétrique; on conçoit que, de la même façon, la faille-limite, encore assez plate à Auchy-au-Bois, ait pu se redresser localement à Fléchinelle, puis s'aplatir de nouveau à l'Ouest, avant d'arriver à Hardinghen, ainsi que toutes celles qui sont concomitantes avec elle. L'effet de la poussée venant du Midi a pu ainsi varier dans ses manifestations, sans qu'il y ait lieu d'en être surpris.

[1] Marcel BERTRAND, *Sur le raccordement des bassins houillers du Nord de la France et du Sud de l'Angleterre.*

Si enfin l'on revient, dans le Boulonnais, à la faille de Ferques, on voit que, suivant une remarque précédente, une coupe transversale du bassin, dans le méridien du sondage de Blecquenecques, par exemple (fig. 16), ressemble fort à une coupe transversale du bassin de Valenciennes, au travers de la concession d'Anzin; la faille de Ferques y représente le cran de retour d'Anzin, et la faille ondulée qui recouvre le terrain houiller du Midi la faille-limite.

L'analogie devient encore plus saisissante lorsqu'on se rappelle ce qui se passe au voisinage de la frontière belge, dans le bassin de Dour. Là, on a reconnu l'existence d'un paquet de terrains anciens renversés, formé de Silurien, de Dévonien moyen et supérieur, et de Calcaire carbonifère, qui sépare, en affleurement, le bassin de Dour du bassin principal, et au-dessous duquel la formation houillère s'étend sans discontinuité. Ce paquet est séparé du terrain houiller, du côté de la bande de Dour, par une faille dite *de Boussu*, plongeant au Nord.

Cornet et Briart[1] ont expliqué cet accident, appelé *accident de Boussu*, par une série de phénomènes géologiques, formation de failles et mouvements de terrains, qui se seraient produits antérieurement à la grande faille du Midi.

M. Gosselet[2] en donne une explication beaucoup plus simple; d'après lui, il se serait produit simplement, après coup, un affaissement de la faille qui avait mis en contact les terrains primaires renversés du paquet de Boussu avec le terrain houiller; cet affaissement aurait modifié le profil de la faille, et lui aurait donné l'allure ondulée en raison de laquelle elle plonge vers le Nord, dans la région où elle est connue sous le nom de faille de Boussu.

C'est la même explication qu'a fournie M. Marcel Bertrand[3], en faisant remarquer que la coupe de l'accident de Boussu reproduit en quelque sorte celle du Beausset, compliquée par un tassement local et postérieur.

Or tout ce qui a été dit au sujet de l'accident de Boussu peut se répéter en ce qui concerne la disposition des terrains situés au Sud de la faille de Ferques, dans le Boulonnais. Le paquet de terrains anciens de Boussu y est représenté par le calcaire carbonifère de recouvrement des fosses d'Hardinghen, qui a été

---

[1] F.-L. Cornet et A. Briart, Sur le relief du sol en Belgique après les temps paléozoïques. (*Ann. Société géologique belge*, t. IV. Liège, 1877.)

[2] Gosselet, *L'Ardenne*.

[3] Marcel Bertrand, Îlot triasique du Beausset (Var). Analogie avec le bassin houiller francobelge et avec les Alpes de Glaris. (*Bull. de la Société géologique de France*, 3ᵉ série, t. XV. 1887.)

traversé par les sondages d'Hidrequent et de Blecquenecques, et la faille de
Boussu a son équivalent dans la faille du Nord d'Hardinghen. En outre, le
mouvement d'affaissement admis par MM. Gosselet et Marcel Bertrand est
celui qui a produit les ondulations de la faille du Sud n° 1, laquelle représente,
dans le Boulonnais, la faille-limite.

M. Marcel Bertrand estime qu'à Boussu le paquet de terrains primaires renversé sur le bassin houiller a été traîné et charrié horizontalement, comme les
couches triasiques au Beausset, sur une longueur de plusieurs kilomètres. Un
fait analogue s'est produit dans le Boulonnais, avec la seule différence que le
charriage paraît s'y être opéré sans renversement des terrains.

Ces ressemblances si nettes, si frappantes, viennent encore plaider en faveur
de l'hypothèse qui tend à identifier le bassin du Boulonnais à celui du Pas-
de-Calais. Elles contribuent à donner à cette hypothèse un caractère de quasi-
certitude.

Cependant, des objections ont été récemment formulées contre elle; des
considérations d'une autre nature ont été invoquées pour nier, ou pour mettre
en doute la continuité géologique des deux bassins, longtemps admise par les
géologues.

C'est ainsi que M. L. Breton[1] a signalé l'anomalie résultant de ce que les
houilles du Boulonnais ressemblent beaucoup plus aux houilles anglaises qu'à
celles du bassin du Pas-de-Calais. De plus, on ne trouve, dans ce dernier
bassin, ni les couches de minerai de fer, ni les lits d'argile réfractaire, ni les
bouquettes, ni les plaques de liège calcifiées du Boulonnais. Nulle part, on
n'y a rencontré, à la base de la formation, dans le calcaire carbonifère, des
veines de charbon comparables à celles des fosses des Plaines. Au lieu de l'al-
ternance de grès et de schistes observée dans le Pas-de-Calais, la partie supérieure de la formation houillère est presque exclusivement composée de
schiste, dans la région occidentale du Boulonnais. L'ampélite alumineux,
commun à la partie inférieure du grand bassin, y fait complètement défaut.
M. L. Breton en conclut qu'au regard de la géologie des terrains primaires il
y a un changement complet de nature et d'allure entre Fléchinelle et Hardinghen, si bien qu'en étudiant le bassin du Bas-Boulonnais, il ne croit plus être
dans le Pas-de-Calais.

Ces remarques sont certainement conformes à la vérité, et elles nous ont

Objections
formulées contre
l'identification
du bassin
du Boulonnais
avec
celui de Namur.

[1] L. BRETON, *Étude sur l'étage carbonifère du Bas-Boulonnais.*

à nous-même[1], à un certain moment, paru dignes d'être prises en considération; mais M. L. Breton, après les avoir faites, s'est d'abord borné à exprimer un doute sur la contemporanéité des deux bassins, séparés par un intervalle de près de 40 kilomètres, et c'est seulement plus tard[2] qu'il a précisé sa pensée en déniant toute relation entre eux, mais en émettant l'idée qu'Hardinghen est plus récent que le Pas-de-Calais.

Faudrait-il déduire de ses observations que le bassin d'Hardinghen constituerait, dans la vallée de Dinant, un nouveau jalon de la formation houillère, situé à une grande distance à l'Ouest de ceux qui sont connus en Belgique ou en France? Tout au moins, cette hypothèse devrait-elle être appuyée par une certaine similitude entre le terrain houiller du Boulonnais et celui du bassin de Dinant. Or, comme l'a justement fait observer M. Gosselet[3], cette ressemblance ne peut pas être invoquée; en outre, dans le bassin de Dinant, on ne connaît aucune veine inférieure, analogue à celles du gisement des Plaines, interstratifiée au milieu des bancs calcaires.

Enfin, il importe de ne pas perdre de vue que les différences signalées par M. L. Breton peuvent s'expliquer par l'éloignement des bassins du Pas-de-Calais et du Boulonnais, et des régions où la formation houillère s'y est déposée.

On peut légitimement admettre que, sur un parcours aussi long, les caractères de cette formation se soient progressivement modifiés, de manière à devenir finalement assez dissemblables. A de pareilles distances, les différences de nature et d'aspect des terrains perdent une bonne part de leur signification, tandis qu'au contraire la persistance du facies des formations, quand elle existe sur de grandes étendues, n'est que plus caractéristique de leur continuité. Dans cet ordre d'idées, les ressemblances remarquables que nous avons signalées plus haut entre le Dévonien supérieur, et même le Calcaire carbonifère du bord septentrional du bassin de Namur et de celui du Boulonnais, viennent, à notre avis, contredire d'une façon décisive les appréciations de M. L. Breton touchant l'individualité de ce dernier bassin.

[1] A. Olry, Sur le bassin houiller du Boulonnais. (*C. R. Académie des sciences*, 1891.)

[2] L. Breton, La houille en Lorraine, en Champagne et en Picardie. (*C. R. mens. Soc. Industrie minérale*, 1904.)

[3] Gosselet, Observations au sujet de la note sur le terrain houiller du Boulonnais de M. Olry. (*Ann. Société géologique du Nord*, t. XIX, 1891.)

D'autres géologues ont basé leur manière de voir à cet égard sur une théorie dont nous avons déjà parlé, nous réservant d'y revenir, ainsi que nous allons le faire maintenant.

Godwin-Austen [1], dans un mémoire lu à la Société géologique de Londres en 1855, s'est efforcé de démontrer que l'étude des ondulations des couches superficielles peut fournir des renseignements utiles sur l'allure des terrains inférieurs, non seulement lorsque ceux-ci sont avec les premiers en stratification concordante, ou à peu près, mais encore lorsque les diverses formations se succèdent sans relation étroite dans leur sédimentation. Dès lors, un synclinal ou un anticlinal des terrains plus ou moins récents que l'on peut étudier en affleurement correspondrait à un synclinal ou à un anticlinal des terrains plus anciens situés en profondeur, alors même que ces derniers seraient en discordance de stratification avec les précédents. Les plis des terrains se répéteraient toujours aux mêmes places, aux diverses époques géologiques; les synclinaux secondaires et tertiaires se trouveraient superposés aux synclinaux primaires; de même pour les anticlinaux.

Admettant l'exactitude de ce principe, M. G. Dollfus [2], s'appuyant sur l'étude des ondulations des couches tertiaires du bassin de Paris, a fait remarquer que la crête du Condros paraît devoir se prolonger, du côté de l'Ouest, par une crête silurienne passant au puits de Caffiers, auquel cas le bassin houiller du Boulonnais devrait être considéré comme se rattachant au bassin de Dinant, et non à celui de Namur.

En effet, si l'on consulte la carte hypsométrique de la surface de la craie dans le bassin de Paris jointe au mémoire de M. G. Dollfus, on voit que, d'après lui, l'axe anticlinal superposé à la crête du Condros, au Sud du bassin houiller du Pas-de-Calais, axe que l'on appelle souvent *axe de l'Artois*, se prolongerait vers le N.-O. à partir du Midi de Fléchinelle, vers Fauquembergues, Licques, Caffiers et le Gris-Nez. Le bassin du Boulonnais s'étendrait, par suite, au Sud de la grande faille du Midi, et serait distinct du prolongement du bassin houiller du Pas-de-Calais.

De son côté, M. Marcel Bertrand [3] a cherché la solution du même

[1] GODWIN-AUSTEN, *On the possible extension of the coal measures beneath the S.-E. part of England.*

[2] G. DOLLFUS, Recherches sur les ondulations des couches tertiaires dans le bassin de Paris. (*Bull. Carte géologique de France*, t. II, n° 14, 1890.)

[3] Marcel BERTRAND, *Sur le raccordement des bassins houillers du Nord de la France et du Sud de l'Angleterre.*

Marginal notes:

Rappel de la théorie de Godwin-Austen sur la superposition des synclinaux et des anticlinaux de divers âges.

Conséquences de cette théorie déduites : 1° Par M. G. Dollfus.

2° Par M. Marcel Bertrand.

problème dans l'examen de la surface topographique formée par la base des couches crétacées. Il a déterminé approximativement cette surface en traçant d'abord les courbes de niveau du sol actuel; ces courbes permettent d'obtenir assez exactement les cotes des divers points de la bordure des îlots crétacés, et, en raison du grand nombre de ces îlots, il a pu en déduire, avec quelque présomption d'exactitude, les courbes de niveau de la surface cherchée. D'autres éléments d'étude lui ont servi pour les obtenir, notamment les courbes de niveau de la surface des terrains primaires tracées sur les feuilles de la carte géologique de France au 1/80.000e. Et il est ainsi arrivé à conclure que le terrain houiller d'Hardinghen correspondrait à la branche septentrionale du bassin du Pas-de-Calais, considéré comme se bifurquant à Béthune, en formant, au Nord de la branche principale se continuant vers Auchy-au-Bois et Fléchinelle, la presqu'île de Vendin. Cependant, ajoute M. Marcel Bertrand, il pourrait aussi se faire que le bassin du Boulonnais représentât l'ensemble de la cuvette houillère du Pas-de-Calais, et non pas seulement une ramification septentrionale de cette cuvette.

Ces conclusions cadrent exactement avec celles que M. Gosselet a déduites de la ressemblance des terrains dévonien et carbonifère du Boulonnais avec ceux du bassin de Namur, en Belgique. Les couches houillères d'Hardinghen, dit M. Gosselet[1], sont le prolongement de celles du grand bassin houiller franco-belge, mais rien ne démontre qu'elles soient l'unique prolongement de ce bassin, car, aux environs de Namur, on trouve deux petites bandes houillères séparées par le calcaire carbonifère, et, à Béthune même, les couches charbonneuses s'avancent sous forme de golfe au milieu du calcaire.

L'interprétation donnée par M. Marcel Bertrand n'a toutefois pas tardé à être modifiée par lui-même [2], en tenant compte d'une note postérieure à son premier mémoire[3], publiée par M. Parent sur les plis du Nord de l'Artois, note qui a fourni des indications plus précises au sujet des ondulations du terrain crétacé dans cette région.

Dans cette seconde étude, M. Marcel Bertrand estime que le Boulonnais, ou au moins tout le centre et le Sud du Boulonnais, ne sont qu'une grande *lentille amygdaloïde* ouverte au centre d'un synclinal secondaire du bord méri-

---

[1] GOSSELET et BERTAUT, *Étude sur le terrain carbonifère du Boulonnais.*

[2] Marcel BERTRAND, Études sur le bassin houiller du Nord et sur le Boulonnais. (*Ann. des Mines*, 9e série, t. V, 1894.)

[3] PARENT, Le Wealdien du Bas-Boulonnais. (*Ann. Société géologique du Nord*, t. XXI, 1893.)

dional du bassin houiller du Pas-de-Calais. A ce synclinal secondaire appartiendrait également la pointe de Fléchinelle; mais le bord Sud du bassin principal passerait au Nord du dôme du Boulonnais. Enfin, le pli couché qui a charrié le Dévonien inférieur au Sud du bassin du Pas-de-Calais serait le même qui a poussé le Calcaire carbonifère au-dessus des couches d'Hardinghen.

Cette solution fait coïncider l'axe du Condros, aussi bien dans le Boulonnais que dans le bassin du Pas-de-Calais, avec le rivage septentrional de la mer du Dévonien inférieur. Elle place le terrain houiller d'Hardinghen, non pas dans le bassin de Dinant, comme le pense M. G. Dollfus, mais bien dans le bassin de Namur. D'où il suit qu'il y a, en somme, accord à cet égard entre M. Gosselet et M. Marcel Bertrand, accord complet avec la première interprétation de ce dernier, et subsistant encore dans les grandes lignes avec la seconde.

Tous ces raisonnements reposent sur la théorie de Godwin-Austen, prise comme point de départ. Mais nous avons déjà formulé, à son égard, des réserves à propos desquelles il nous paraît nécessaire d'insister.

Discussion de la théorie de Godwin-Austen.

Nous croyons que l'on peut considérer comme un fait *habituel* les relations existant entre les ondulations des couches tertiaires et secondaires et le *relief* des terrains primaires au-dessous de celles-ci. Les coupes des nombreux puits et sondages exécutés dans le bassin de Valenciennes montrent que les saillies et cavités de la *surface du sol primaire* sont accusées par des ondulations concordantes des couches sédimentaires supérieures. Ces couches se sont en quelque sorte moulées sur le sol primaire, plus épaisses cependant au-dessus des creux, et plus minces au-dessus des bosses de ce sol, de telle façon que les ondulations de celui-ci se répètent, en s'atténuant peu à peu, à mesure que l'on s'élève dans la série des sédiments qui le recouvrent. Il semble que le dépôt du terrain crétacé au-dessus du terrain houiller en ait progressivement comblé les dépressions et diminué les saillies, mais sans que l'influence des unes et des autres ait complètement disparu dans les niveaux supérieurs. Aussi, malgré ces atténuations, peut-on déduire du relief des couches superficielles des renseignements dignes de confiance sur l'allure de la surface de contact des terrains primaires avec les formations plus récentes.

A la vérité, il convient également de faire intervenir les mouvements que l'écorce terrestre a subis lors des immersions et des émersions successives des sédiments de divers âges déposés au-dessus des terrains paléozoïques. D'après Godwin-Austen, les plissements ainsi occasionnés se seraient produits de préférence aux mêmes places que les plissements anciens, dont ils auraient exagéré l'amplitude. Mais c'est cela précisément que l'on peut contester, et qui nous paraît contestable, au moins dans les bassins de Valenciennes et du Boulonnais; les mouvements dont ils ont été le théâtre ont pu être de grands mouvements d'ensemble ayant affecté des régions d'une étendue considérable, mais sans s'être traduits par des dénivellations relatives appréciables en des points voisins. Rien ne prouve enfin que ces mouvements se soient reproduits, d'une manière générale, même dans les terrains secondaires et tertiaires, suivant une loi unique et dans des conditions déterminées de superposition.

En d'autres termes, nous serions disposé à attribuer les ondulations apparentes des couches secondaires et tertiaires du Boulonnais à l'effet de l'atténuation progressive des saillies du sol primaire, beaucoup plus qu'à celui des mouvements ultérieurs de l'écorce terrestre. Les deux causes ont pu y contribuer; mais l'effet de la première nous semble être resté prépondérant, malgré les altérations qu'il a pu subir du fait de la seconde.

Si l'on adopte cette opinion, il devient plus facile d'expliquer la concordance des phénomènes locaux que l'on observe suivant une même verticale, ainsi que la règle habituelle de la superposition des synclinaux et anticlinaux secondaires et tertiaires, non pas aux synclinaux et anticlinaux primaires, mais aux dépressions qui ont été creusées dans les assises paléozoïques postérieurement à leur formation, et aux lignes de faîte qui séparent ces dépressions.

Encore cette règle souffre-t-elle des exceptions. M. Gosselet [1], par exemple, a fait observer que, vers le Gris-Nez, l'anticlinal géotectonique du terrain jurassique du Boulonnais se trouve superposé à une profonde dépression de la surface des terrains primaires, révélée par les sondages de Framzelle et du Pas-de-Gay. Ce cas est rare évidemment; il n'en est que plus intéressant à citer, alors même que nous reconnaissons qu'il n'infirme pas la loi ci-dessus énoncée.

Par contre, nous ne pensons pas qu'il existe, d'une façon générale, une concordance nécessaire entre le relief de la surface des terrains primaires, et les plis ou les fractures qui affectent ces terrains.

M. Marcel Bertrand [2] a cru discerner cette concordance dans un rapproche-

---

[1] Gosselet, *Étude préliminaire des récents sondages faits dans le Nord de la France pour la recherche du bassin houiller.*

[2] Marcel Bertrand, *Sur le raccordement des bassins houillers du Nord de la France et du Sud de l'Angleterre.*

ment entre les plis houillers du bassin du Nord et les ondulations de l'affleurement de ce bassin sous les morts-terrains. Mais, pour ce faire, il a dû éliminer certaines causes d'erreur, et laisser parfois de côté des observations aberrentes; de plus, il a attribué le rôle de synclinaux et d'anticlinaux à de nombreux plis du terrain houiller dus à une cause unique, mais formés dans des conditions et sous des aspects très variables suivant les régions envisagées. Dans la concession d'Anzin par exemple, et dans celles de Denain et de Douchy, le terrain houiller situé au Midi du cran de retour dessine, en raison de la poussée qu'il a subie par le rapprochement du bassin de Dinant de celui de Namur, des zigzags véritablement capricieux, avec alternances de dressants et de plateures; de même, les veines des concessions d'Anzin et de Vicoigne situées au Nord du cran de retour sont sillonnées de nombreux plis. Cela étant, on conçoit que, si l'on veut assimiler ces plissements à autant de synclinaux séparés par des anticlinaux, on pourra toujours en trouver un qui coïncidera à peu près avec une dépression ou une saillie du sol primaire. En réalité, il convient, à notre avis, de regarder le bassin houiller du Nord comme un synclinal unique qui a pu subir, dans sa constitution, des déformations locales; mais il ne faut pas attribuer à ces déformations, prises individuellement, une importance qu'elles n'ont pas. Ce qui le démontre bien, c'est que l'on ne retrouve plus, au Midi de la concession d'Aniche, et dans la concession d'Azincourt, l'allure en zigzags des concessions d'Anzin, Denain et Douchy, ce qui n'empêche pas le sol primaire d'y présenter des ondulations aussi nombreuses et aussi accentuées. Dès lors, toute relation entre ces ondulations et les plis sous-jacents nous échappe, et nous sommes, par suite, amené à conclure que le sol houiller du bassin de Valenciennes présente, suivant l'expression même de M. Marcel Bertrand, une surface irrégulièrement *bosselée*, et non pas une surface *plissée*.

Et comment en serait-il autrement? Après avoir été repliés sur eux-mêmes, les lits de houille et les bancs qui les séparent ont disparu, dans les niveaux supérieurs, par suite d'une double action. En premier lieu, avant l'envahissement de la mer post-primaire, les agents atmosphériques y ont produit des phénomènes d'érosion d'une intensité d'autant plus considérable que ces agents procédaient alors avec une très grande activité, et que les sédiments soumis à leur influence y étaient très impressionnables. En second lieu, la mer, dans son mouvement d'avancée progressive, a rongé sur ses bords l'ancienne surface du sol, non pas en lui substituant une plaine d'abrasion marine, mais en aggravant l'effet antérieur des érosions. Or cette double modification du relief du sol primaire s'est faite, dans l'ensemble, dans le sens d'un aplanissement général, et souvent elle ne paraît pas avoir laissé de vestiges permettant de discerner, sous les terrains de recouvrement, les déchirures et les plissements subis antérieurement par les terrains anciens.

C'est ainsi que, de part et d'autre du cran de retour d'Anzin qui, dans le méridien de Denain, a pu produire un affaissement des terrains du Sud d'environ 2.000 mètres, on n'observe à la surface du bassin houiller aucune dénivellation produite par ce grand accident. De même la faille de Ferques qui, vers Hardinghen, a affaissé d'environ 500 mètres les terrains du Sud par rapport à ceux du Nord, n'est révélée à la surface du sol, comme nous l'avons fait observer, par aucun signe extérieur ; à Ferques et à Leulinghen, où cette faille affleure, elle ne présente, au point de vue du relief du sol, aucune particularité visible. Enfin, nous rappellerons les constatations qui ont été faites aux nouveaux puits de la concession de Ferques, où les schistes du Dévonien supérieur constituent le remplissage d'une sorte de petit synclinal reposant sur la faille du Sud n° 2, sans que leur présence soit accusée par le moindre indice à leur contact avec le terrain jurassique (Bathonien) de recouvrement.

Ces exemples pourraient être multipliés.

En faudrait-il conclure qu'il n'existe jamais de concordance entre les plis des terrains primaires et ceux des sédiments superposés ? Nous n'allons pas jusqu'à le prétendre. Cette concordance peut exister lorsque, postérieurement à leur formation, les anticlinaux primaires n'ont pas été fortement altérés par les érosions atmosphériques, ni par l'envahissement de la mer, auquel cas on n'observe entre eux et les sédiments superposés que des différences de stratification assez faibles.

Par exemple, au Midi du bassin houiller du Pas-de-Calais jusqu'à Fléchinelle, l'anticlinal crétacé de l'Artois permet de suivre la crête primaire du Condros, jalonnée d'ailleurs en affleurement par plusieurs pointements de grès rouge dévonien.

De même, en Angleterre, au Sud du bassin du Somerset, le prolongement vers l'Est de l'anticlinal dévonien et carbonifère de Mendip Hills est accusé par la voûte jurassique des North Downs.

Mais, si fréquents que puissent être les cas particuliers de ce genre, il faut se garder d'en tirer des conséquences générales touchant la coïncidence des axes primaires, secondaires et tertiaires.

Au surplus, comment établirait-on un rapprochement utile, dans le Nord et le Pas-de-Calais, entre les ondulations des terrains superficiels, souvent si peu accentuées qu'il faut, pour pouvoir les tracer, se livrer aux observations les plus minutieuses, souvent si peu nettes que les savants les plus compétents en la matière peuvent différer sur les interprétations qu'elles comportent, et ces plissements, ces surfaces de rupture si différentes des terrains primaires, procédant par des mouvements de charriage sur plusieurs kilomètres, ou par des reploiements qui surprennent l'imagination? Comment, dans ces plis couchés, dans ces lames de charriage, pourrait-on indiquer avec quelque exactitude la position d'axes synclinaux ou anticlinaux, et prétendre que ces axes, en tant qu'on pût les tracer, auraient quelque rapport avec ceux des ondulations si faiblement marquées des terrains de recouvrement?

Il ne faut pas perdre de vue non plus que, si les terrains primaires du Nord de la France ont été déformés par des rides sensiblement parallèles et orientées à peu de chose près de l'Est vers l'Ouest ou du S.-E. au N.-O., ils ont, en même temps, été influencés par des rides plus ou moins perpendiculaires. Il faut bien qu'il en soit ainsi pour qu'il se soit produit entre Fléchinelle et Hardinghen un relèvement général du soubassement primaire, à l'Est et à l'Ouest duquel le terrain houiller plonge d'une part vers Auchy-au-Bois, et d'autre part vers Blecquenecques. Ce relèvement s'est-il fait suivant une selle unique, ou presque unique, assez plate, ou s'est-il fractionné en plusieurs plissements parallèles dirigés du Nord vers le Sud? Il serait en ce moment, vu l'insuffisance des recherches exécutées dans cet intervalle, impossible de le dire. Peut-être la formation houillère est-elle jalonnée au delà de Fléchinelle vers Hardinghen, comme semblait le pressentir du Souich[1], par des îlots houillers semblables à ceux qui représentent cette formation dans le bassin de Dinant; peut-être aussi a-t-elle complètement disparu. Mais, ce qu'il importe de remarquer, c'est que les plis perpendiculaires dont il s'agit sont de nature à apporter aux études que le sujet comporte un élément de complication, qui rend encore plus douteuses les conséquences et conclusions que l'on voudrait pratiquement en déduire.

Enfin, si l'opinion de Godwin-Austen, poussée aux extrêmes conséquences, était conforme à la vérité, c'est-à-dire s'il y avait coïncidence *nécessaire* entre les axes anticlinaux primaires et les axes anticlinaux secondaires et tertiaires,

le voussoir de terrains primaires qui affleure dans la double boutonnière crétacée et jurassique du Boulonnais devrait correspondre au passage d'un anticlinal primaire. Or nous avons démontré qu'il n'en est pas ainsi ; en effet, au
Sud du puits de Caffiers, près duquel les assises du Dévonien moyen ont été
trouvées en stratification absolument discordante avec le Silurien, ces assises,
celles du Dévonien supérieur qui leur sont superposées, et celles du Calcaire
carbonifère, plongent vers le Midi, en formant le bord septentrional d'un synclinal dont l'axe, s'il ne coïncide pas avec la faille de Ferques, ne saurait être
situé bien loin au Sud de cet accident, auquel il est sensiblement parallèle. Le
passage de cet axe se ferait ainsi précisément au droit de la partie centrale de
l'affleurement houiller du Bas-Boulonnais. C'est donc, au cas particulier, un
synclinal primaire qui coïncide avec des anticlinaux des sédiments supérieurs ;
la théorie de la concordance des plis se trouve ici en défaut.

La vérité est qu'il n'existe, dans le Boulonnais, aucune relation, aucun lien
entre les saillies et les creux du sol primaire, et les plissements ou les déchirures qui existent dans la constitution intime des terrains paléozoïques. Les
anticlinaux formés par ces terrains ont pu être creusés ultérieurement par suite
des érosions, de manière à se transformer superficiellement en des dépressions
parfois sensibles, de même que les synclinaux ont pu être moins atteints par
les érosions et prendre ainsi l'apparence extérieure de dômes. Actuellement,
ces dépressions et ces dômes sont accusés par des ondulations des formations
plus modernes, qui sont susceptibles de révéler leur existence, mais ne peuvent
fournir aucune indication sur les déformations préexistantes des terrains
anciens, ni sur leur structure intime.

Allure bosselée
ou
mamelonnée
du sol primaire
du Boulonnais.
Impossibilité
actuelle
d'en tracer
des courbes
de niveau exactes.

Nous avons dit que la surface du sol houiller du bassin de Valenciennes est
une surface irrégulièrement *bosselée* ; il faudrait même plutôt dire *mamelonnée*.
Il en est de même de celle du sol primaire du Boulonnais. Aussi est-il impossible d'en tracer, sous les morts-terrains, des courbes de niveau offrant une
présomption suffisante d'exactitude. Celles qui figurent aux feuilles de la carte
géologique de France au 1/80.000ᵉ ont été infirmées par les résultats des sondages récemment exécutés dans le Boulonnais et le Calaisis. Elles avaient été
déduites d'observations faites en quelques points, d'après la loi de la continuité ; mais cette loi s'est trouvée en défaut. Le sondage de Strouanne par
exemple, qui aurait dû trouver les terrains primaires vers l'altitude de
0 mètre, n'y a pénétré qu'à celle de — 141 mètres ; ceux d'Escalles, qui
auraient dû les atteindre vers — 25 mètres, ne les ont rencontrés qu'à

— 201 mètres et — 205 mètres, etc. Maintenant encore, les renseignements fournis par les sondages seraient tout à fait insuffisants pour permettre
de renouveler cette tentative avec chance de succès; nous y avons donc
renoncé.

Dans ces conditions, les caractères à invoquer pour rechercher les relations qui peuvent exister entre le bassin houiller du Pas-de-Calais et celui du
Boulonnais ne peuvent plus être que d'ordre pétrographique et paléontologique. Si ces caractères différaient essentiellement d'un bassin à l'autre, il
n'en faudrait peut-être pas conclure, pour cela seulement, à leur indépen-
dance, à cause du long espace qui les sépare. Par contre, la ressemblance
frappante, malgré leur grande distance, des terrains dévonien et carbonifère
qui constituent leur bord septentrional, et les résultats de l'étude de leur flore
houillère, donnent les plus fortes présomptions de leur identité, c'est-à-dire
de la continuité géologique, sinon effective, de l'un à l'autre. Nous adoptons
d'après cela, sans réserve, l'opinion de M. Gosselet, malgré les particularités,
signalées par M. L. Breton, que présente le terrain houiller du Boulonnais,
comparé à celui du Pas-de-Calais.

Cette continuité admise, y a-t-il lieu de croire que, dans sa partie occidentale, vers Béthune et Fléchinelle, le bassin du Pas-de-Calais se divise en
plusieurs branches dont une seule serait représentée par le bassin d'Hardinghen, de sorte que l'on pourrait avoir chance d'en trouver d'autres, au Midi ou
au Nord du prolongement supposé de la pointe de Fléchinelle?

A cette question nous ne saurions répondre d'une façon certaine. Tout ce
que nous pouvons déclarer, c'est que le golfe de Vendin, comme, à l'Est, celui
d'Annœullin, paraît être un accident purement local, et non une véritable
bifurcation du bassin principal. Ce golfe est délimité en effet par une ceinture
de sondages qui ont pénétré dans le calcaire carbonifère, et ne laissent guère de
doute sur son peu d'extension du côté du Couchant.

Il convient par suite, croyons-nous, de ne pas trop tabler sur des subdivisions
plus ou moins hypothétiques du bassin du Pas-de-Calais dans la direction de
l'Ouest, et de considérer simplement comme acquise et démontrée la continuité du bord septentrional carbonifère et dévonien de l'un jusqu'à l'autre,
ainsi que leur identité, en les envisageant dans leur ensemble.

La largeur du bassin primaire du Boulonnais peut être évaluée assez exactement, en mesurant la distance qui sépare le bord silurien de Caffiers du sondage du Wast n° 2, où le Silurien a été rencontré au-dessus du Dévonien

Nécessité
d'avoir recours
aux caractères
pétrographiques
et
paléontologiques
pour mettre
en évidence
l'identité
des bassins
du Pas-de-Calais
et du Boulonnais.

Division possible
du bassin
du Pas-de-Calais,
vers l'Ouest,
en plusieurs
branches.

Largeur
du bassin primaire
du
Boulonnais.

supérieur. Si l'on considère le Silurien de Menneville, Wirwignes et Bournonville, comme appartenant au bassin de Dinant, ce qui est l'hypothèse la plus
probable, ce sondage est situé au voisinage et un peu au Sud de la crête du
Condros. On peut estimer à 7 ou 8 kilomètres la distance comprise, vers le
méridien de Ferques, entre le bord Silurien du Nord et l'affleurement de la
faille qui représente, dans le Boulonnais, le prolongement de la grande faille
du Midi du bassin houiller du Nord et du Pas-de-Calais; mais le bassin du
Boulonnais s'étend en profondeur, au Sud de cette faille, à une distance indéterminée.

Peut-on espérer rencontrer dans cet intervalle d'autres gisements houillers
que celui de Ferques-Leulinghen, et celui d'Hardinghen, prolongé vers
Hidrequent et Blecquenecques? Cela dépend évidemment de l'action produite
par les failles ondulées de refoulement qui ont transporté du Midi vers le
Nord, au-dessus du terrain houiller, le calcaire carbonifère et le terrain dévonien supérieur; l'incertitude règne à cet égard; mais, d'après les sondages
d'Hidrequent et de Blecquenecques, et surtout d'après ceux des Moines et de
Basse-Falise, la découverte du terrain houiller paraît bien improbable, si l'on
s'éloigne à une trop grande distance au Midi de la faille de Ferques, et, même
au voisinage de cette faille, on ne l'atteindrait, à l'Ouest, du côté et en deçà
du sondage de Witerthun, qu'à une profondeur considérable, sous le Calcaire
carbonifère, et peut-être aussi le Dévonien supérieur.

Les sondages de la vallée de la Liane et des environs ont été entrepris dans
le but de vérifier si les psammites dévoniens et le calcaire carbonifère qui
affleurent au Sud de la faille de Ferques ne formeraient pas, dans leur ensemble,
une sorte de voûte anticlinale plongeant au Midi vers Boulogne, et servant, au
Sud, de soubassement à un autre bassin houiller. Cette hypothèse paraissait
autrefois d'autant plus plausible que le sondage de Desvres avait fourni une
carotte d'un terrain qui ressemblait fort au terrain dit houiller inférieur du
Pas-de-Calais, zone à *Productus carbonarius*. Malheureusement, les sondages
de Menneville, Wirwignes et Bournonville sont tombés sur le terrain silurien,
et il en a été de même de ceux du Wast n° 2 et du Pas-de-Gay, celui du
Wast ayant toutefois trouvé sous le Silurien des psammites rouges du Dévonien
supérieur; seul, le sondage de Samer a rencontré des schistes rouges et verts
de l'étage gédinnien, attestant le passage de la crête du Condros au Nord de
ce point. Ces découvertes, en excluant la présence de la voûte anticlinale
que l'on cherchait, sont venues confirmer indirectement l'exactitude de la

description que nous avons donnée de la constitution du bassin primaire du Boulonnais.

Rattachée virtuellement à l'Est au bassin du Pas-de-Calais, la formation houillère d'Hardinghen se continue évidemment au delà de Blecquenecques dans la direction de l'Ouest; mais on ne l'a pas atteinte au sondage de Witerthun, et, dans les récents sondages du Calaisis, on ne l'a rencontrée qu'à celui de Strouanne, où l'on a traversé, du niveau de 169 mètres à celui de 293 m. 20, 124 m. 20 de terrain houiller reposant sur le Calcaire carbonifère et renfermant trois veines de houille en allure normale, toit au toit et mur au mur. Il est regrettable que l'affleurement de ce terrain sous les formations secondaires ne paraisse s'étendre au loin dans aucune direction. Il est, en effet, entouré de tous côtés par des sondages qui ont échoué, savoir : au S.-O, au Sud et S.-E., ceux de Tardinghen (Calcaire), du Colombier (Dévonien), de Wissant-Sud (Calcaire et Dévonien), d'Hervelinghen (Dévonien) et de Wissant-Nord (Calcaire), à l'Est, ceux de l'Anglaise et de Folle-Emprise (Dévonien), et, au N.-E., les deux sondages d'Escalles (Silurien). Mais il peut se faire aussi, il est vraisemblable même que le terrain houiller dont l'affleurement a été rencontré à Strouanne soit recouvert ailleurs par le Calcaire carbonifère et le Dévonien, comme il l'est à Hardinghen; il se développe peut-être à d'assez grandes distances sous ces formations, ramenées au-dessus de lui par des failles de charriage. A ce point de vue, on est fondé à regretter que les deux sondages de Wissant, notamment, n'aient pas été poussés à plus grande profondeur. S'ils avaient été poursuivis, ils auraient peut-être trouvé le terrain houiller sous le Calcaire ou le Dévonien, comme nombre de fosses et de sondages du bassin d'Hardinghen.

Il peut donc se faire que l'étroite limitation de l'affleurement houiller de Strouanne n'enlève pas à ce sondage toute importance industrielle. Mais, en toute hypothèse, il reste très intéressant pour la géologie, parce qu'il marque avec précision l'endroit où le prolongement du bassin du Boulonnais vient aboutir au détroit du Pas-de-Calais. A en juger par les directions observées entre Hardinghen et Blecquenecques, on se serait attendu à le voir déboucher sur ce détroit à une plus grande distance au Sud, vers le cap Gris-Nez; il faut donc qu'à l'Ouest de Blecquenecques il ait subi, comme nous l'avons déjà dit, une déviation vers le Nord, par suite d'un plissement des terrains plus ou moins perpendiculaire à la faille de Ferques, ou de la formation d'une faille ou d'une série de failles en échelons, ayant produit le même effet.

Prolongement de la formation houillère d'Hardinghen vers l'Ouest jusqu'à la mer.

27.

Golfe dévonien
situé au Nord
de
Bainghen,
Landrethun
et
Caffiers.

D'autre part, il importe de remarquer qu'au Nord de Bainghen, Landrethun et Caffiers, et à l'Est de l'accident qui rejette le bassin du Boulonnais vers
Strouanne, le plateau silurien est creusé par une sorte de dépression ou de
ride remplie de sédiments du Dévonien supérieur. Cette dépression s'étend,
sous les morts-terrains, au Nord du sondage silurien de Pont-d'Ardres. Son
bord septentrional passe au voisinage du sondage de Coquelles, où les schistes
de Beaulieu et de la dolomie des Noces ont été traversés au-dessus du Silurien,
et, du côté du Midi, elle est délimitée par le Silurien de Bainghen, Landrethun et Caffiers, formant une crête qui la sépare du bassin dévonien
de Ferques. Dans l'intervalle, elle est jalonnée par les sondages famenniens de
Folle-Emprise, l'Anglaise, la Pierre, Guines, Marck et Offekerque. Enfin,
à l'Est, elle paraît limitée par une rive silurienne atteinte aux sondages de
Gravelines et de Bourbourg-Campagne n° 1 (Le Guindal).

En d'autres termes, cette ride constitue une sorte de golfe dévonien s'étendant vers l'Ouest jusqu'à l'accident qui rejette le bassin du Boulonnais vers
Strouanne, et se terminant à l'Est vers Gravelines et Bourbourg. Ce golfe est
séparé du bassin du Boulonnais, situé au Sud, par la crête silurienne de
Bainghen, Landrethun et Caffiers, qu'il ne faut pas confondre avec un anticlinal. Renferme-t-il quelques ressources houillères? Aucune des constatations
qui y ont été faites ne permet de le croire, et cela paraît même extrêmement
improbable.

Le bassin
du Boulonnais
se
prolonge-t-il
en Angleterre?

Après avoir suivi le bassin du Boulonnais jusqu'au littoral, il importe de
rechercher s'il traverse le détroit du Pas-de-Calais, pour reparaître sur son
autre rive, en Angleterre.

Jusqu'à ces derniers temps, la formation houillère était inconnue dans ce
pays, sur sa côte S.-E., en face des départements du Nord et du Pas-de-Calais,
et les seuls bassins que l'on pouvait être tenté de relier au bassin franco-belge
étaient ceux, très éloignés, de Bristol et de Cardiff (Somerset et Pays de
Galles).

Découverte
du
terrain houiller
à Douvres.

C'est seulement en 1891 qu'un sondage entrepris à Douvres, sur l'emplacement des anciens travaux de tête du tunnel sous-marin, a rencontré le terrain
houiller à la profondeur de 353 mètres, après avoir traversé 166 mètres de
terrain crétacé et 187 mètres de terrain jurassique. Ce sondage a été poursuivi, sans sortir de la formation houillère, jusqu'au niveau de 708 mètres; il
a donc exploré une hauteur de 355 mètres. Dans cet intervalle, il a rencontré, outre quelques passées, neuf veines de plus de 0 m. 30 d'épaisseur,

assez minces; la plus belle, traversée à la profondeur de 675 mètres, avait une puissance en charbon de 1 m. 21, et les autres ne dépassaient généralement pas 0 m. 60.

Ces couches, presque exactement horizontales, donnaient environ 25 p. 100 de matières volatiles.

Cette découverte a fait grand bruit, et c'est elle qui a provoqué la campagne de recherches qui a eu pour objet d'explorer par forages le littoral français depuis le Gris-Nez jusqu'à la frontière belge, au delà de Dunkerque.

Une première question à résoudre est de savoir si le gisement de Douvres se relie au bassin du Somerset.

Identité du bassin de Douvres avec celui du Somerset.

Il convient d'abord de remarquer que la cuvette houillère de ce dernier bassin est contiguë, au Sud, au pli anticlinal de terrains dévonien et carbonifère qui constitue la chaîne de collines de Mendip Hills. Cet anticlinal disparaît, à une certaine distance à l'Est, sous le Jurassique, mais il reste marqué par une voûte jurassique (North Downs), moins accusée, il est vrai, dont le prolongement aboutit près de Folkestone. Il était dès lors logique de rechercher la suite du bassin du Somerset au Nord de cette voûte, vers Douvres; la découverte du terrain houiller au sondage exécuté dans cette localité a ainsi donné une vérification sensationnelle de la théorie de Godwin-Austen. Cette découverte tendait, en même temps, à identifier le bassin de Douvres, retrouvé plus tard au sondage de Ropersole (1889) et à celui d'Ellinge (1902), au bassin du Somerset.

Cette identification paraît confirmée par la proportion de matières volatiles des charbons de Douvres, qui les rapproche de ceux du groupe supérieur du Somerset, c'est-à-dire des couches de Farrington et de Radstock. Sans doute, le caractère de la teneur en matières volatiles est loin d'être absolu, et nous avons fait voir [1] que, sur des parcours de quelques kilomètres, cette teneur peut se modifier d'une façon notable; il peut en être de même, a fortiori, lorsque les comparaisons portent, comme c'est ici le cas, sur des gisements séparés par une distance de plus de 250 kilomètres. On ne peut donc invoquer cette similitude qu'à titre de présomption.

Mais les observations faites sur les empreintes végétales recueillies à Douvres tendent à la même conclusion.

[1] A. OLRY, Bassin houiller de Valenciennes.

M. Zeiller [1] y a, en effet, trouvé les *Nevropteris rarinervis* (Bunb.) et *Scheuchzeri* (Hoffm.), qui n'ont été observés, en Amérique aussi bien qu'en Europe, que vers le haut du Houiller moyen, ou à l'extrême base du Houiller supérieur.

En Angleterre, ces espèces sont communes, dans le bassin du Somerset, au niveau des couches de Radstock et de Farrington; c'est une raison de plus pour rattacher le groupe de ces dernières couches à celui des veines du bassin de Douvres.

Ce n'est cependant pas l'opinion de M. L. Breton.

Il a d'abord fait remarquer [2] que sur les onze plantes fossiles de Douvres qui ont été déterminées par M. Zeiller, le plus grand nombre, *Nevropteris tenuifolia* (Schl.), *Mariopteris sphenopteroides* (Lesq.), *Lepidostrobus variabilis* (Lind. et Hutt.), *Calamophyllites Gœpperti* (Ettings.), *Cordaicarpus corculum* (Sternb.), *Lepidodendron lycopodioides* (Sternb.), *Cyclopteris*, ne sont pas encore connues dans le bassin du Somerset.

Soit; mais cette observation ne nous paraît pas porter atteinte à l'argumentation de M. Zeiller, car la contemporanéité de gisements houillers éloignés semble résulter beaucoup plus de la coexistence de certaines espèces que d'une complète ressemblance de leurs flores.

L'assimilation des couches de Douvres avec le faisceau supérieur du Somerset nous paraît donc offrir un caractère de très grande probabilité, confinant à la certitude.

Néanmoins, revenant sur ce sujet dans une publication très récente [3], M. L. Breton persiste à ne trouver aucune parenté entre le bassin de Douvres et celui de Bristol. Il invoque à cet égard la rencontre du Dévonien, sous les morts-terrains, au sondage de Brabourne, situé à l'Ouest de celui de Douvres, c'est-à-dire sur la bande qui s'étend entre les deux bassins; mais, à cette objection, il est aisé de répondre que la continuité de la formation n'implique pas nécessairement celle de la nappe houillère actuellement existante. Ne voit-on pas le bassin houiller qui s'étend depuis la Westphalie jusqu'en France présenter des solutions de continuité qui tiennent à des relèvements locaux

---

[1] R. Zeiller, Sur les empreintes du sondage de Douvres. (*Ann. des Mines*, 9ᵉ série, t. II; *C. R. Académie des Sciences*, 24 octobre 1892.)

[2] L. Breton, La fosse de Douvres et le Congrès des ingénieurs des mines de la Grande-Bretagne tenu à Londres le 1ᵉʳ juin 1893. (*C. R. mens. Soc. Ind. min.*, 1894.)

[3] L. Breton, *La houille en Lorraine, en Champagne et en Picardie*.

du soubassement primaire de ce bassin, et n'est-on pas fondé à admettre qu'il a pu en être de même, en Angleterre, entre Bristol et Douvres?

Nous voici presque arrivé au terme de cette longue discussion. Nous croyons avoir démontré l'identité du bassin du Pas-de-Calais avec celui du Boulonnais, prolongé par l'îlot de Strouanne, et celle du bassin du Somerset avec celui de Douvres. Il ne nous reste plus qu'à rechercher s'il existe un trait d'union entre Strouanne et Douvres; nous sommes très embarrassé pour nous prononcer sur ce dernier point.

Y a-t-il identité entre le bassin du Boulonnais et celui de Douvres?

Pour M. Zeiller [1], les caractères paléontologiques de la flore houillère placeraient le faisceau de Douvres à hauteur des couches les plus profondes de la zone supérieure, à charbons gras et flénus, du bassin du Pas-de-Calais. Cette observation serait plutôt favorable à un raccordement avec le prolongement du bassin du Boulonnais.

Au contraire, M. L. Breton [2] estime que la flore houillère de Douvres ne ressemble pas à celle de ce dernier bassin. Sur les onze plantes ci-dessus visées, trois seulement sont communes à l'un et à l'autre, savoir : le *Stigmaria ficoides* et le *Lepipodendron aculeatum*, qu'on rencontre partout, ainsi que le *Lepidodendron licopodoides*. Ce n'est pas assez, selon lui, pour que l'on puisse conclure à un rapprochement.

En outre, le terrain houiller de Douvres ne ressemble pas à celui d'Hardinghen. Sa densité en houille est relativement faible, car, en éliminant les veinules inexploitables ne dépassant pas 0 m. 30 d'épaisseur, elle n'est que de 1 mètre de houille pour 57 mètres de stérile, tandis que cette densité est, en moyenne, de 1 mètre de houille pour 22 mètres de stérile dans la concession d'Hardinghen et 27 mètres dans celle de Ferques.

A Ropersole, c'est bien pis encore, car on n'y a trouvé, sur une hauteur de 167 mètres de terrain houiller, que 1 m. 41 de charbon en huit veinules, dont la plus épaisse de 0 m. 37 d'épaisseur, ce qui donne 1 mètre de houille pour 117 mètres de stérile.

Enfin, à Ellinge, on n'a traversé que du terrain houiller sans houille, sur la hauteur de 39 mètres qui a été explorée.

En 1894, M. Marcel Bertrand [3] conseillait de rechercher du côté de Calais la continuation des couches de Douvres; il pensait que l'un des synclinaux les

[1] R. ZEILLER, *Sur les empreintes du sondage de Douvres.*
[2] L. BRETON, *La fosse de Douvres*, etc.
[3] Marcel BERTRAND, *Études sur le bassin houiller du Nord et sur le Boulonnais.*

plus septentrionaux du Pas-de-Calais pouvait s'écarter de ce bassin, pour aller passer, en Angleterre, au Nord du Weald.

Mais il faut aussi remarquer que si le bassin de Douvres se trouve au Nord de la crête des North Downs et du Weald anglais, le bassin du Boulonnais est situé en quelque sorte dans l'axe du Weald français. Il semble dès lors que ces deux bassins sont séparés en profondeur par le prolongement de la crête primaire de Mendip Hills. La théorie de Godwin-Austen viendrait donc combattre leur identification; mais, vu l'opinion que nous avons exprimée à l'égard de cette théorie, cette raison n'est pas de nature à nous convaincre, et nous restons dans le doute.

Nous hésitons d'autant plus à nous prononcer, que la découverte du bassin du Limbourg, se continuant dans la Campine, est venue apporter à la question dont il s'agit de nouveaux éléments de trouble qui en rendent la solution encore plus incertaine. Il n'est pas impossible qu'au lieu de se diriger vers le Shropshire-Staffordshire, comme on l'a généralement pensé jusqu'à présent, ce bassin, dont on a reconnu le prolongement dans la province d'Anvers, vienne aboutir à la mer du Nord au Sud du sondage silurien d'Ostende, et au Nord de celui de Bray-Dunes, c'est-à-dire vers Nieuport, pour aller ensuite se réunir à la bande de Douvres. On peut invoquer, en faveur de cette hypothèse, la grande analogie de composition et de structure des gisements de Douvres et de la Campine anversoise, tous deux d'une faible densité en houille, ne renfermant que des couches assez minces, peu nombreuses, et toujours en allure plate, ce qui montre qu'elles n'ont été soumises, ni d'un côté ni de l'autre, à une poussée venant du Sud, telle que celle qui a disloqué et déformé la partie méridionale du bassin du Pas-de-Calais. Cette analogie fait contraste avec la dissemblance frappante observée entre les bassins de Douvres et d'Hardinghen.

Cela ne suffit pas pour que l'on puisse affirmer que le bassin de Douvres se relie à celui du Limbourg, et non à celui d'Hardinghen. L'étendue de la région inconnue qui s'étend de Douvres vers la Belgique et la France est assez grande pour expliquer des modifications importantes dans la richesse et la structure générale de la formation houillère. Néanmoins, les caractères qui viennent d'être signalés méritent d'être cités à titre de présomption.

C'est alors dans le Weald anglais qu'il faudrait chercher le prolongement du bassin du Boulonnais, c'est-à-dire de la bande houillère du Nord et du

Pas-de-Calais. Les North Downs seraient situés entre ce prolongement et le bassin de Douvres relié à celui de la Campine; mais, en même temps, l'amoindrissement du bassin français sur la fin de son parcours ne doit guère laisser d'espoir sur sa valeur industrielle en Angleterre.

Les études paléontologiques ne sont malheureusement pas susceptibles d'éclairer complètement cette question, car les bassins du Limbourg et de Namur étant, en réalité, deux branches houillères émanant d'un tronc commun situé en Westphalie, leurs gisements se sont formés en même temps; on conçoit donc que leurs flores fossiles puissent ne pas présenter de différences assez sensibles pour permettre d'affirmer qu'à Douvres on se trouve dans l'un plutôt que dans l'autre.

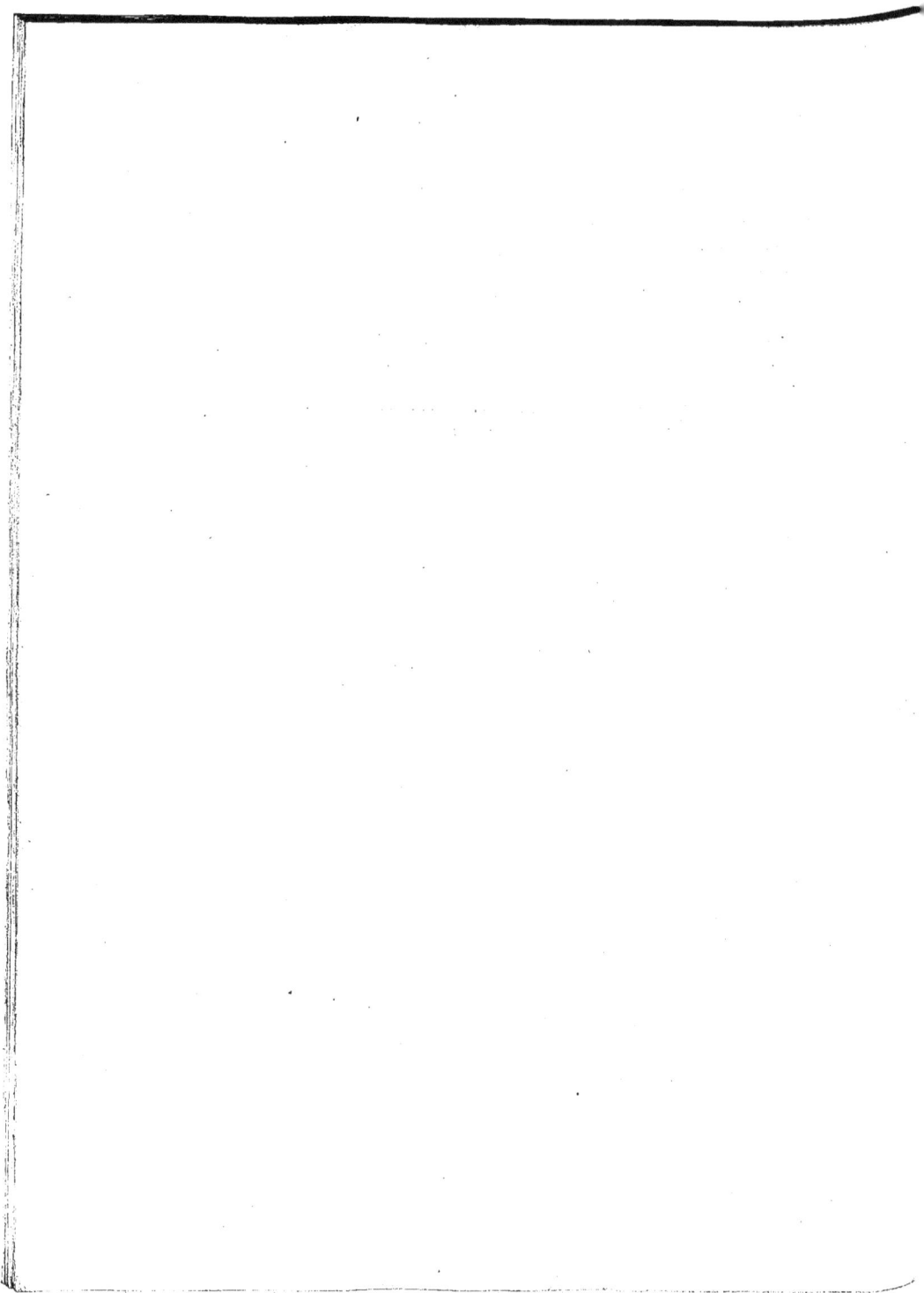

BIBLIOGRAPHIE.

1° OUVRAGES.

1768, 1773, 1774, 1776. — **Morand** le médecin. L'art d'exploiter les mines de charbon de terre. 4 parties.

1777. — **Monnet.** Rapport manuscrit sur les mines de charbon d'Hardinghen et de Fiennes. (École des Mines, cat. n° 442.)

1780. — **Monnet.** Atlas et description minéralogique de la France, entrepris par ordre du roi par MM. Guettard et Monnet, publiés par M. Monnet d'après ses nouveaux voyages.

1783 (23 août). — **D'Huamel** ou **Duhamel**, inspecteur des Mines. Description des travaux intérieurs des mines en exploitation du Boulonnais. (Rapport manuscrit. Bureau des Mines d'Arras.)

1794. — Mémoire sur la minéralogie du Boulonnais dans ses rapports avec l'utilité publique. Tiré des mémoires des citoyens Duhamel, Mallet et Monnet, officiers des Mines, et de ceux du citoyen Tiesset, de la commune de Boulogne. (*Journal des Mines*, an III, t. I, n° 1.)

1808. — **D'Omalius d'Halloy.** Essai sur la géologie du Nord de la France. (*Journal des Mines*, t. XXIV.)

1809. — **De Bonnard.** Notice sur diverses recherches de houille entreprises dans le département du Pas-de-Calais, et notamment sur celle de Monchy-le-Preux. (*Journal des Mines*, t. XXVI.)

1810. — Annuaire statistique et administratif du département du Pas-de-Calais.

1818. — **W. Phillips.** On the chalk cliffs in the neighbourhood of Dover an the coast of France opposite to Dover. (*Trans. geol. Soc. London*, ser. 1, t. V.)

1822. — **Conybeare** et **Phillips.** Outlines of the geology of England (London).

1823. — **Garnier.** Mémoire géologique sur les terrains du Bas-Boulonnais, et particulièrement sur les calcaires compactes ou grenus qu'ils renferment (Boulogne).

1826. — **W. H. Fitton.** General description of the Lower-Boulonnais. (*Proceed. geol. Ass.*, t. I.)

1826. — **Rozet.** Essai sur la constitution géognostique des environs de Boulogne-sur-Mer. (*Mém. Soc. hist. nat. Paris*, t. III.)

1827. — **W. H. Fitton.** Additional notes on the opposite coast of France and England, including some account of the Lower-Boulonnais. (*Philos. Mag. and Ann.*, t. I.)

1828. — **Garnier**. Mémoire sur les questions proposées par la Société d'agriculture, du commerce et des arts de Boulogne-sur-Mer, contenant les recherches entreprises à diverses époques dans le département du Pas-de-Calais, pour y découvrir de nouvelles mines de houille, et les dépenses qu'exigeraient, pour être continuées, celles qui présenteraient quelques chances de succès.

1828. — **Rozet**. Description géognostique du Bas-Boulonnais (Paris).

1830. — **Rozet**. Notice géognostique sur les Ardennes et la Belgique. (*Ann. Sc. nat.*, t. XIX.)

1834. — **E. Robert**. Note sur le Boulonnais. (*Bull. Société géologique de France*, 1re série, t. IV.)

1836. — **W. H. Fitton**. On the strata below the chalk. (*Trans. geol. Soc.*, ser. 2, t. IV.)

1838. — **De Verneuil**. Note sur les terrains anciens du Bas-Boulonnais. (*Bull. Société géologique de France*, 1re série, t. IX.)

1839. — **Société géologique de France**. Réunion extraordinaire de la Société géologique de France à Boulogne-sur-Mer. (*Bull. Société géologique de France*, 1re série, t. X.)

1839. — **Du Souich**. Note sur les terrains anciens du Bas-Boulonnais. (*Bull. Société géologique de France*, 1re série, t. X.)

1839. — **W. H. Fitton**. Lettres à Constant Prévost sur la géologie du Boulonnais. (*Bull. Société géologique de France*, 1re série, t. X.)

1839. — **Du Souich**. Essai sur les recherches de houille dans le Nord de la France (Paris).

1840. — **Murchison**. Sur les roches dévoniennes, type de l'old red sandstone des géologues anglais, qui se trouvent dans le Boulonnais et les pays limitrophes. (*Bull. Société géologique de France*, 1re série, t. XI.)

1841. — **Dufrénoy** et **Élie de Beaumont**. Explication de la carte géologique de France, t. I (Paris).

1844. — **Legros-Deyot**. Rapport sur le forage de Calais (Calais).

1845. — **W. Hopkins**. On the geological structure of the Wealden district and of the Bas-Boulonnais. (*Trans. geol. Soc.*, ser. 2, t. VII.)

1847. — **Élie de Beaumont**. Rapport sur le puits artésien de Calais. (*C. R. Académie des sciences*, t. XXIV.)

1847, 1848, 1850. — **E. Grar**. Histoire de la recherche, de la découverte et de l'exploitation des mines de houille dans le Hainaut français, dans la Flandre française et dans l'Artois, 3 vol. (Valenciennes).

1851. — **Prestwich**. On the drift at Sangatte cliff, near Calais. (*Quat. Journ. geol. Soc.*, t. VII.)

1852. — **Delanoue**. Des terrains paléozoïques du Boulonnais et de leurs rapports avec ceux de la Belgique. (*Bull. Société géologique de France*, 2e série, t. XI.)

1852. — **Meugy**. Géologie pratique de la Flandre française.

1853. — **Godwin-Austen**. On the series of upper palœozoic groups in the Boulonnais. (*Quat. Journ. geol. Soc.*, t. IX.)

1853. — **D. Sharpe**. Note and list of fossils of upper palœozoic groups in the Boulonnais. (*Quat. Journ. geol. Soc.*, t. IX.)

1854. — **Lavallée, Le Brun et Faure**. Note sur les mines de houille d'Auchy-au-Bois (Paris).

1856. — **Godwin-Austen**. On the possible extension of the coal measures beneath the S.-E. part of England. (*Quat. Journ. geol. Soc.*, t. XII.)

1860. — **A. Gaudry**. Découverte de l'*Ostrea Leymerii* à Wissant. (*Bull. Société géologique de France*, 2ᵉ série, t. XVII.)

1860. — **Gosselet**. Mémoire sur les terrains primaires de la Belgique, de l'arrondissement d'Avesnes et du Boulonnais (Paris).

1863. — **Le Hon**. Sur les couches néocomiennes et albiennes de Wissant. (*Bull. Société géologique de France*, 2ᵉ série, t. XXI.)

1864. — **Rose**. On a recent marine accumulation at Boulogne. (*Proceed. geol. Ass.*, t. I.)

1864. — **Prestwich**. On the flint-implement-bearing beds and on the Loess of the S.-E. England and the N.-E. of France. (*Phil. Trans.*)

1865. — **E. Rigaux**. Notice stratigraphique sur le Bas-Boulonnais. (*Mém. Soc. acad. Boulogne.*)

1865. — **Ed. Pellat**. Note sur les assises supérieures du terrain jurassique du Bas-Boulonnais. (*Bull. Société géologique de France*, 2ᵉ série, t. XXIII.)

1865. — **Hébert**. Note sur le terrain jurassique du Boulonnais. (*Bull. Société géologique de France*, 2ᵉ série, t. XXIII.)

1865. — **Prestwich**. On the raised beach of Sangatte. (*Quat. Journ. geol. Soc.*, t. XXI.)

1866. — **H. Day**. On an ancient beach and a submerged forest, near Wissant. (*Geol. Magaz.*, t. III.)

1866. — **Sauvage et Hamy**. Étude sur les terrains quaternaires du Boulonnais et sur les débris d'industrie humaine qu'ils renferment (Paris).

1866. — **Sauvage et Hamy**. Note sur les terrains quaternaires du Boulonnais. (*Bull. Société géologique de France*, 2ᵉ série, t. XXIII.)

1866. — **Ed. Pellat et de Loriol**. Monographie paléontologique du terrain jurassique supérieur du Boulonnais. (*Mém. Soc. phys. et hist. nat. Genève*, t. XIX.)

1866. — **Sauvage**. Catalogue des reptiles et des poissons des formations secondaires du Boulonnais. (*Mém. Société académique de Boulogne*, t. II.)

1867. — **E. Rigaux**. Note sur le Corallien. (*Bull. Société académique de Boulogne.*)

1867. — **Ed. Pellat**. Sur le terrain jurassique supérieur du Boulonnais. (*Bull. Société géologique de France*, 2ᵉ série, t. XXIV.)

1867. — **Ed. Pellat**. Observations sur quelques assises du terrain jurassique supérieur du Boulonnais. (*Bull. Société géologique de France*, 2ᵉ série, t. XXV.)

1867. — **E. Rigaux** et **Sauvage**. Description de quelques espèces nouvelles de l'étage bathonien du Bas-Boulonnais. (*Mém. Société académique de Boulogne.*)

1868. — **W. Topley**. On the lower cretaceous beds of the Boulonnais. (*Quat. Journ. geol. Soc.*, t. XXIV.)

1868. — **Ed. Pellat**. Résumé d'une description géologique du terrain jurassique supérieur du Boulonnais. (*Ann. Société géologique du Nord*, t. V.)

1870. — **Ed. Pellat**. Sur des graptolites du terrain silurien rencontrés à Caffiers. (*Bull. Société géologique de France*, 2ᵉ série, t. XXVII.)

1871. — **Sauvage**. Mémoire sur les Dinosauriens et les Crocodiliens des terrains jurassiques de Boulogne-sur-Mer. (*Mém. Société géologique de France*, 2ᵉ série, t. X.)

1872. — **Ed. Pellat**. Sur la position des calcaires du Mont des Boucards. (*Bull. Société géologique de France*, 2ᵉ série, t. XXIX.)

1872. — **Chelloneix**. Note sur le terrain crétacé du cap Blanc-Nez. (*Bull. Société géologique de France*, 2ᵉ série, t. XXIX.)

1872. — **Sauvage**. Sur la position des couches à polypiers dans le Boulonnais. (*Bull. Société géologique de France*, 2ᵉ série, t. XXIX.)

1872. — **Prestwich**. Adress delivered at the anniversary meeting of the geological Society of London.

1872. — **E. Rigaux** et **Sauvage**. Description d'espèces nouvelles des terrains jurassiques de Boulogne-sur-Mer. (*Journ. conch.*)

1872. — **E. Rigaux**. Notes pour servir à la géologie du Boulonnais. I. — Description de quelques brachiopodes du terrain dévonien de Ferques. II. — Notes sur quelques sondages. (*Bull. Société académique de Boulogne*, novembre.)

1872. — **Hébert**. Ondulations de la craie dans le bassin de Paris, 1ʳᵉ et 2ᵉ parties. (*Bull. Société géologique de France*, 2ᵉ série, t. XXIX.)

1872. — **W. Topley**. Geology of the strait of Dover. (*Quat. Journ. of science.*)

1873. — **Gosselet** et **Bertaut**. Étude sur le terrain carbonifère du Boulonnais. (*Mém. Société des sciences de Lille*, 3ᵉ série, t. XI.)

1873. — **Ch. Barrois**. Comparaison des assises crétacées mises au jour dans les tranchées du chemin de fer de Saint-Omer à Boulogne avec celles du Blanc-Nez. (*Mém. Société des sciences de Lille*, 3ᵉ série, t. XI.)

1873. — **Lejeune**. Foyer et station de l'âge du renne, découverts sur l'une des trois Noires-Mottes de Sangatte. (*Bull. Société académique de Boulogne.*)

1873. — **Sauvage**. Note sur les astéries du terrain jurassique supérieur de Boulogne-sur-Mer. (*Bull. Société académique de Boulogne.*)

1873. — **Sauvage**. Notice sur un spathobate du terrain portlandien de Boulogne-sur-Mer. (*Bull. Société académique de Boulogne.*)

1873. — **E. Rigaux** et **Sauvage**. Note sur quelques échinodermes des étages jurassiques supérieurs de Boulogne-sur-Mer. (*Bull. Société géologique de France*, 3ᵉ série, t. I.)

1873. — **Gosselet**. Études relatives au bassin houiller du Nord de la France. (*Bull. Société géologique de France*, 3ᵉ série, t. I.)

1873. — **Sauvage**. Note sur les reptiles fossiles. (*Bull. Société géologique de France*, 3ᵉ série, t. I.)

1874. — **Prestwich**. On the construction of a tunnel between England and France. (*Inst. of civil Engineers*, t. XXXVII.)

1874. — **Potier**. Sur le terrain de transport des vallées de la Canche et de l'Authie. — Faille de l'Artois. (*Afas., Lille.*)

1874. — **Lejeune**. Les différents âges préhistoriques dans le département du Pas-de-Calais. (*Afas., Lille.*)

1874. — **Ch. Barrois**. Sur le Gault et sur les couches entre lesquelles il est compris dans le bassin de Paris. (*Ann. Société géologique du Nord*, t. II.)

1874. — **Gosselet**. Étude sur le gisement de la houille dans le Nord de la France. (*Bull. Société industrielle du Nord de la France*, n° 6.)

1874. — **Ch. Barrois**. L'étage de la gaize dans le Boulonnais. (*Bull. Société géologique de France*, 3ᵉ série, t. II.)

1875. — **Ch. Barrois**. La zone à *Belemnites plenus*. Étude sur le Cénomanien et le Turonien du bassin de Paris. (*Ann. Société géologique du Nord*, t. II.)

1875. — **W. Topley**. Geology of the Weald (*Memoirs of the geol. Survey of England.*)

1875. — **Ed. Pellat**. Découverte de fossiles d'eau douce dans les minerais de fer wealdiens du Bas-Boulonnais. (*Bull. Société géologique de France*, 3ᵉ série, t. III.)

1875. — **Mourlon**. Sur l'étage dévonien des psammites du Condros dans le bassin de Theux, dans le bassin septentrional (entre Aix-la-Chapelle et Ath) et dans le Boulonnais. (*Bull. Académie royale de Belgique*, 2ᵉ série, t. XI.)

1875. — **Hébert**. Ondulations de la craie dans le bassin de Paris, 3ᵉ partie. (*Bull. Société géologique de France*, 3ᵉ série, t. III.)

1875. — **Ed. Pellat** et **de Loriol**. Monographie paléontologique et géologique des étages supérieurs de la formation jurassique des environs de Boulogne-sur-Mer. (*Mém. Société de physique et d'histoire naturelle de Genève*, t. XXII-XXIV.)

1875. — **Hébert**. Remarque à l'occasion des sondages exécutés par la Commission française dans le Pas-de-Calais en 1875. (*Bull. Société géologique de France*, 3ᵉ série, t. IV.)

1875, 1876. — **Lavalley, Larousse, Potier** et **de Lapparent**. Rapport sur le projet de chemin de fer sous-marin entre la France et l'Angleterre. (T. 1, 1875; t. II, 1876.)

1875, 1877. — **Potier** et **de Lapparent**. Rapports sur les sondages exécutés dans le Pas-de-Calais en 1875 et 1876 (Paris).

1876. — **Ed. Pellat**. Extension de la limite inférieure de l'étage portlandien du Boulonnais. (*Bull. Société géologique de France*, 3ᵉ série, t. IV.)

1876. — **Ch. Barrois**. Sur la dénudation des Wealds et le Pas-de-Calais. (*Ann. Société géologique du Nord*, t. III.)

1876. — **Ch. Barrois**. Recherches sur le terrain crétacé de l'Angleterre (Lille).

1876. — **Ortlieb**. Sur le Diestien du Nord de la France et les alluvions du Rhin. (*Ann. Société géologique du Nord*, t. III.)

1876. — **Hébert**. Ondulations de la craie dans le Nord de la France. (*Ann. sc. géol.*, t. VII.)

1876. — **Sauvage**. Note sur les reptiles fossiles. (*Bull. Société géologique de France*, 3ᵉ série, t. IV.)

1876. — **Woodward**. On some Macrurous crustacea from the Kimmeridge-clay of the sub-wealdien boring Sussex and from Boulogne-sur-Mer. (*Quat. Journ. geol. Soc.*, t. XXXII.)

1876. — Abbé **Boulay**. Le terrain houiller du Nord de la France et ses végétaux fossiles. Thèse de géologie (Lille).

1877. — **Sauvage**. Mémoire sur les *Lepidotus maximus* et *Lepidotus palliatus*. (*Mém. Société géologique de France*, 3ᵉ série, t. I.)

1877. — **L. Breton**. Étude stratigraphique sur le terrain houiller d'Auchy-au-Bois. (*Mém. Société des sciences de Lille*, 5ᵉ série, t. III.)

1877. — **Chelloneix**. Sur la position de la zone à *Belemnites plenus* au Blanc-Nez. (*Ann. Société géologique du Nord*, t. IV.)

1878. — **Ed. Pellat**. Le terrain jurassique supérieur du Bas-Boulonnais. (*Ann. Société géologique du Nord*, t. V.)

1878. — **Ch. Barrois**. Mémoire sur le terrain crétacé des Ardennes et des régions voisines. (*Ann. Société géologique du Nord*, t. V.)

1878. — **E. Rigaux**. The fossil Brachiopoda of the Lower-Boulonnais. (*Geol. Mag.*, octobre.)

1878. — **Ch. Barrois**. A geological sketch of the Boulonnais. (*Proceed. geol. Ass.*, t. VI, n° 1.)

1880. — **Sauvage**. Note sur les poissons fossiles. (*Bull. Société géologique de France*, 3ᵉ série, t. VIII.)

1880. — **Gosselet**. Esquisse géologique du Nord de la France et des contrées voisines, 1ᵉʳ fascicule, terrains primaires (Lille).

1880. — **Sauvage**. Prodrôme des Plesiosauriens et des Étasmosauriens des formations jurassiques supérieures de Boulogne-sur-Mer. (*Ann. Société géologique du Nord*, t. VIII.)

1880. — **Ch. Maurice et P. Duponchelle**. Compte rendu de l'excursion géologique du 29 mars au 1ᵉʳ avril 1880 dans le Boulonnais, dirigée par M. Ch. Barrois, maître de conférences à la Faculté des sciences de Lille. (*Ann. Société géologique du Nord*, t. VII.)

1880. — **Société géologique de France**. Réunion extraordinaire à Boulogne-sur-Mer. (*Bull. Société géologique de France*, 3ᵉ série, t. VIII.)

1880. — **Gosselet.** Considérations générales sur les divisions et la disposition du terrain dévonien dans le Nord de la France, et en particulier dans le Boulonnais. (*Bull. Société géologique de France*, 3ᵉ série, t. VIII.)

1880. — **R. Zeiller.** Sur les empreintes végétales des grès dévoniens de Caffiers. (*Bull. Société géologique de France*, 3ᵉ série, t. VIII.)

1880. — **Gosselet.** Sur la structure générale du bassin houiller franco-belge. (*Bull. Société géologique de France*, 3ᵉ série, t. VIII.)

1880. — **Sauvage et E. Rigaux.** Sur les couches comprises entre le Carbonifère et le Bathonien. (*Bull. Société géologique de France*, 3ᵉ série, t. VIII.)

1880. — **Seeley.** Note sur l'extrémité distale d'un fémur de Dinausaurien provenant du Portlandien supérieur de la Poterie, près de Boulogne. (*Bull. Société géologique de France*, 3ᵉ série, t. VIII.)

1880. — **Sauvage.** Synopsis des poissons et des reptiles des terrains jurassiques de Boulogne-sur-Mer. (*Bull. Société géologique de France*, 3ᵉ série, t. VIII.)

1880. — **Prestwich.** Note et observations théoriques sur la plage soulevée de Sangatte. (*Bull. Société géologique de France*, 3ᵉ série, t. VIII.)

1880. — **Ch. Barrois.** Sur les formations quaternaires et actuelles des côtes du Boulonnais. (*Bull. Société géologique de France*, 3ᵉ série, t. VIII.)

1880. — **Sauvage.** Excursions dans le terrain bathonien du Boulonnais et études sur sa constitution. (*Bull. Société géologique de France*, 3ᵉ série, t. VIII.)

1880. — **Douvillé.** Sur le parallélisme du terrain jurassique du Boulonnais avec celui des contrées voisines. (*Bull. Société géologique de France*, 3ᵉ série, t. VIII.)

1880. — **Sauvage.** Le terrain quaternaire du Boulonnais. (*Bull. Société géologique de France*, 3ᵉ série, t. VIII.)

1880. — **Rupert Jones.** Lettre sur le calcaire à cypris du Boulonnais. (*Bull. Société géologique de France*, 3ᵉ série, t. VIII.)

1880. — **E. Rigaux.** Synopsis des Échinides jurassiques du Boulonnais. (*Bull. Société géologique de France*, 3ᵉ série, t. VIII.)

1880. — **Van den Broeck.** Sur les minerais de fer du Boulonnais. (*Bull. Société géologique de France*, 3ᵉ série, t. VIII.)

1880. — **Blake.** Note sur l'âge du grès de Châtillon. (*Bull. Société géologique de France*, 3ᵉ série, t. VIII.)

1880. — **Ed. Pellat.** Le terrain jurassique moyen et supérieur du Boulonnais. (*Bull. Société géologique de France*, 3ᵉ série, t. VIII.)

1880, 1882, 1884. — **E. Vuillemin.** Le bassin houiller du Pas-de-Calais; histoire de la recherche, de la découverte et de l'exploitation de la houille dans ce nouveau bassin, 3 vol. (Lille).

1881. — **Gosselet.** Esquisse géologique du Nord de la France et des contrées voisines, 2ᵉ fascicule, terrains secondaires (Lille).

1881. — **Gosselet.** Exposé de mes études sur le terrain houiller; lettre à M. Hébert, membre de l'Institut (Lille).

1881. — **Rutot.** Compte rendu de l'excursion de la Société géologique de France dans le Boulonnais. (*Ann. Soc. malac. Belg.*, t. XV.)

1883. — **Gosselet.** Esquisse géologique du Nord de la France et des contrées voisines, 3ᵉ fascicule, terrains tertiaires (Lille).

1887. — **Marcel Bertrand.** Îlot triasique du Beausset (Var); analogie avec le bassin houiller franco-belge et avec les Alpes de Glaris. (*Bull. Société géologique de France*, 3ᵉ série, t. XV.)

1888. — **L. Cayeux.** Compte rendu d'une excursion géologique faite dans le Boulonnais du 21 au 25 mai, sous la direction de M. Gosselet. (*Ann. Société géologique du Nord*, t. XV.)

1888. — **R. Zeiller.** Études des gisements minéraux de la France. Bassin houiller de Valenciennes. Description de la flore fossile (Paris).

1888. — **Sauvage.** Poissons fossiles des formations secondaires du Boulonnais (Boulogne).

1888. — **Gosselet.** Mémoires pour servir à l'explication de la carte géologique détaillée de la France. — L'Ardenne (Paris).

1889. — **E. Rigaux.** Notice géologique sur le Bas-Boulonnais. (*Mém. Société académique de Boulogne*, t. XIV, et Boulogne-sur-Mer, 1892.)

1890. — **G. Dollfus.** Recherches sur les ondulations des couches tertiaires dans le bassin de Paris. (*Bull. Carte géologique de France*, t. II, n° 14.)

1890. — **L. Breton.** Le sous-sol du Bas-Boulonnais. (*Bull. Ass. anc. élèves Inst. Nord*, t. XIII, n° 3.)

1890. — **Stan. Meunier.** Les Bilobites jurassiques des environs de Boulogne-sur-Mer (Boulogne).

1891. — **A. Olry.** Sur le bassin houiller du Boulonnais. (*C. R. de l'Académie des sciences*, 19 janvier.)

1891. — **Gosselet.** Observations au sujet de la note sur le terrain houiller du Boulonnais de M. Olry. (*Ann. Société géologique du Nord*, t. XIX.)

1891. — **Gosselet.** Les richesses minérales de la région du Nord. — Conférence faite devant la Société industrielle du Nord de la France le 18 janvier. (*Bull. Société industrielle du Nord de la France*, n° 73 bis.)

1891. — **L. Breton.** Composition de l'étage houiller dans le Bas-Boulonnais. (*Ann. Société géologique du Nord*, t. XIX.)

1891. — **L. Breton.** Étude sur l'étage carbonifère du Bas-Boulonnais. (*Bull. Société Industrie minérale*, 3ᵉ série, t. V.)

1892. — Abbé **Bourgeat.** Observations sommaires sur le Boulonnais et le Jura. (*Bull. Société géologique de France*, 3ᵉ série, t. XX.)

1892. — P. Hallez. Dragages effectués dans le Pas-de-Calais. (*Revue biologique du Nord de la France*, t. IV, n° 7.)

1892. — Marcel Bertrand. Sur la continuité du phénomène de plissement dans le bassin de Paris. (*Bull. Société géologique de France*, 3ᵉ série, t. XX.)

1892. — F. Brady. Dover coal boring : observations on the correlation of the franco-Somerset coal-fields. (London.)

1892. — Lorieux. Le sondage de Douvres. (*Ann. des Mines*, 9ᵉ série, t. II.)

1892. — R. Zeiller. Sur les empreintes du sondage de Douvres. (*Ann. des Mines*, 9ᵉ série, t. II; *C. R. Académie des sciences*, 24 octobre.)

1893. — Marcel Bertrand. Sur le raccordement des bassins houillers du Nord de la France et du Sud de l'Angleterre. (*Ann. des Mines*, 9ᵉ série, t. III.)

1893. — Parent. Le Wealdien du Bas-Boulonnais. (*Ann. Société géologique du Nord*, t. XXI.)

1894. — Marcel Bertrand. Études sur le bassin houiller du Nord et sur le Boulonnais. (*Ann. des Mines*, 9ᵉ série, t. V.)

1894. — Parent. Note sur les sables du bois de Fiennes; présence du terrain néocomien dans le Boulonnais. (*Ann. Société géologique du Nord*, t. XXII.)

1894. — L. Breton. La fosse de Douvres et le Congrès des ingénieurs des mines de la Grande-Bretagne tenu à Londres le 1ᵉʳ juin 1893. (*C. R. mens. Société Industrie minérale.*)

1894. — Parent. Les poudingues portlandiens du Boulonnais. (*Ann. Société géologique du Nord*, t. XXII.)

1895. — G. Dollfus. Prolongement du bassin houiller du Pas-de-Calais. (*Génie civil*, t. XXVI, n° 23.)

1896. — A. Hankar. Compte rendu de la session annuelle extraordinaire de 1895, tenue dans le Nord de la France et dans le Boulonnais du 17 au 25 août. (*Ann. Société belge de géologie*, t. IX.)

1896. — Gosselet. Origine du cirque du Petit-Boulonnais et de la terre à écaillette de Saint-Omer. (*Ann. Société belge de géologie*, t. IX.)

1896. — Gosselet. Théorie du bassin houiller du Boulonnais. (*Ann. Société belge de géologie*, t. IX.)

1898. — Parent. Contribution à l'étude du Jurassique du Bas-Boulonnais. (*Ann. Société géologique du Nord*, t. XXVII.)

1898. — Gosselet. Étude préliminaire des récents sondages faits dans le Nord de la France pour la recherche du bassin houiller. (*Ann. Société géologique du Nord*, t. XXVII.)

1899. — P. Hallez. Sur les fonds du détroit du Pas-de-Calais. (*Ann. Société géologique du Nord*, t. XXVIII.)

1899. — L. Breton. Le sondage de Framzelle. (*Ann. Société géologique du Nord*, t. XXVIII.)

1899. — **E. Rigaux.** La plage de Wissant au point de vue archéologique. (*Ann. Société géologique du Nord*, t. XXVIII.)

1899. — **Gosselet.** Aperçu général sur la géologie du Boulonnais. (*Intr. au XXVIII⁰ congrès Ass. fr. avanc. sc.*)

1899. — **C. Eug. Bertrand.** Premières observations sur les nodules du terrain houiller d'Hardinghen. Les plaques subéreuses calcifiées. (*Afas, Boulogne-sur-Mer.*)

1899. — **Gosselet.** Preliminary study of recent borings made in the North of France in search of the coal-basin. (*Trans. of the inst. of min. engin.*)

1900. — **Fèvre** et **Cuvelette.** Bassins houillers du Pas-de-Calais et du Boulonnais (Arras).

1900. — **Fèvre et Cuvelette.** Minerais de fer et usines métallurgiques du Pas-de-Calais (Arras).

1900. — Congrès géologique international, 8⁰ session. — **Gosselet,** *Boulonnais;* **Munier-Chalmas** et Ed. **Pellat,** *Falaises jurassiques du Boulonnais.*

1902. — **Gosselet.** Observations géologiques dans le Boulonnais. (*Ann. Société géologique du Nord*, t. XXXI.)

1903. — **Gosselet.** La faille d'Hidrequent. (*Ann. Société géologique du Nord*, t. XXXII.)

1904. — **L. Breton.** La houille en Lorraine, en Champagne et en Picardie. (*C. R. mens. Société Industrie minérale.*)

2° CARTES.

1851. — **Du Souich.** Carte géologique du département du Pas-de-Calais.

1854. — **Compagnie des mines de Nœux et Vicoigne.** Carte industrielle et géologique du bassin houiller du Nord de la France [1].

1876. — **Douvillé.** Carte géologique de France au 1/80.000⁰. Feuille de Boulogne, 1ʳ édition.

1876. — **Potier.** Carte géologique de France au 1/80.000⁰. Feuille de Saint-Omer.

1877. — **Potier.** Carte géologique de France au 1/80.000⁰. Feuille de Dunkerque.

1878. — **Potier.** Carte géologique de France au 1/80.000⁰. Feuille de Calais.

1885. — **Douvillé.** Carte géologique de France au 1/80.000⁰. Feuille de Boulogne, 2⁰ édition.

1902. — **H. Charpentier.** Bassin houiller du Nord de la France, carte au 1/50.000.

---

[1] Un exemplaire de cette carte, complété par des indications manuscrites de Delanoue, nous a été communiqué par M. Gosselet.

TABLE DES FIGURES.

TABLE DES MATIÈRES.

LÉGENDE.

CARTE GÉOLOGIQUE DES TERRAINS PRIMAIRES DU BOULONNAIS
Échelle : 1/40000°

Planche II

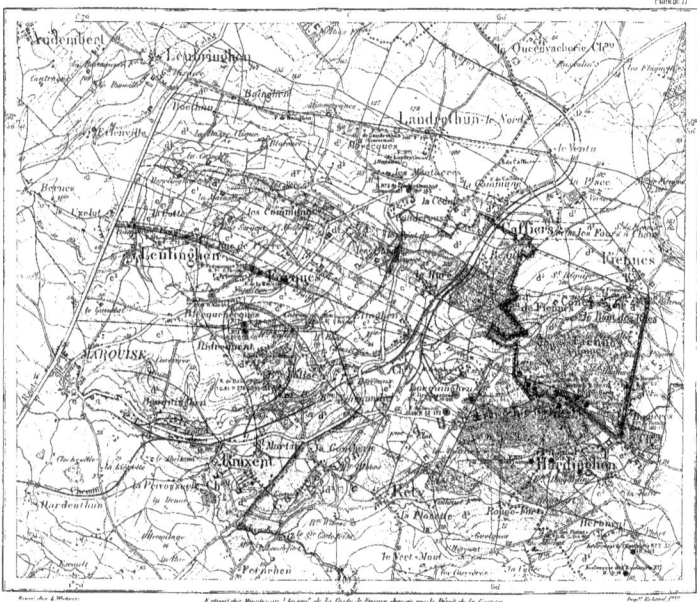

Extrait des Minutes au 1/40000° de la Carte de France, dressée par le Dépôt de la Guerre.

TRAVAUX DE RECHERCHE EXÉCUTÉS ENTRE L'EXTRÉMITÉ OCCIDENTALE DU BASSIN HOUILLER
DU PAS-DE-CALAIS ET LA MER   (Échelle 1/200,000°).

LÉGENDE

www.ingramcontent.com/pod-product-compliance
Lightning Source LLC
Chambersburg PA
CBHW071629200326
41519CB00012BA/2222